“十四五”精品课程规划教材——学前教育类

幼儿心理健康教育与辅导

YOU'ER XINLI JIANKANG JIAOYU YU FUDAO

主编　韦耀阳　哈斯塔娜　杨泽远

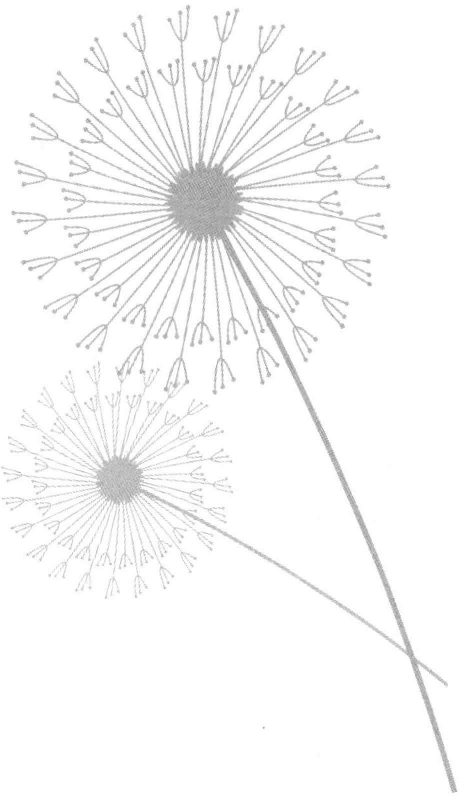

天津大学出版社
TIANJIN UNIVERSITY PRESS

图书在版编目（C I P）数据

幼儿心理健康教育与辅导 / 韦耀阳，哈斯塔娜，杨泽远主编．-- 天津 ：天津大学出版社，2024.6
“十四五”精品课程规划教材．学前教育类
ISBN 978-7-5618-7731-9

Ⅰ．①幼… Ⅱ．①韦… ②哈… ③杨… Ⅲ．①学前儿童－心理健康－健康教育－教材 Ⅳ．①B844.12

中国国家版本馆 CIP 数据核字（2024）第 109679 号

出版发行　天津大学出版社

地　　址　天津市卫津路 92 号天津大学内（邮编：3 00072）
电　　话　发行部：022-27403647
网　　址　publish.tju.edu.cn
印　　刷　河北鑫彩博图印刷有限公司
经　　销　全国各地新华书店
开　　本　889mm×1194mm　1/16
印　　张　15.25
字　　数　371 千字
版　　次　2024 年 6 月第 1 版
印　　次　2024 年 6 月第 1 次
定　　价　49.80 元

编委会成员

主　编　韦耀阳　哈斯塔娜　杨泽远

副主编　王荷香　陈　俊　芳　吉　莉

　　　　　蔡芳婷　赵　　　敏　冯敏洁

序言

PREFACE

随着社会的发展和人们对幼儿心理健康关注度的不断提高，幼儿心理健康教育逐渐成为一个备受关注的话题。编写《幼儿心理健康教育与辅导》一书，旨在为读者提供全面、系统的幼儿心理健康教育与辅导知识，以帮助读者更好地理解和处理幼儿心理问题，促进幼儿健康成长。

本书共分为五个模块，包括理论篇、指导篇、操作篇、实训篇和评估篇。理论篇介绍了幼儿心理健康与教育，幼儿心理辅导的概述，幼儿心理辅导的目标、任务、途径与原则，幼儿心理健康教育与辅导的相关理论，幼儿心理辅导的内容，幼儿心理辅导员，使读者对心理健康和幼儿心理健康有初步的了解。指导篇介绍了幼儿心理辅导的过程、技术与方法，幼儿一般行为问题及预防和矫正，以及幼儿常见心理障碍及其预防和矫正，帮助读者全面了解幼儿心理辅导的内容和要求。操作篇介绍了幼儿心理健康教育活动课程的设计与课例，帮助读者初步了解幼儿心理健康教育活动课程以及心理健康教育课例等内容。实训篇则介绍了幼儿行为训练，从幼儿意志力训练、幼儿交往行为训练、幼儿自我保护教育、幼儿情绪情感训练四个方面，对幼儿行为训练做了详细阐述。评估篇则通过幼儿心理辅导测量和幼儿心理辅导工作评估，为读者提供了实际操作的方法和技巧。

在本书中，每个项目都设有“名人名言”“教学目标”“引言”“案例导入”栏目，概述本项目的主要内容，帮助读者梳理知识点，增强学习的趣味性和实用性；每个项目后设有“思考与练习”“课后拓展活动记录表”，其中，“思考与练习”便于读者对本项目的重点、难点有清晰的了解，有利于读者在理解理论知识的基础上对所学知识加以强化；“课后拓展活动记录表”则有利于读者在课后的调查和记录中对所学知识加以巩固。

在本书中，我们特别强调以下几点。

首先，关注幼儿心理健康的重要性。幼儿的心理健康对其成长和发展具有重要影响。本书介绍幼儿心理健康的标准和特点，使读者了解幼儿心理健康的基本概念以及幼儿心理健康教育和辅导的相关理论。

其次，强调幼儿心理辅导的多样性和灵活性。本书介绍了多种幼儿心理辅导的理论和技巧，包括弗洛伊德的精神分析理论、行为主义的学习理论、人本主义理论等。这些理论和技巧能帮助读者根据实际情况灵活运用，从而更好地帮助幼儿解决心理问题。

最后，强调幼儿心理辅导的实践性和应用性。本书不仅提供了丰富的理论知识，还通过实际案例和实践操作，为读者提供了具体的幼儿心理辅导方法和技巧。这些方法和技巧能帮助读者更好地应对幼儿心理问题，促进幼儿的健康成长。

《幼儿心理健康教育与辅导》是一本全面、系统的幼儿心理健康教育和辅导指南，旨在帮助读者更好地理解和处理幼儿心理问题。我们希望通过本书的阅读和学习，读者能够深入理解幼儿心理健康的重要性和特点，掌握幼儿心理辅导的理论知识和实践技巧，从而在实际工作中更好地应用所学知识，为幼儿的成长作出积极的贡献。同时，我们也希望本书能够为相关领域的从业人员提供参考和借鉴，共同推动幼儿心理健康教育和辅导事业的发展。

本书由黄冈师范学院教育学院韦耀阳、内蒙古鸿德文理学院哈斯塔娜和杨泽远担任主编，由武汉城市职业学院王荷香、黄冈师范学院教育学院陈俊芳、黑龙江省哈尔滨市宣庆小学吉莉、豫章师范学院蔡芳婷、北京京北职业技术学院赵敏、柳州城市职业学院冯敏洁担任副主编。

本书在编写时参考了大量相关资料和文献，在此，向这些资料的作者表示诚挚的谢意。由于编者水平所限，书中难免有疏漏和不足之处，恳请广大读者批评指正。

编　者

目录

CONTENTS

模块一　理论篇

项目一　幼儿心理健康与教育…………………………………………………… 1

任务一　心理健康的概述 ……………………………………………………… 3

任务二　幼儿心理健康的标准 ………………………………………………… 5

任务三　幼儿心理健康教育 …………………………………………………… 9

项目二　幼儿心理辅导的概述…………………………………………………… 17

任务一　幼儿心理辅导的基本概念 …………………………………………… 18

任务二　幼儿心理辅导的功能 ………………………………………………… 20

任务三　幼儿心理辅导的发展历史、现状与未来 …………………………… 21

项目三　幼儿心理辅导的目标、任务、途径与原则………………………… 27

任务一　幼儿心理辅导的目标与任务 ………………………………………… 28

任务二　幼儿心理辅导的途径与原则 ………………………………………… 31

项目四　幼儿心理健康教育与辅导的相关理论………………………………… 35

任务一　弗洛伊德的精神分析理论 …………………………………………… 37

任务二　行为主义的学习理论 ………………………………………………… 48

任务三　人本主义理论 ………………………………………………………… 54

任务四　完形治疗和理性情感治疗理论 ……………………………………… 62

任务五　约翰·鲍尔比的依恋理论 …………………………………………… 65

项目五 幼儿心理辅导的内容……………………………………………… 71

任务一 学习辅导 ………………………………………………………………… 72
任务二 生活辅导 ………………………………………………………………… 77
任务三 生涯辅导 ………………………………………………………………… 79
任务四 家庭心理辅导 …………………………………………………………… 82
任务五 团体心理辅导 …………………………………………………………… 87

项目六 幼儿心理辅导员…………………………………………………… 93

任务一 幼儿心理辅导员的概述……………………………………………… 95
任务二 幼儿心理辅导员的素质 …………………………………………… 97

项目七 幼儿心理辅导的过程、技术与方法……………………………… 101

任务一 幼儿心理辅导的过程与关系建立 ………………………………… 103
任务二 幼儿心理辅导过程中的技术 ……………………………………… 104
任务三 幼儿心理辅导的基本方法 ………………………………………… 110

模块二 指导篇

项目八 幼儿一般行为问题及预防和矫正……………………………… 123

任务一 攻击性行为 …………………………………………………………… 125
任务二 撒谎行为 ……………………………………………………………… 128
任务三 偷窃行为 ……………………………………………………………… 133
任务四 抽动行为 ……………………………………………………………… 136
任务五 多动行为 ……………………………………………………………… 138
任务六 幼儿心理压力 ………………………………………………………… 141

项目九 幼儿常见心理障碍及其预防和矫正…………………………… 145

任务一 焦虑 …………………………………………………………………… 147

任务二　抑郁 …… 149
任务三　强迫症 …… 152
任务四　恐怖症 …… 154

模块三　操作篇

项目十　幼儿心理健康教育活动课程的设计与课例 …… 157
任务一　幼儿心理健康教育课程设计的指导思想和目标 …… 159
任务二　幼儿心理健康教育课程的内容 …… 161
任务三　幼儿心理健康教育课程的教学方法 …… 166
任务四　幼儿心理健康教育课程的评估 …… 168
任务五　幼儿心理健康教育活动的课程和课例 …… 171

模块四　实训篇

项目十一　幼儿行为训练 …… 183
任务一　幼儿意志力训练 …… 185
任务二　幼儿交往行为训练 …… 187
任务三　幼儿自我保护教育 …… 189
任务四　幼儿情绪情感训练 …… 190

模块五　评估篇

项目十二　幼儿心理辅导测量 …… 193
任务一　幼儿心理辅导测量概述 …… 195
任务二　幼儿心理辅导常用测验 …… 204
任务三　幼儿心理辅导档案 …… 215

项目十三 幼儿心理辅导工作评估…… 221
任务一 幼儿心理辅导工作评估的概述 …… 223
任务二 幼儿心理辅导工作评估的功能 …… 226
任务三 幼儿心理辅导工作评估的原则 …… 227
任务四 幼儿心理辅导工作评估的步骤 …… 229
任务五 幼儿心理辅导工作评估的内容 …… 230
参考文献…… 232

模块一　理论篇

项目一　幼儿心理健康与教育

◎教育孩子的全部奥秘，在于相信孩子，解放孩子。

——陶行知

◎培养人，就是培养他对前途的希望。

——马卡连柯

【教学目标】

＊ 素质目标

树立正确的心理健康理念，用科学的知识教育幼儿。

＊ 知识目标

1. 熟知幼儿心理健康的标准及制定依据。

2. 了解心理健康的基本内涵和影响因素。

＊ 能力目标

掌握幼儿心理健康教育的措施。

【引言】

《3—6岁儿童学习与发展指南》中指出，幼儿阶段是幼儿身体发育和机能发展极为迅速的时期，也是形成安全感和乐观态度的重要阶段。发育良好的身体、愉快的情绪、强健的体质、协调的动作、良好的生活习惯和基本生活能力是幼儿身心健康的重要标志，也是其他领域学习与发展的基础。幼儿心理健康教育要保证幼儿心理健康发展，提升其幸福感，强调家长和老师从正面对幼儿进行帮助、回应和养育，其中，包括对家长、老师等养育者心理健康的促进教育，也包括对幼儿自身学习心理健康知识的要求。

【案例导入】

琰琰4岁了，是一个很聪明小男孩。但是开学的时候，他的父母向老师抱怨，说琰琰在家淘气、任性、不听话，一旦有想要的东西，如果不给，便会大哭大闹，父母也没办法，只能迁就他。他的父母还反映，琰琰在家经常和他们“闹独立”，总是力图摆脱他们的约束，不按照他们的要求去做，抗拒、不服从管教。父母让他去做的事，他偏不去做；父母不让他去做的事，他偏去做，或者表面上答应、内心不服。当父母不在旁边时，琰琰就由着自己的性子来。他的父母担心，琰琰如此任性，会影响其健康成长，可是不知道采取什么方法来引导他，让他改掉坏习惯……

任务一 心理健康的概述

一、健康与心理健康的基本内涵

健康是指一个人在身体、精神和社会等方面都处于良好的状态。心理健康是现代人健康的重要方面。一个人的生理健康是有标准的，心理健康也是有标准的。不过，人的心理健康标准不及生理健康标准具体、客观。了解与掌握健康与心理健康的定义，对于增强与维护人们的健康有很重要的意义。

（一）健康的含义

健康包括两个方面的内容：一是主要脏器无疾病，身体形态发育良好，体形均匀，人体各系统具有良好的生理功能，有较强的身体活动能力和劳动能力，这是对健康最基本的要求；二是对疾病的抵抗能力较强，能够适应环境变化、各种生理刺激以及致病因素对身体的作用。传统的健康观是"无病即健康"，现代人的健康观是整体健康。世界卫生组织提出"健康不仅是躯体没有疾病，还要具备心理健康、社会适应良好和有道德"。因此，现代人的健康内容包括躯体健康、心理健康、心灵健康、社会健康、智力健康、道德健康、环境健康等。健康是人的基本权利。

（二）心理健康

1948 年，第三届国际心理卫生大会对心理健康的定义是：所谓心理健康是指在身体上、智能上以及情感上与他人的心理健康不相矛盾的范围内，将个人心境发展成最佳的状态。一个人的心理是否健康，还可以用其他尺度来衡量。为此，有学者将心理健康定义为：心理健康不仅指个体没有心理上的疾病或变态，而且指在身体上、心理上和社会上均能保持最佳的状态。美国学者坎布斯还分析了心理健康和人格健全的人应有的四种特质：积极的自我观念；恰当地认同他人；面对和接受现实；主观经验丰富，可供取用等。这些心理健康特征与健全人格的描述是成人化的，且具有一定的理想性。

心理健康是指心理的各个方面及活动过程处于一种良好或正常的状态。心理健康的理想状态是保持性格完美、智力正常、认知正确、情感适当、意志合理、态度积极、行为恰当、适应良好的状态。与心理健康相对应的是心理亚健康以及心理病态。心理健康从不同的角度有不同的含义，衡量标准也有所不同。

遗传、环境，尤其是幼年时期原生家庭的教养方式，对心理健康的发展影响甚大。心理健康突出表现在社交、生产、生活上能与其他人保持较好的沟通或配合，能良好地处理生活中的各种情况。在生活实践中，能够正确认识自我，自觉控制自己，正确对待外界影响，从而使心理保持平衡协调，就已具备了心理健康的基本特征。

心理健康是指一种持续且积极发展的心理状态，在这种状态下，主体适应良好，并且能充分发挥其身心潜能。心理健康教育是“新健康教育”的一个重要组成部分，以培养身心健康的社会公民为目的，通过运用健康管理的方法，以校园环境、功能环境的改善为主，配合人文环境的改善，以老师和幼儿为两大主体，提供科学、健康、专业的指导。“新健康教育”，是在学校建设了专门的健康指导室（心理咨询室），配备专业的心理咨询师，以开设心理课程和开展课外活动等方法引导幼儿心理健康的发展。同时，开设“亲情聊天室”，为亲情的连接打开通道，为幼儿的健康成长铺就一条坦途。

（三）幼儿心理健康教育

心理健康教育是围绕心理健康开展的教育活动。心理健康教育重点是学会学习、人际交往、升学择业以及生活和社会适应等方面的常识。心理健康教育要求立足教育，重在指导，遵循幼儿身心发展规律，保证其的实践性与实效性；根据幼儿心理发展的特点，面向全体幼儿，关注个体差异和尊重幼儿；做到科学性与针对性相结合，共性与个性相结合，尊重、理解、真诚与威严相结合，预防、矫治与发展相结合，辅导与主动参与相结合，助人与自助相结合。

幼儿心理健康教育是幼儿教育的重要组成部分，主要是为了使幼儿懂得保护心理健康的基本知识和技能，纠正其不良情绪和态度，形成有利于心理健康的行为习惯，预防和矫治心理障碍和行为异常，从而保证幼儿心理健康发展，提升其幸福感。

二、幼儿心理健康的意义

（一）促进幼儿身体健康

身体健康与心理健康之间是密切关联、相互影响的。身体健康是心理健康的基础，心理健康又是身体健康的必要条件。“心舒则体壮”，心与身有着不可分割的密切关系。马克思说过，一种美好的心情比十服良药更能解除生理的疲惫和痛苦，这说明心理健康影响人的身体健康。

（二）促进幼儿智育发展

当幼儿有心理压力时，会表现出情绪紧张、烦躁不安、心情抑郁、感受力降低、思维迟钝、注意力不集中等，从而影响其智力的发展。实践证明，心理健康的幼儿学习轻松、愉快，能从学习中获得满足感并增进大脑发展，保持与现实环境的接触，排除不必要的忧虑，形成良好的学习习惯，获得优异的学习成绩。

（三）促进幼儿性格的形成

罗杰斯强调自我概念及其与现实的协调，认为理想的自我概念是个体所希望的自我形象。人格最重要的是自我与现实之间的和谐以及自我和理想的自我之间的和谐。因此，开展心理健康教育，为幼儿塑造理想的自我形象、培养他们的人格，就显得尤为重要。幼儿期人格和心理的健全关乎成年以后的人生。当幼儿成为一个独立的社会人的时候，心理健康的人格可以帮助他们获得更多的幸福感。

（四）促进国家素质教育的发展

发展心理学研究表明，幼儿阶段是幼儿各种素质结构发展的奠基阶段，是幼儿健康心理开始形成的关键期。提高幼儿的素质和心理健康水平，能为提高全民族素质和心理健康水平打好基础。

任务二 幼儿心理健康的标准

一、心理健康的一般标准

当人们掌握了衡量人的心理健康标准，并以此为依据对照自己，就能进行心理健康的自我诊断。如果发现自己的心理状况与心理健康标准有一定的距离，就要有针对性地加强心理锻炼，以期达到心理健康水平。如果发现自己的心理状态严重偏离心理健康标准，就要及时求医，以便及早诊断与治疗。具体而言，心理健康具有以下标准。

（一）马斯洛和米特尔曼的十条标准

美国心理学家马斯洛和米特尔曼提出心理健康的十条标准，被公认为是“最经典的标准”。

（1）充分的安全感。

（2）充分了解自己，并对自己的能力做适当的评估。

（3）生活的目标切合实际。

（4）与现实的环境保持接触。

（5）能保持人格的完整与和谐。

（6）具有从经验中学习的能力。

（7）能保持良好的人际关系。

（8）适度的情绪表达与控制。

（9）在不违背社会规范的条件下，满足个人的基本需要。

（10）在集体要求的前提下，较好地发挥个性。

（二）健康标准

在实践中，心理健康标准应从以下几个方面把握（表 1-1）。

表 1-1 心理健康标准

智力正常	是否正常地、充分地发挥心理效能：有强烈的求知欲，乐于学习，能够积极参与学习活动。
情绪健康	情绪稳定和心情愉快，包括：愉快情绪，乐观开朗，富有朝气，对生活充满希望；情绪较稳定，善于控制与调节自己的情绪，既能克制，又能合理宣泄；情绪反应与环境相适应。
意志健全	在各种活动中都有自觉的目的性，能适时地做出决定，并运用切实有效的方式解决所遇到的问题。在困难和挫折面前，能采取合理的反应方式，能在行动中控制情绪和言而有信，而不是行动盲目、畏惧困难、顽固执拗。
人格完整	有健全统一的人格，个人的所想、所说、所做都是协调一致的。具有正确的自我意识，不产生自我同一性混乱，以积极进取的人生观作为人格的核心，并以此为中心，把自己的需要、目标和行动统一起来。
自我评价正确	能够自我观察、自我认定、自我判断和自我评价，能够恰如其分地认识自己，摆正自己的位置，既不以自己在某些方面高于别人而自傲，也不以某些方面低于别人而自惭，能够自我悦纳，喜欢自己，接受自己，自尊、自强、自制、自爱，正视现实，积极进取。
人际关系和谐	乐于与人交往，既有广泛而深厚的人际关系，又有知心朋友；在交往中能保持独立而完整的人格，有自知之明，不卑不亢；能客观评价别人和自己，善取人之长，补己之短；宽以待人，乐于助人；交往动机端正，有积极的交往态度。
社会适应正常	个体与客观现实环境保持良好秩序，以获得正确认识；以有效的办法应对环境中的各种困难，不退缩；能够根据环境特点和自我意识努力协调。

心理行为符合人的年龄特征。处于特定年龄阶段的特殊群体应具有与年龄角色相应的心理行为特征。

（三）心理健康理论标准

心理健康是一个复杂的概念，需要结合个体的实际情况进行综合评估（表 1-2）。

表 1-2 心理健康理论标准

认知过程	具有健康的认知模式，能够积极适应和理解外界的变化，对于环境变化能做出合理的反应； 能有效理解和使用语言和符号，正确理解和表达自己的思想，并且能对思想进行正确的分析和评价； 具有正常的学习能力，能够运用已有的知识和技能去获取新知识、新技能； 能正确认识自我，具有正确的自我观、自尊心和自信心。
情感过程	具有积极的情绪体验，能够积极应对生活中的挫折和困难，保持良好的情绪状态； 具有稳定的人格特质，能够保持情绪稳定，不受外界干扰； 具有正常的社交关系，能够与他人建立良好的人际关系，尊重他人的情感体验； 具有正确的道德观，能够理解并遵守社会规范和道德准则。
意志过程	具有明确的奋斗目标，具有实现目标的坚定信念和决心； 具有积极的行动能力，能够为实现目标付出努力，坚持不懈； 具有灵活的思维策略，能够在遇到困难时调整策略，灵活应对； 具有健康的生活习惯，能够保持良好的生活习惯，如合理的饮食、充足的睡眠、适当的运动等。

二、幼儿心理健康的标准

幼儿心理健康标准具有以下几种体现。

（一）智力发育正常

智力是个体观察、领悟、想象、思维、推理等多种心理能力的综合体现。智力随年龄的增长而提高。正常发育的智力指个体智力发展水平与其实际年龄相称，是心理健康的重要标志之一。智商（IQ）在 85 分以上，属智力正常；智商低于 70 分，属智力低下，智力发展落后于实际年龄属心理发育异常，常伴有适应能力低下，这是幼儿学习困难的主要原因之一。少数幼儿具有超常智力或特殊才能，其智商在 115 分以上，这部分幼儿如果心理发展不平衡，或许伴有适应能力缺陷。

（二）具有稳定的情绪

心理健康的幼儿在乐观、满意等积极情绪体验方面占优势。尽管也会有悲哀、困惑、失败、挫折等消极情绪出现，但不会持续长久，因为他们能够适当表达和控制自己的情绪，使之保持相对稳定。

（三）能够正确认识自己

心理健康的幼儿自尊、自爱、自重，他们既能客观地评价他人，也能正确地认识自己、评价自己和把握自己，对自己有充分了解，清楚自己存在的价值，对自己感到满意。同时，对自己的缺点也能充分认识，并能努力克服。

（四）具有良好的人际关系

心理健康的幼儿有积极良好的人际关系，能尊重他人，理解他人，善于学习他人的长处，并能用友善、宽容的态度与别人相处。在别人面前能做到真诚坦率，从而容易得到别人的信任，建立融洽的人际关系。在集体中威望很高，生活充实，有许多伙伴。

（五）具有相对稳定协调的个性系统

心理健康者具有相对稳定协调的个性系统。个性系统的心理结构（亦称人格结构）由个性倾向性（包括动机、兴趣、理想等）、个性心理特征（包括气质、能力与性格）和自我三部分组成。气质、性格和自我是人格的重要部分。心理健康的人有健全的自我，对自己有正确的认识和客观的评价，能对自己的个性倾向性和个性心理特征进行有效控制和调节。健全人格的基本特征是相对稳定的情绪状态、坚韧的毅力、灵活的应变能力、强烈的责任感和良好的自制力。

心理健康的人热爱生活，能深切感受生活的美好和生活中的乐趣，积极憧憬美好的未来；能在生活中充分发挥自己各方面的潜力，不因遇到挫折和失败而对生活失去信心；能正确对待现实困难，及时调整自己的思想方法和行为策略，以适应各种不同的社会环境。

综上所述，幼儿心理健康标准主要包括智力发育正常，情绪稳定，能正确认识自己，有良好的人际关系等。

三、制定心理健康标准的依据与必要性

随着时代的发展，幼儿心理健康教育越来越被社会所重视，因此，制定心理健康标准就显得尤为重要和必要。

（一）统计常模

假定人的各项心理特质（智力、乐群性、支配性等）的测量值在人群中接近正态分布，当一个人的某项心理特质测量值接近总体平均数时，他在这一方面就是正常、健康的；如果一个人的同一项心理特质测量值偏离总体均值，那么他在这一方面就是异常的、不健康的。这个判断依据意味着与多数人一致的行为是健康的行为，偏离大多数人的行为则是不健康的行为。当然，此依据不一定总是合理的，因为按此种依据判断，极聪明的人或极快乐的人都属于心理异常的人。

（二）社会常模

一个人的行为如果符合社会规范，得到多数人的认可，就会被判断为健康和正常的；如果偏离社会规范的行为，就会被判断为异常的、不健康的。由于符合社会规范的行为通常也是多数人的行为，社会常模依据与统计常模依据就会有相当程度的一致性。不过，根据对某个社会的顺从性来判断健康与否，也会带来一些问题。因为被一个社会视作正常的行为，或许会被另一个社会视作异常行为。在同一社会，社会规范也会随着时间的推移而发生改变。还有人指出，不但个人可能是不健康的，而且有时社会及其主导价值、规范也可能是病态的。

（三）生活适应

生活适应良好者是心理健康的，适应困难、干扰了个人或社会康宁者是心理不健康的。除非对“生活适应”做更积极的解释，否则，这一判断依据仍有其局限性。例如，一个满足于现状、不思进取、“逢人说人话，逢鬼说鬼话”，既不损害个人利益，也不干扰社会康宁的人能算是一个心理健康的人吗？

（四）心理成熟

从发展角度对心理健康做出判断，即个体心理发展与生理成熟程度相当的人是心理健康的；而心理成熟落后于生理成熟程度，因而也落后于同龄人平均水平的人，则是不健康的。

（五）主观感受

主观感受是判断心理健康的辅助性依据，即按照当事人主观体验到的是满意感、幸福感，还是痛苦与不适来判断一个人心理健康状况。这一判断依据不能单独采用，因为某些有轻微心理障碍的人常有强烈的不适感，并伴随有失眠、食欲减退等症状；而某些病情严重的精神病人（如狂躁、抑郁症患者在其发作期间）却精力充沛、热情高涨、充满自信，并未感到痛苦。

任务三　幼儿心理健康教育

一、幼儿心理健康教育发展现状

幼儿的心理健康是幼儿人格完善的必要条件，是幼儿全面发展的内在基础。只有心理健康，幼儿才有可能充分发展。因此，对幼儿心理健康教育发展现状进行了解，能够为幼儿心理健康教育提供有力保证。

（一）国内外幼儿心理健康教育的现状

幼儿教育存在心理培养不足的问题，导致幼儿独立性差、心理脆弱、缺乏创造性和合作交往能力等。特殊家庭环境对幼儿的心理素质发展产生负面影响。因此，注重培养幼儿自我价值感，尊重幼儿，培养幼儿的独立观念，极其重要。心理健康教育是当前和未来教育、社会发展和个人发展的需要，特别是幼儿心理健康教育不容忽视，需要幼儿园、家庭和社会的共同努力。

（二）幼儿园心理健康教育的发展趋势

随着我国对外交流活动的加强，国内外学者的交流互访活动愈加频繁，尤其是中外学者将先进理论和实践经验引进国内，促使我国的心理健康教育发展也日趋完善。

结合相关资料，幼儿心理健康教育的发展趋势表现在以下几个方面。

1. 研究对象全面化

随着对幼儿心理健康教育的进一步理解，研究对象逐渐全面化。传统的幼儿心理健康教育侧重于对幼儿心理问题的研究和干预，但现在的趋势是扩大研究范围，不仅关注有心理问题的幼儿，还着眼于所有幼儿的心理素质提升和全面发展。

2. 理论研究与实践相结合

在幼儿心理健康教育的理论研究与实践之间，出现了一种更为紧密的联系。理论研究不仅为实践提供了理论基础，还为实践提供了指导。反过来，实践也在不断推动理论研究的深入发展。这种互相促进的方式使得幼儿心理健康教育的质量和效果得到显著提高。

3. 研究本土化

在幼儿心理健康教育的研究中，本土化的趋势越来越明显。过去，很多研究基于国外的理论和方法，但现在的趋势是更加注重研究本国的文化和教育环境对幼儿心理健康的影响。这种本土化的趋势使得幼儿心理健康教育更加符合本国国情，更能有效地解决本国幼儿面临的心理问题。通过对本土化的研究和实践，幼儿心理健康教育将成为一种更具针对性、更符合实际情况的有效教育手段。

二、幼儿心理健康教育的内容

《3—6 岁儿童学习与发展指南》指出：“为有效促进幼儿身心健康发展，成人应为幼儿提供合理均衡的营养，保证充足的睡眠和适宜的锻炼，满足幼儿生长发育的需要；创设温馨的人际环境，让幼儿充分感受到亲情和关爱，形成积极稳定的情绪情感；帮助幼儿养成良好的生活与卫生习惯，提高自我保护能力，形成使其终身受益的生活能力和文明生活方式。”

（一）爱心教育

爱心即爱人之心。爱心教育是幼儿心理健康教育的基础和基本内容。通过爱心教育，使幼儿得到爱的满足和学会从爱别人的过程中得到快乐，提高爱的能力和自尊。众所周知，爱是幼儿健康发展的“精神食粮”，是幼儿生活中的“太阳”，爱能使幼儿获得安全感、满足感和幸福感，使其心理得到健康成长。为此，园长、老师、家长都应该将爱心倾注在幼儿身上，从而使幼儿在爱的摇篮中长大，也使他们懂得去关心和爱护周围的人。

（二）探索周围世界的教育

幼儿健康心理和人格的形成，是在与周围世界的不断交互作用中逐步展开的，而多方位、多层面的环境能激起幼儿对美的向往和追求，形成健康的心理素质。为此，让幼儿从观察中接触、了解自己与世界的关系，能促进幼儿多种经验的获得、多种情感的体验，发展幼儿的探索精神。

（三）交往教育

交往是个人与社会建立联系、提高社会适应能力、培养健全人格的重要途径，对幼儿健康心理和人格的形成起着举足轻重的作用。首先，要让幼儿学习一些语言或非语言的交往方法，丰富幼儿的交往策略。其次，要为幼儿创设交往环境，提供交往机会。交往环境可以从与同龄幼儿交往扩展到与异龄幼儿交往，加强幼儿与哥哥、姐姐、弟弟、妹妹之间的交流，发挥互补效应。最后，以开放式教育拓宽幼儿的交往空间，将其人际环境延伸到农场、农贸市场、超市、社区等，以发展幼儿礼貌待人、主动交往、友好协商、谦让合作的技能。

（四）自主自理教育

培养幼儿的自主意识和自理能力，使其勇敢面对困难，积极克服困难，独立解决问题，这也是心理健康教育和人格教育的重要内容。在平时的生活管理中，老师和家长要有意识地帮助、鼓励幼儿自己克服困难，学会自理。在教育活动中，要鼓励幼儿敢于发表自己的意见，老师和家长尽量不把自己的观点、想法强加给幼儿，而是让他们自己得出结论。

（五）自我意识与主观幸福感教育

培养幼儿积极的自我意识是幼儿心理健康和人格形成的核心内容。幼儿积极的认识来源于老师和家长等人的尊重、认可和夸奖，在此基础上形成积极的自我评价和自信心。老师和家长等人要时时以肯定的语气鼓励幼儿的进步，恰如其分地让幼儿相信自己是有能力的，让每个幼儿相信“我能行”。让幼儿体验成功，

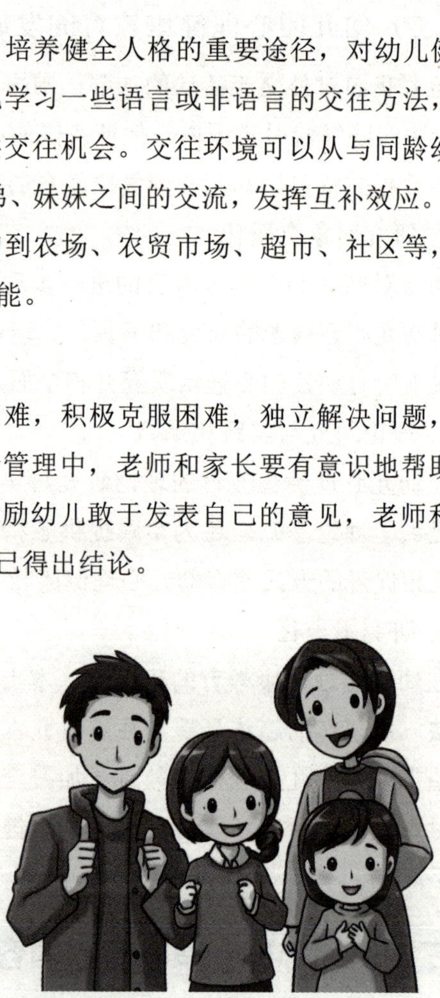

形成良好的自我价值感。老师和家长要杜绝伤害、贬低幼儿自尊心、自信心的语言和教育方式，使幼儿在和谐、愉快的氛围中感受到自我的尊严和价值，使其的自我意识得到升华。有了积极的自我意识，幼儿才能产生主观幸福感。研究表明，幸福感中的积极情绪与易于社交的性格有关。因此，健全幼儿人格，进而针对提升幼儿的主观幸福感进行教育，关系到幼儿一生的幸福。

三、幼儿心理健康教育的目标与原则

幼儿心理健康教育意义重大，势在必行。那么，应该如何进行幼儿的心理健康教育呢？

（一）确定幼儿心理健康教育的目标

对于幼儿的心理健康教育，首先要确定好幼儿心理健康教育的目标，因为明确心理健康教育的目标是正确而有效地实施心理健康教育的先决条件。教育目标是对受教育者质量规格的总体要求，是一切教育工作的出发点和最终归宿。简单地说，人们在对幼儿进行教育之前，总会对教育结果有种期望。这种对教育结果的期望，可以看作是教育的目标。幼儿心理健康教育的目标，体现并规定了对幼儿进行心理健康教育的目的和要求。有了明确的目标，才能选择相应的教育内容，才能评价心理健康教育的效果。因此，幼儿心理健康教育目标的确定十分重要。

（二）确定幼儿心理健康教育目标的原则

把握幼儿心理健康教育的目标，必须确定幼儿心理健康教育目标的原则。人的心理品质是多方面的，既有积极的方面，也有消极的方面；既有认知的方面，也有非认知的方面；既有健康的一面，也有非健康的一面。因此，确定心理健康教育的目标，实际上就是选择适当的人格特征。要选择适当的人格特征，必须遵循以下几个原则（表 1-3）。

表 1-3　确定幼儿心理健康教育目标的原则

名称	具体内容
超前的社会适应性原则	要面向社会、面向未来，选择有利于适应今后社会的人格特征作为教育的首要目标。
发展性原则	心理健康教育目标的制定要符合幼儿心理发展的规律与特点。
可操作性原则	心理健康教育目标要明确，具体化为可以观察评定、训练培养的心理行为特征。
协同性原则	心理健康教育的目标应该与社会教育、家庭教育保持一定的协同性。

（三）幼儿心理健康教育的总目标

幼儿心理健康教育的总目标是促进幼儿心理健康，培养幼儿良好的心理素质与健全的人格。促进幼儿心理健康、培养良好心理品质与健全人格是幼儿心理健康教育的总目标，这一总目标可分解为不同的层次。

第一，从心理成分上分析，幼儿心理健康教育的目标应包括：认知目标，如知道心理健康与良好心理品质的重要意义，了解某些心理健康教育的知识，发展感知、记忆、思维与想象的认知能力等；情感态度目标，如培养幼儿对心理健康教育活动的兴趣，帮助幼儿悦纳自己，养成乐观进取的生活态度等；动作技能目标，如帮助幼儿养成良好的学习习惯，学习社会交往的礼仪与技巧，培养幼儿勤劳的习惯等。

第二，依据幼儿心理健康教育的总目标，并考虑幼儿年龄发展的特点，分别提出各个年龄段的教育目标。小班幼儿要养成在幼儿园生活与学习的良好习惯，学习自己照顾自己，发展注意力与观察力等；中班幼儿要发展记忆力与想象力，培养积极的情感与态度，认识自己的身体、心理与社会等各个方面的特点等；大班的幼儿要发展思维与创造能力，较好地认识自己，愉悦接纳自己，培养自信心，提高承受挫折的能力，懂得关心他人等。

第三，心理健康教育是通过各项具体的心理健康教育活动来进行的，而每一项活动都要有明确具体的目标。心理健康教育活动的目标根据教育的总目标与教育内容，可能是一次活动要完成的任务，也可能是要通过若干次教育活动或主题系列活动实现的目标。教育活动目标应该是具体的、可操作性的。也就是说，老师能从幼儿的活动表现中，观察到幼儿在目标实现上的情况，并通过适当的教育措施加以改进。

（四）幼儿心理健康教育的具体目标

根据幼儿心理健康教育目标制定的原则，把幼儿心理健康教育的总目标具体化为三个方面的子目标。

1. 矫正与预防幼儿心理与行为问题，促进幼儿心理健康

由于早期环境与教育的不良影响，有的幼儿会出现一些心理问题与不良行为，如任性、脾气暴躁、攻击性行为、多动与冲动、说谎、恐惧、焦虑等。对于已经出现的心理与行为问题，要通过适当的心理健康教育与行为训练加以矫正。对于那些尚未出现问题但有可能出现问题的幼儿，要及早进行心理健康教育，打“预防针”，防止心理与行为问题的出现。

2. 培养幼儿良好的心理素质和健全的人格

良好心理素质与健全人格包含如下三个方面的特征。

第一，培养幼儿自主坚强的人格。通过心理健康教育帮助幼儿认识自己、接受自己和坚信自己，提高自信心；努力提高幼儿的自觉性、行为的目的性，使他们能够树立目标，选择实现目标的有效途径；培养幼儿的独立性，不轻易接受他人支配；培养幼儿勇敢的品格，鼓励他们勇于挑战，不胆小怕事，不怕苦累；培养幼儿的成就动机，鼓励他们力争上游、尽力做好事；培养幼儿的责任心，敢于承担责任；培养幼儿的坚持性，做事要彻底，要有耐心。

第二，培养幼儿的关爱品格，养成良好的社会兴趣和交往技能。通过心理健康教育，让幼儿不仅要关心自己、爱护自己；还要同情他人、关心和帮助他人，包括父母、老师与同伴等；更要让幼儿学习社会交往的有关技能，能够倾听他人谈话，自如地表达自己的思想感情，懂得有关的礼节。

第三，培养幼儿乐观开朗的性格特征。乐观的人生态度是一个人生活幸福的重要基础，通过心理健康教育，帮助幼儿树立正确的人生态度，对前途充满希望和信心；培养幼儿的幽默感、开朗的性格以及应对挫折的心理承受力；帮助幼儿在挫折和困难面前，采取正确的态度和应对方法。

3. 开发幼儿心理潜能，促进幼儿智力发展

学习是幼儿园生活的一大主题，学习与智力发展是幼儿心理健康教育的主要内容。这方面的心理健康教育包括：利用幼儿的好奇心，培养幼儿的求知欲与学习兴趣；培养幼儿良好的学习方法与学习习惯；训练幼儿的思维；开发幼儿的智能。

（五）幼儿心理健康教育的基本原则

要实现心理健康教育的目标，需遵循以下四项原则。

1. 个性化与社会化相协调的原则

个性化就是随着身心的发展和成熟，一个人越来越显现出与他人不同的人格特征。社会化是指特定社会通过各种措施使个人形成该社会所规定的、具有一定共同性的行为模式或人格特征。个性化和社会化是心理品质发展过程中的两个方面，它们相辅相成，互为补充，不可偏废。因此，在幼儿心理健康教育中，我们应遵循个性化与社会化相协调的原则，既要重视幼儿的社会化，培养社会发展所需的共同性的心理特征，又不能忽视幼儿的个性化，抹杀他们的个性特点，还要通过各种个别性教育措施来促进幼儿的特长和独特性的发展。现代社会是一个多样化的社会，具有独特个性的人会受到学校和社会的重视和鼓励。

2. 渗透性原则

幼儿心理健康教育应该渗透到教育的各个方面和各个环节，因为心理健康教育是一个长时期的熏陶、教育和训练的过程，任何课程都不能单独实现心理健康教育的总目标。因此，应从心理健康教育的角度考虑教育者、教育环境、课程和教学方法等。教育者不是“教书匠”，而是受教育者的楷模和仿效的榜样，教育者的心理品质在一定程度上决定了心理健康教育的成败。因此，老师应该自觉地加强自身的人格修养与心理健康教育，提高自己的人格水平，发展良好的心理品质。在各种具体教育活动中，老师不仅要传授专门知识和相关能力，而且要有意识地培养幼儿的心理品质，引入心理健康教育的因素。

例如，在体育课中，不仅要训练幼儿的体能，教授幼儿有关的体育运动知识和技巧，而且要训练幼儿勇敢、坚强的人格特征；在音乐美术课程中，要注重培养幼儿的美感；在语言教学中，通过讲有关伟人的英雄事迹、祖国山河等精选故事，陶冶幼儿的人格；在科学教学中，要重视培养幼儿严谨求实的科学态度、灵活创新的思维方式。总之，要把心理健康教育渗透到幼儿教育的每个侧面和每一个教育环节。

3. 认知教育与行为训练相结合的原则

心理品质既不是单纯的思想观念，又不是单纯的行为方式，而是认知与行为紧密联系的综合体或心理行为结构。要培养这种内在心理和外显行为表里一致的结构，不仅要从内在思想观念入手进行认知教育，而且要从外在行为方式入手进行行为训练。只有把两种心理健康教育方式有机结合起来，才能有效地促进幼儿良好心理品质的形成与发展。

4. 幼儿园、家庭和社会协同教育的原则

在幼儿心理发展中，幼儿园、家庭与社会环境都起着同样重要的作用，只有相互协调一致，才能取得最佳的效果。因此，在幼儿心理健康教育中，要求家庭教育与幼儿心理健康教育一致。如果家庭教育不符合幼儿心理健康教育的要求，要通过家长会、家访等各种途径影响家长，使他们做出适当的调整。对于社会环境中存在的对幼儿心理发展的消极影响，要采取适当的措施给予限制和消除。幼儿自我意识逐渐觉醒之后，自我对心理结构及其发展都会起到一定的调节作用。因此，我们要通过家庭教育、学校教育和社会教育来促进幼儿心理品质的发展，还要通过幼儿的自我教育，把外控转化为内控，引向自尊、自爱、自强、自我完善和自我实现。

四、影响幼儿心理健康的因素

在诸多影响幼儿心理健康的因素中，生物因素、心理因素、家庭环境因素和社会环境因素都扮演着重要的角色（表 1-4）。

表 1-4　影响幼儿心理健康的因素

名称	具体内容
生物因素	遗传是影响幼儿心理健康的重要因素。幼儿期发育障碍和精神疾患、孤独症、精神分裂症和多动综合征等的发生和发展均与遗传有关，而且患有遗传性疾病的幼儿常伴有行为异常。
心理因素	幼儿的动机、自我意识、情绪和气质等不同程度地影响心理健康。例如，动机是为满足个体的需要并促使其活动的诱因，需要是个体对生存、发展的要求和欲望。
家庭环境因素	父母的性格特征、文化水平、基本素质及父母的教养方式都会不同程度地影响幼儿的健康成长。
社会环境因素	幼儿园的制度和环境、老师的观念和行为方式、与幼儿相关的人际环境，对提高幼儿心理健康和社会适应能力有重要的影响。

五、幼儿心理健康教育的措施

为了保障幼儿的心理健康，我们需要采取一系列措施。

（一）家园共育，共同营造积极的环境

家园共育既有利于更好地教育幼儿，又有利于幼儿自身健康快乐地成长，让家长参与到幼儿园的教育活动中来，效果才能更好。家庭成员之间和睦、民主，能营造良好的情感环境和家庭气氛。家长要关心幼儿的身体健康，掌握一定的心理健康知识，为幼儿提供一个较好的生活适应圈。对于幼儿在幼儿园的表现，家长在家里要及时表扬和批评。

（二）创造宽松自由的心理健康环境

树立良好的班风、园风，有利于幼儿心理健康成长。班集体或园集体是幼儿生活的主要环境，积极向上、相互团结、相互尊重、相互关心且富有同情心的班风、园风有利于幼儿心理健康的发展。老师要努力创造一种平等、民主、鼓励的心理安全气氛，对幼儿要公正、不偏爱，杜绝那些有损于幼儿心理健康的言行。除了老师要努力外，家长也同样需要努力。

（三）满足幼儿正当的心理需要

实践证明，一个充分接收到成人正确而有理智的爱的幼儿，总是充满自信，朝气蓬勃，积极向上。有些幼儿上课时“喜欢”捣乱，活动时经常打人，这往往是由于他们想通过“捣乱”“打架”来引起老师对他们的关注，进而获得老师对他们的爱。因此，老师多说关心的话，或轻轻地抚摸幼儿的头，都是爱的表示。这些看似简单、平常的言行，会让幼儿快乐一天，甚至几天、几年、一生。

（四）培养和防治相结合

除了上述所说的健康环境的影响外，还要通过引导幼儿参加集体活动来培养他们的心理健康。在集体活动中，使幼儿学会关心他人、尊重他人、团结互助，学会与他人平等相处，逐渐培养幼儿良好的心理素质，纠正不良的行为习惯和错误的心理观念。对于幼儿心理呈现出的各种不良预兆，老师要及时纠正，积极防治，如“问题家庭”的幼儿。这里的“问题家庭”指的是父母中一方亡故或父母离婚的家庭。这类家庭的幼儿，心灵上受过创伤，若缺少正确的引导，往往容易形成自卑、不合群、胆怯、多疑等消极的心理特征。又如，身体发育畸形和有生理缺陷的幼儿，往往自卑、敏感、多疑。老师尝试通过多种方式防治。例如，培养幼儿的兴趣特长，如乐器、画画、书法等，并鼓励幼儿不断努力，取得成绩。这样，幼儿有了某方面的兴趣或特长，就会逐渐产生优越感，性格也会因在活动中得到锻炼而日益坚强、日渐开朗，从而形成一种积极健康的心态。

【思考与练习】

1. 简述幼儿心理健康的标准。
2. 结合实例，论述制定心理健康标准的依据与必要性。
3. 简述影响幼儿健康的因素。
4. 简述幼儿心理健康教育的措施。

课后拓展活动记录表

班级		姓名		学号	
指导老师		活动时间		活动地点	
活动主题					
课后应用	将本模块所学知识应用在学习和生活中并进行简要记录。				

课后拓展活动记录表（续）

学习感想	结合教与学两方面，写写自己的心得，并提出自己的建议。（200 ~ 300 字）
备注	

项目二

幼儿心理辅导的概述

◎培养教育人和种花木一样，首先要认识花木的特点，区别不同情况，给予施肥、浇水和培养教育，这叫“因材施教”。

——陶行知

◎要解放幼儿的头脑、双手、脚、空间、时间，使他们充分得到自由的生活，从自由的生活中得到真正的教育。

——陶行知

【教学目标】

★ **素质目标**

正确认识幼儿心理辅导，促进幼儿身心健康成长。

★ **知识目标**

了解幼儿心理辅导的基本含义与功能。

★ **能力目标**

掌握幼儿心理辅导的发展史以及发展前景。

【引言】

幼儿心理辅导是幼儿园教学的重要组成部分，但如今幼儿心理辅导的发展还存在许多问题。要促进幼儿身心健康成长，就必须了解幼儿心理辅导的相关知识。这不仅需要心理健康教育的师资力量的完善，也需要幼儿园、家庭、社会的共同努力。幼儿教育工作者必须掌握幼儿心理辅导的功能和发展史。

【案例导入】

丽丽今年刚上幼儿园，在幼儿园一直很遵守规矩，班级老师也都很喜欢丽丽。但是，这天丽丽回家后却一点也不高兴，噘着小嘴，妈妈说话也不理。在妈妈的细心追问下，丽丽这才告诉妈妈。原来，今天幼儿园组织了趣味运动会，很多小朋友都得到了小奖牌和大红花，但是丽丽什么也没有。丽丽越说越委屈，忍不住在妈妈面前大哭了起来。妈妈很无奈，不知道该怎样安慰丽丽。

请根据上述材料，结合幼儿心理发展特点的相关知识，给丽丽妈妈提出合适的教育建议。

任务一 幼儿心理辅导的基本概念

一、幼儿心理辅导的含义

（一）心理辅导含义

广义的心理辅导包括心理辅导和心理治疗，有时心理检查、心理测验也被列入心理辅导的范围。狭义的心理辅导指运用心理学的方法，对在心理适应方面出现问题并企求解决问题的咨询者提供心理援助的过程，不包括心理治疗、心理检查、心理测验，只局限于辅导者和幼儿双方通过面谈、书信和电话等方式向幼儿提供心理援助和咨询帮助。

在理解心理辅导的概念时，需要注意以下三个问题。

第一，心理辅导的对象。心理辅导的对象大体分为三种类型：一是希望获得更好发展且具有求助需求的人；二是具有潜在心理冲突应该给予必要指导的人；三是存在明显的心理问题或心理障碍，渴求得到专业帮助的人。在这三种类型的辅导对象中，以前两种居多。

第二，心理辅导人员。心理辅导人员包括专业心理学家和具有较高心理学素养的人员，需要接受严格培训并具备良好个性和专业技能。

第三，心理辅导的方式。作为一种心理层面的助人活动，心理辅导需要采用心理健康教育、心理诊断、心理咨询等多种方式。

（二）幼儿心理辅导含义

幼儿心理辅导是指教育者根据幼儿心理发展的特点与规律，在一种新型的建设性的人际关系中，运用心理学等专业知识技能，设计并组织各种教育活动，给予幼儿协助，以帮助幼儿形成良好的心理素质，充分发挥个人潜能，进一步提高心理健康水平的过程，也是促进幼儿身心全面和谐发展和素质全面提高的教育活动。

理解幼儿心理辅导的实质，应注意以下五点。

第一，幼儿心理辅导是一种建立在新型人际关系基础上的教育活动，辅导双方要真诚、尊重、理解、信任和支持，是合作式、民主式的关系。

第二，心理辅导是一个助人自助的过程，辅导者引导和启发幼儿发现并解决问题，而不是代替幼儿解决问题。

第三，心理辅导具有独特的目标，这一目标与学校教育的总目标是一致的，如促进幼儿全面发展和健康成长。不同之处在于它体现对幼儿心理发展及心理健康的维护上，是为了促进幼儿心理健康和心理素质不断提高。

第四，心理辅导是运用专业知识和技能帮助幼儿，使其心理发展更加完善的活动及过程。它不同于日常生活中的谈话和说教，它需要专门的知识、技能和技巧，涉及心理学、教育学、社会学、生理学和医学等很多学科及领域。

第五，心理辅导为所有幼儿的一般需要提供帮助和服务。

二、幼儿心理辅导的种类与形式

根据幼儿的对象不同、人数不同、辅导形式不同，幼儿心理辅导的种类与形式也会不同，见表 2-1。

表 2-1　幼儿心理辅导的种类与形式

划分依据	类别	内容	特点
幼儿的对象	直接辅导	通过辅导员与幼儿的直接交往，使问题得以解决。	有助于辅导员对幼儿的问题准确了解和“对症下药”。

表 2-1（续）

划分依据	类别	内容	特点
幼儿的对象	间接辅导	在辅导员和当事人之间增加中转媒介，辅导员向当事人的家长、朋友、老师等了解其心理问题，并通过他们对当事人实施指导。	辅导的效果取决于如何正确处理好辅导员与中介人的关系，使辅导员的意见被中介人接受并得到合理实施。
人数	个别辅导	由一位辅导员对单个幼儿采用面谈的方式，通过电话、信函等其他途径进行的辅导。	保密性、可控性强，有利于幼儿无所顾忌地表现自己，使辅导者能够较深入地、有针对性地进行帮助。
	小组辅导	将具有同类问题的求助者组成小组，共同讨论、进行指导或矫治。	是一种多向性的交流。当事人看到其他人有着与自己类似的问题，可以提高自我认识，安定情绪，进而相互支持、相互影响。
辅导形式	门诊辅导	幼儿到专门的心理辅导机构进行心理辅导。	使幼儿充分倾诉，使辅导人员直接观察幼儿，有助于对幼儿的个性、心理健康状况、心理问题的严重性和当事人的心态进行观察、了解和评估。
	信函辅导	通过书信的形式进行心理辅导。	打破地域的限制，向心理辅导机构请求书面帮助，可以避免当面交谈可能带来的尴尬局面。
	现场辅导	辅导机构的专业人员深入基层，为广大咨询者提供多方面服务的一种心理辅导形式。	辅导人员深入现场，通过观察、调查，现场提出解决方法，对当事人、现场其他人有积极的作用。
	电话辅导	通过电话进行交谈，是一种较为方便、迅速而又及时的心理辅导方式。	在防止由于心理危机而酿成的自杀与犯罪方面有良好的作用。
	网络辅导	通过计算机互联网各种网络资源进行心理辅导，如在线课程、讲座、视频会议等。	降低沟通成本，方便快捷，打破地域限制，提高私密性。

任务二　幼儿心理辅导的功能

一、幼儿心理辅导能促进幼儿身心健康发展

（一）开展心理辅导，有利于幼儿形成健全人格

心理辅导是幼儿个性全面发展和健全人格养成的基础。幼儿应在学习知识、发展智能、增强身体素质的同时，形成和发展人格。心理辅导能帮助幼儿解决学习困难，改善人际关系，提高思想认识，为其个性发展和人格养成打下基础。学校心理辅导应尊重、理解和信任幼儿，使其感受到自我价值，正确面对优点和缺点，科学规划未来。

（二）开展心理辅导，有利于提高幼儿适应能力

幼儿是未来社会的建设者、参与者，需要有良好的社会适应能力。心理辅导是提高幼儿社会适应能力的必要手段。人的心理和行为密不可分，良好行为习惯能内化为一定的心理素质。心理健康教育能提高幼儿心理素质，培养良好的行为习惯，从而增强幼儿的社会适应能力。

二、幼儿心理辅导能推进学校素质教育全面实施

（一）开展心理辅导，有利于学校实现教育目标

我国学校教育的目标是培养全面发展的人才，因此，国家决定深化教育改革，全面推进素质教育，以提高人的素质。幼儿的心理辅导与德、智、体、美、劳教育密切相关，也是实现全面发展教育的重要途径之一。未来社会对人才素质的要求将更加全面，特别是对心理素质的要求会越来越高。

（二）开展心理辅导，有利于学校进行创新教育

培养幼儿的创新精神和实践能力是素质教育的核心，积极维护和促进幼儿心理健康对培养创新能力具有重要意义。心理学研究表明，心理健康水平高的幼儿更容易发挥创造力。个体心理健康是创新能力发展的基础，学校应重视心理辅导，激发幼儿兴趣和勇气，促进其自我意识协调发展。

三、幼儿心理辅导能推动社会文明与进步

（一）开展心理辅导，有利于社会精神文明建设

我国新时期战略任务是加强社会主义精神文明建设，学校是其重要场所。心理辅导有助于克服幼儿消极心理，促进积极心理形成，振奋民族精神；有益于塑造幼儿良好的个性，健全人格发展；有利于调动幼儿的主动性、积极性和创造性，推动社会经济和文化发展与进步。

（二）开展心理辅导，有利于社会的安定团结

健康的心理和良好的心理素质对社会安定和谐有着积极作用。心理承受力和自我控制力等适应能力不强的幼儿在受挫时或许失去理智和控制，给社会带来不安定因素。学校教育阶段对幼儿进行心理辅导，培养健康的心理、完善个性、承受能力，有助于预防复杂社会现实的严峻考验与挑战。

任务三 幼儿心理辅导的发展历史、现状与未来

一、国外幼儿心理辅导的历史与发展

心理辅导最早出现于美国，它的起源可以追溯到1900年。当时，由于工业革命的影响，美国的大城市，如底特律、波士顿、纽约和芝加哥等工商业迅速发展，加上各地移民大量涌入，社

会问题与日俱增，给人们的生活带来了许多忧虑和困难。为了适应这种社会现状，心理辅导工作便应运而生。以下从三个方面简单概述美国心理辅导的起源和发展。

（一）心理辅导的兴起

1. 职业指导运动

美国的心理辅导，一般以帕森斯所进行的工作为发端且最具有影响力。他于 1908 年在美国的马萨诸塞州首府波士顿创立了一家具有公共服务培训性质的职业所。关于职业选择与指导，帕森斯认为，必须与青年的兴趣、能力、个性特点和客观要求相结合。只有正确认识自身素质、专长和潜在资质，同时对个人的局限和自身条件有客观评估，才能实现人与职业的合理搭配，并做出恰当的职业选择。帕森斯在幼儿中实施心理辅导活动，将心理辅导理解为一种学习过程，发表了心理辅导人员的培养计划，沟通了学校教育、咨询服务和社会发展的关系，为心理辅导的社会性服务机能打下了基础，奠定了现代心理辅导的理论基石。

2. 心理测验技术的发展与对个体差异的研究

在帕森斯成立职业所并开展职业指导工作的同一时期，比奈于 1904 年受法国公共教育部委托，进行智障幼儿鉴别测定法的研究。1905 年，他与西蒙合作，发表了由 30 个问题构成的第一次量表，并提出了智力测验的标准。1908 年，他又发表了修订后的第二次量表。这个量表的最重要特点是，测验是按照能够通过的健全、正常幼儿的不同年龄分类而成的。由于心理测量技术的开发，对个人差异的研究也得以迅速开展。

3. 对心理疗法关心的提高

进入 20 世纪 40 年代，经济、文化的急剧变化，特别是社会生活的变革，给人们带来许多心理适应上的问题。尤其是在情绪和人际关系方面，不少人开始体会并感受到了对精神压抑、心理不安和焦虑进行精神治疗的心理疗法的重要性及对自身行为给予理解的意义，于是他们开始渴望在社会适应和情绪调整、人际改善时得到心理学家的帮助。

这样，过去那种将心理辅导只限定于把个人的能力、适应性、兴趣作为职业条件的咨询活动开始超越了职业选择和指导的范围，开始向更广阔的方向发展并逐渐深入人们的日常生活。这一时期的代表人物是罗杰斯，他的著作《心理辅导与心理疗法》的出版及“非指示的方法”的提出，为心理辅导的发展做出了巨大的贡献。

（二）心理辅导的确立

1. 部门的独立

心理辅导是以上述的两种运动为源流，加上人们对心理疗法的关心程度的提高，并在大学及其他研究机构的帮助下迅速发展起来的。1951 年，一种新的心理学工作名称在美国开始被广泛运用。美国心理学会在第 17 部门设立了“心理辅导指导分会”，并于 1953 年改名为“心理辅导学分会”。这样，心理辅导学作为心理学的一个部门而获得独立，从事这一专门职业的工作人员被称为心理辅导工作者。

2. 专业标准的制定

1953 年，美国心理学会心理辅导学分会规定了正式的心理辅导。同时，这一分会还向美国心理专业职业考试委员会派出常任代表，积极地参与心理辅导指导员的特别执照的颁发。同年，美国心理学会伦理基准委员会公布了 APA 伦理纲领。1954 年，由 20 余名心理学家发起创办了《心理辅导学杂志》——心理辅导的专业杂志。1955 年，美国心理学会开始正式颁发心理辅导专家执照。

3. 心理辅导的目标

1956 年，APA 心理辅导学分会的“定义委员会”发表了一篇题为《作为一个专业分支的咨询心理学》的报告书。报告书指出，心理辅导学会从三个方面做出贡献，并且这三个方面不可偏废，即通过促使人的关心趋向于动机、情绪的调节，从而促进个体内在精神世界的发展；通过发展人的必要的能力、动机，援助并达到个体与环境的调和；正确利用个体差异，充分考虑所有成员的发展，提高社会对心理辅导的理解。

二、我国幼儿心理辅导的历史与发展

（一）我国幼儿心理辅导的发展历史

我国幼儿心理辅导的发展历史可以追溯到 20 世纪 20 年代。随着社会经济的发展和人们对幼儿心理健康的关注度不断提高，幼儿心理辅导逐渐得到了重视和发展。

1916 年，在原清华大学校长周诒春的倡导下，我国的职业指导工作提到了学校的议事日程。1917 年，中华职业教育社正式成立，它标志着我国的职业指导开始走向专业化的道路。在以后的十几年间，南京、上海、武昌、济南等地都开展了一些职业指导活动，但由于时局的影响，特别是抗日战争的全面爆发，职业指导方面的理论研究和实践工作被迫中断。

中华人民共和国成立后，在计划经济尤其是“文化大革命”的影响下，职业指导的理论研究与实践工作都没有得到应有的恢复。20 世纪 70 年代末，我国进行了经济体制改革，社会发生了巨大的变化。心理咨询工作以及心理健康教育逐步普及，心理辅导的重要作用被重新认识。1985 年，江苏、浙江两省通过对 1 095 名中幼儿的调查发现，有心理问题的幼儿高达 16.53%。1987 年，上海市精神卫生中心与世界卫生组织和夏威夷大学合作，对上海市幼儿开展调查，发现 27% 的幼儿心理异常。1994 年，广州市穗港澳幼儿研究所对广州市 4 个区的 1 000 名幼儿的调查表明，53.2% 的幼儿存在一定程度的心理问题。调查还表明，幼儿的主要问题有所差别，如幼儿主要表现为学校适应不良。心理问题如果得不到及时解决，将进一步影响到幼儿未来的发展，加剧青春期的心理冲突。因此，在《中共中央关于进一步加强和改进学校德育工作的若干意见》中涉及学生心理健康问题，心理健康教育受到政府和学校的重视。

在 20 世纪 80 年代中期，中小学心理辅导工作开始迅速发展，其中大城市的心理辅导工作走在全国前列。上海市教科所 1986 年开展了“幼儿心理辅导研究”课题，通过边实验、边研究、边推广的发展模式，使中小学心理辅导很快发展。1989 年，上海市成立了中小学心理辅导协会，这是全国最早以推广、研究、普及提高中小学、幼儿园心理辅导工作为宗旨的专业性团体。广州市 1987 年开通了“广州市中小学心声热线电话”，这是国内第一家以电话咨询为手段的中幼儿心理辅导机构。到 20 世纪 90 年代，心理辅导在我国已由大城市向中小城市发展。热线电话、心理咨询室、心理辅导中心在许多城市的学校里已不再是陌生的名词，有些单位还在互联网上设立了心理辅导网站。心理辅导的研究不断增多，相关的课程尝试开始出现，心理辅导成了学校开展教育科学研究的重要课题。湖北省创办了全国首家以“心理辅导”命名的专业杂志，一些地区性乃至全国性的心理辅导学术组织相继成立。从 1994 年到 1996 年，全国学校心理辅导与教育研究会连续召开了三次学术研讨会，对学校心理辅导进行了总结和研究，就今后的心理辅导工作努力方向达成了共识。这些工作标志着心理辅导在我国已经形成了一定的基础，但是人们对心理辅导许多理论问题的认识还不够明确，对学校教育领域的心理辅导仍然缺乏系统研究。

到目前为止，我国心理辅导事业发展呈现出这几个特点：经济发达地区发展较快；城市学校比农村学校发展快；部分大城市由个别学校实验发展到大量学校实施；不少地区已由教育行政部门作为地方教育改革举措予以推行。然而，在心理辅导的发展中也存在不少的问题。例如，师资培养、信息与技术缺乏以及教育行政部门对心理辅导的重视程度不足。

（二）我国幼儿心理辅导的发展现状

从实践来看，改革和社会发展使开展心理健康辅导成为必然。在 20 世纪 80 年代中期，我国广州、上海、北京等大城市出现了心理门诊，此后又出现了幼儿热线电话辅导，辅导的内容包括校园生活、学习方法、青春期卫生、心理卫生、交友艺术、就业、家庭伦理、权益义务等。同时，上述几大城市的部分学校也开始设立心理咨询室，最早的如上海风华中学等。1989 年，上海还成立了中小学心理辅导协会，该协会是全国范围内最早以推广、研究、普及和提高中小学、幼儿园的心理辅导工作为宗旨的专业性学术团队，为上海乃至全国的幼儿心理辅导的发展起到了推动作用。

从理论上看，我国自 20 世纪 80 年代开始了对心理辅导的关注，陆续开展了一些讨论、探索和课题研究。有研究者基于文献分析，指出与西方（以美国为代表）相比，我国的心理健康教育是在改革开放形势下对我国德育困境的反思基础上产生的，因而在发展过程中表现出了特征，并且将其发展概括为三个阶段（见表 2-2）。

表 2-2　我国幼儿心理辅导发展的三个阶段

阶段	内容
预备期（20 世纪 80 年代初期至 90 年代初期）	以班华教授《心育刍议》一文为标志，为开展心理健康教育进行舆论准备。这一时期，理论界出于对我国教育改革的思考，多侧重于对开展心理健康教育的重要性、必要性的探讨。
发展期（20 世纪 90 年代初期至 90 年代末）	对心理健康教育的关注更加广泛，幼儿心理健康状况调研普遍开展，心理健康教育专项课题研究受到重视，对心理健康教育有关问题的探讨逐步深入。
繁荣期（1999 年底至今）	以教育部发布《关于加强中幼儿心理健康教育的若干意见》（1999 年）和《中小学心理健康教育指导纲要》（2002 年）为标志，中小学心理健康教育从民间推动向官方主导发展，从基层探索到国家有计划地推进，全国中小学心理健康教育逐步走上了发展正轨。

这具体表现在以下五个方面。

第一，政府部门加强了对心理健康教育的重视和组织领导，颁布文件，明确了心理健康教育的指导思想、基本原则、目标任务等要求。

第二，学校心理健康教育实践活动进一步推进。全国范围内近20个省、市、自治区的许多学校都开展了一系列学校心理健康教育试点工作。

第三，心理健康教育研究更加深化并取得新进展。心理健康教育的研究开始从模糊的总体表述逐步向深化研究发展。《大众心理学》1995年改版，办刊方向转为针对中小学心理健康教育；2001年，《中小学心理健康教育》创刊，专门发表一线教育工作者的研究成果，扩展了心理健康教育的理论阵地。

第四，心理健康教育师资培训逐步推进。各地纷纷制订了学校心理健康教育老师培训计划，有计划地开展师资培训和认证工作。

第五，学校心理健康教育读物更加丰富。目前，内地已经出版了一批有关心理健康教育的读本或教材，约300余种。心理健康教育读本出现百花齐放的局面，对心理健康教育的普及和推进起到了积极作用。

（三）我国幼儿心理辅导的展望

1. 幼儿心理辅导将获得广泛而普遍的发展

幼儿心理辅导由现在的少数实验学校逐步扩展到一般学校，由大中城市、沿海经济发达地区逐步扩展到小城镇和中西部内陆地区，尤其是要在广大的农村地区普及推广，从而步入正规化、制度化。另外，幼儿心理辅导也将由大中小学领域延伸至学前教育领域。不仅如此，服务对象也将进一步扩大范围，从学校逐步推广到社会，不仅重视幼儿的心理辅导，也关注老师、家长及监护人等的心理健康，促使幼儿心理辅导全面实施，普遍发展。

2. 幼儿心理辅导的科技化程度将迅速提升

当今社会，科学技术突飞猛进，特别是信息科学、神经科学和心理科学的发展为未来幼儿心理辅导工作的现代化提供了保证。由于计算机及网络技术将在幼儿心理辅导活动中广泛应用，能预见的是：幼儿的心理测量可以直接在计算机上完成；计算机提供更多的信息给幼儿；借由网络对老师进行大规模的专业训练；建立幼儿心理辅导网络系统，成员间互通信息，资源共享……

3. 幼儿心理辅导工作者的专业化水平将不断提高

幼儿心理辅导的操作性、规范性和科学性很强，对从业人员的专业要求很高，只有经过专业培养和专门训练的人才能胜任，所以，要推进这项工作的科学性和规范性，建立一支训练有素、数量充足的师资队伍极为重要。除了短期的培训外，有更多的高等院校将大力发展相关专业，培养数量众多的合格人才。当然，高等院校、科研机构、医疗卫生部门及相关单位的心理辅导专业人员将会更积极地介入，从而促进专业化程度的提高。

4. 幼儿心理辅导中国化特色将更加显著

作为心理学组成部分的幼儿心理辅导，同样应注意中国化的发展方向。也就是说，幼儿心理辅导的理论、技术、方法要更适合本国、本民族、本地区的具体情况，更能反映适合自己国家、民族及民众的心理特征，并推陈出新，形成自己的风格，建立有中国特色的幼儿心理辅导理论体系。

【思考与练习】

一、简答题

1. 简述幼儿心理辅导的种类与形式。

2. 试论述幼儿心理辅导如何推进学校素质教育目标的全面实施。

3. 简述我国幼儿心理辅导的发展历史。

二、论述题

琪琪和薇薇相差半岁，二人同时进入了幼儿园小班。由于薇薇的爸爸妈妈工作忙，不久后薇薇就被他们送到了乡下的奶奶家，并在乡镇幼儿园就读。由于培养目标不同，乡镇幼儿园老师着重知识学习，薇薇上中班时就已经认识许多字词。琪琪妈妈见状，很是担忧，琪琪在市级幼儿园就读，除了简单的课程，就是游戏。琪琪妈妈担心琪琪从小就被拉开差距。结合相关知识，你觉得琪琪妈妈的担忧有必要吗？为什么？

课后拓展活动记录表

班级		姓名		学号	
指导老师		活动时间		活动地点	
活动主题					
课后应用	将本模块所学知识应用在学习和生活中并进行简要记录。				
学习感想	结合教与学两方面，写写自己的心得，并提出自己的建议。（200 ~ 300 字）				
备注					

模块一　理论篇

项目三

幼儿心理辅导的目标、任务、途径与原则

◎国将兴，必贵师而重傅。

——荀子

◎善于鼓舞学生，是教育中最宝贵的经验。

——苏霍姆林斯基

【教学目标】

* 素质目标

树立因材施教的心理辅导理念。

* 知识目标

了解幼儿心理辅导的目标与任务。

* 能力目标

掌握幼儿心理辅导的途径与原则。

【引言】

幼儿心理辅导是素质教育的重要组成部分，也是整个学校教育系统中相对独立的一个组成部分。幼儿心理辅导发展久远，在其发展过程中形成了独有的目标、任务和原则。掌握幼儿心理辅导的目标、任务和原则，可以针对性地实施幼儿心理辅导，从而更好地促进幼儿身心全面发展和素质教育的全面实施。

【案例导入】

小雨今年升入了大班，但是由于身体欠佳，几乎每年都在更换幼儿园。因此，幼儿园老师对其缺乏全面的认识。小雨在幼儿园表现得活泼可爱，但由于一直更换幼儿园，小雨其实很害怕班级老师，有什么不舒服的地方，也不会主动跟老师讲。上次小雨肚子疼，但她一直忍着，直到回家才敢跟家里人说。午休的时候，小雨不敢跟老师说想上厕所，就一直忍着，直到忍不住而尿床。班级老师对此非常无奈，跟小雨的父母沟通后也没有效果。

请根据上述案例，提出合适的教学建议。

任务一 幼儿心理辅导的目标与任务

一、幼儿心理辅导的目标

幼儿心理辅导是以全体幼儿为辅导对象，以促进幼儿全面发展为宗旨，以全面提高幼儿的心理素质为目标，注重发展性辅导，通过多种途径和手段，对幼儿进行认知、情感、态度、价值观、行为、个性等方面的教育和辅导，帮助幼儿更好地适应学习和生活，发掘潜力，促进全面发展。

（一）幼儿心理辅导目标确立的准则和依据

1. 幼儿心理辅导目标应与素质教育的总目标一致

幼儿心理辅导的目标分为总体目标和具体目标。总体目标是一个根本性目标，是针对所有幼儿而设定的广义的目标。具体目标是针对每一个被辅导幼儿的发展特点而设定的、具体性的、可实施的目标。幼儿心理辅导的目标从根本上来说，就是要促进学校教育目标的实现。因此，幼儿心理辅导目标的设定应与素质教育的总目标一致。

2. 幼儿心理辅导目标应是多层次、多角度的

幼儿心理发展受到多方面因素的影响，因此在制定幼儿心理辅导目标时，应从多方面因素来综合思考并制定。幼儿的心理发展存在着个体差异性，不同的心理素质和心理健康水平，决定了幼儿心理辅导的目标也是多层次的。

3. 幼儿心理辅导目标的制定应是立足当前又面向未来的

幼儿心理辅导要服务幼儿当前的生活及各项活动，要满足于幼儿的发展需要，应使幼儿在愉悦、轻松的环境中健康成长，这也就是幼儿心理辅导目标的制定应立足当前。在制定幼儿心理辅导目标时，要考虑幼儿当前发展的需要，更要将幼儿心理辅导的目标建立在幼儿适应未来需要的基础上，要将幼儿的终生发展与社会适应所需的心理素质目标结合起来。

4. 幼儿心理辅导目标的制定应是既满足个体需要，又符合社会规范的

幼儿心理辅导的目标不仅能满足个体的需要，又要符合社会规范，而这正是心理健康者的特征性行为。如果目标仅在于满足幼儿的各种需要，而忽视社会规范，可能会使幼儿丧失社会适应性，甚至产生反社会行为。只有多方兼顾，才有利于幼儿心理健康发展。

（二）幼儿心理辅导的目标

1. 第一级目标——基本目标

这些目标普遍适用于接受治疗的所有幼儿。例如：幼儿能够处理令他们感到痛苦的情绪问题；幼儿能够在思想、情感和行为三个方面在某种程度上达成一致；幼儿能够对自身感觉良好；幼儿能够接受自己的优势和不足，并感觉良好；幼儿能够改变那些会产生不良后果的行为；幼儿能够对外部环境（家庭或学校等）表现出安心和适应良好的行为；幼儿追求发展转折的机会最大化。

2. 第二级目标——父母的目标

这些目标是父母带领幼儿接受治疗时确立的。它们与父母自身的意愿有关，并且通常是基于幼儿目前的行为而设定的。例如，有一个幼儿在墙上涂鸦，那么他父母的目标或许是制止他的这种行为。

3. 第三级目标——心理辅导员制定的目标

这些目标是心理辅导员基于他对幼儿特殊行为方式的假设而制定的，如同上述在墙上涂鸦的幼儿，辅导员会假设涂鸦是幼儿情绪问题导致的。于是，辅导员设定的目标就是确认和解决幼儿的情绪问题。

很明显，在辅导员对幼儿行为的可能原因提出假设时，需要整合多方面的信息，包括自身的案例咨询经历、对幼儿心理学和行为理论的了解，以及关于当前研究和相关文献的知识。

4. 第四级目标——幼儿的目标

辅导员需要关注幼儿的状态，灵活调整目标，以适应幼儿的需要。幼儿的目标是辅导过程中最重要的，应优先考虑幼儿的意愿、心理需求。在确定辅导目标和计划时，应结合第二级目标和第三级目标，并优先考虑第四级目标。目标确立过程应是互动和协商的，幼儿、父母及辅导员都应参与其中。

二、幼儿心理辅导的任务

幼儿心理辅导的任务围绕学校的培养目标和心理辅导的目标来确定，是实现目标的保证。当前，开展幼儿心理辅导的任务主要有以下两方面。

（一）面向全体幼儿，开展发展性的心理辅导

要使幼儿不断正确认识自我，增强调控自我、承受挫折、适应环境的能力；培养幼儿健全的人格和良好的个性心理品质，努力提高全体幼儿的心理素质和心理健康水平。这是学校开展心理健康教育的工作重点和主要任务。其特点如下。

第一，辅导的对象是所有心理健康身心发展正常的幼儿，但在发展方面仍有潜力可挖，心理素质尚待完善。

第二，心理辅导着重解决的问题，是引导幼儿在一个更高的层面上认识自我，开发自我潜能。而这种潜能的开发更具有突破自我认识局限性的特征，往往能使幼儿在能力发展、信心重建等方面实现一定的飞跃，得到更充分的发展和提高。

第三，强调发展的原则，发展性的辅导也对幼儿的学习、适应、发展、择业等问题给予指导与帮助，但更侧重在“发展”方面，即促进心理素质的发展。它对幼儿所做的一切工作，包括指导幼儿调节和控制情绪、改善精神状态、建立自我信心等，都是以幼儿能够更充分地发展为目标。

第四，发展性的辅导是现代学校教育的一个重要组成部分，将纳入学校教育的总体目标和实施过程中，为幼儿的充分发展和成才提供强有力的保证。发展性的辅导按教育计划，安排一定的课程，学习有关知识，进行有关训练，开发幼儿心理潜能，提高幼儿心理素质。

（二）面向少数幼儿，开展适应性的心理辅导

对于极少数有严重心理疾患的学生，能够及时识别，并转介到专业的心理治疗机构。同时，予以密切配合，以尽快治愈疾患，帮助幼儿重返校园生活。适应性的心理辅导的特点如下。

第一，辅导的对象是身心发展正常，但带有一定的心理、行为问题的少数幼儿，或者说，在适应方面发生困难的正常幼儿。

第二，心理辅导所着重处理或解决的问题是幼儿的正常需要与其现实状况之间的矛盾，大部分工作是在辅导对象的认识水平上加以帮助。

第三，强调教育的原则，重视辅导对象理性的作用。辅导人员并不是要亲自帮助辅导对象直

接去解决问题，满足其需要，而是帮助他分析情况，提出合理解决的途径和办法；强调发掘、利用其潜在的积极因素，自己解决问题；对于环境的改善，也是在现有条件基础上提出改进意见。

第四，适应性的心理辅导的工作侧重于学习指导、交往指导、生活指导、升学就业指导等方面，主要解决幼儿在这些方面所遇到的各种心理问题，也涉及一些心理障碍方面的问题，以恢复其心理健康。

第五，适应性的心理辅导伴随幼儿学校生涯的整个过程，注重幼儿的身心状况，支持和帮助他们适应各阶段的学校生活，指导他们完成各年龄段的自我发展任务。

任务二 幼儿心理辅导的途径与原则

一、幼儿心理辅导的途径

在幼儿心理健康教育中，心理辅导是非常重要的一环。下面我们将详细介绍幼儿心理辅导的途径。

（一）全面渗透

心理辅导要渗透和融合到整个学校教育的全过程中，在学科教育、各项教育活动、德育和班主任等工作的方方面面都要注重对幼儿进行心理健康教育，这是幼儿心理辅导的基本途径。教育工作者，尤其是班主任、辅导员、思政老师和政工团队，要加强心理辅导的意识，自觉地使教育教学活动和德育工作成为有助于提高幼儿心理素质的载体。另外，幼儿园还要注意美化环境和开发隐性教育资源，把环境熏陶作为幼儿心理辅导的另一个重要途径。

（二）开设课程

心理辅导进入课堂，可利用活动课、班队活动等形式，还可举办心理辅导的专题讲座报告、讨论、座谈等。对于年龄较小的幼儿，通过组织有关促进心理辅导内容的游戏、娱乐、竞赛等活动，帮助幼儿掌握一般的心理健康知识和自我保健方法，培养良好的心理素质。

（三）个别心理辅导

个别心理辅导是指辅导人员通过与幼儿一对一的沟通所开展的辅导活动。针对个别幼儿而展开个别心理辅导是心理辅导的最直接途径，一般是通过建立心理辅导室、心理健康指导中心等形式予以具体实施。具体方法有门诊辅导、设立热线电话、个别会谈、咨询等。个别心理辅导充分体现个别对待的原则，因此，是学校心理辅导中常见且有效的一种方法。

（四）小组辅导

小组辅导又称团体辅导，是辅导人员面对一组幼儿所开展的辅导活动中对辅导人员所提供的帮助、指导等针对小组成员的共性问题或共同关心的问题而开展的。小组成员人数一般少则四五人，多则十一二人，成员或是同年龄、同班幼儿，或是具有相似的心理健康问题。一般，小组由幼儿自愿组合形成，推举热心于活动、态度热情、工作负责的幼儿来组织，每学期活动七八次，这样，会获得较好的效果。

（五）建立网络

建立和完善幼儿园、家庭及社会的教育网络，也是幼儿心理辅导的重要途径。在家庭环境中，家长不健全的人格或不健康的心理、不正确的教育方式、不和谐的亲子关系、不恰当的期望，都将直接影响幼儿的心理发展，甚至会造成幼儿的心理压力和心理问题，因此，家庭教育是幼儿身心健康的基础。家长对幼儿身心的健康发展负有义不容辞的教育责任。幼儿园应举办心理辅导讲座，向家长宣传心理卫生常识，帮助家长了解幼儿的心理特点以及易出现的心理问题，以及如何创设良好的心理氛围等，使家长提高认识，配合幼儿园心理辅导。

另外，还能通过参与社会的精神文明建设，在文明的社会环境中锻炼幼儿的心理品质。各种社会现象、社会舆论、影视文化与传媒等其他社会因素也会直接影响幼儿心理健康的发展。所以，心理辅导只有得到社会的支持和认可，才能真正得到发展。

二、幼儿心理辅导的原则

幼儿心理辅导是一项复杂的系统工程，具有很强的科学性、专业性和技术性，在实际开展过程中，必须采取科学的方法和态度，除遵循学校教育的一般原则之外，还要遵循幼儿心理辅导自身所特有的原则。幼儿心理辅导的原则，是长期实践工作的规律概括和经验总结，是根据学校教育的特殊要求和心理辅导的任务确立的，是学校开展心理辅导工作必须遵循的基本要求，对实际工作的开展具有指导意义。

（一）教育性原则

贯彻教育性原则，教育者要以辩证唯物论为指导，结合实际情况和文化特色，借鉴西方理论、方法和技术。同时，将心理辅导与道德品质、思想觉悟教育结合，使心理素质、道德品质、思想觉悟的培养与提高相互促进。此外，还要重视正面启发教育和积极引导，培养幼儿积极进取、乐观向上的精神，帮助幼儿树立正确的人生观、世界观和远大理想。

（二）全体性原则

一切心理辅导的设施、计划、组织活动都要着眼于全体幼儿的发展。教育者要把握所有幼儿的共同需要以及普遍存在的心理健康问题；对幼儿一视同仁，创造条件，最大限度地让幼儿参与所有活动。

（三）差异性原则

幼儿心理辅导要关注和重视幼儿的个别差异，根据不同幼儿的不同需要，开展形式多样的、针对性强的心理辅导活动，以提高幼儿的心理健康水平。幼儿具有不同的个性特点、家庭环境、生活经验和价值观念。幼儿心理辅导要了解幼儿的个别差异，如年龄差异、性别差异、学习差异、思想差异和心理差异等，要区别对待不同幼儿，灵活采用不同方法和技术，充分考虑幼儿的年龄特征和个性特征等，运用不同的心理辅导的原理和方法。

（四）主体性原则

幼儿心理辅导要使幼儿的主体地位得到体现，把老师的科学教育与辅导和幼儿的积极主动参与有机结合起来。主体性原则体现了幼儿心理辅导的关键特征。教育者的心理辅导要充分尊重幼儿的主体地位，充分发挥幼儿的主体作用。所有的心理辅导工作和活动都要首先从幼儿的实际状况和需要出发，以幼儿现实生活和存在的问题为基准，以达到幼儿心理健康水平和心理素质提高为目的；尊重幼儿的主体地位，发挥幼儿的主体作用，鼓励幼儿自我选择和自我指导，促使幼儿自知、自觉、自助；不能采取强制手段，也不能替代幼儿解决自身存在的问题。

（五）整体性原则

在幼儿心理辅导过程中，教育者要运用系统论的观点指导教育工作，注意幼儿心理活动的有机联系和整体性，对幼儿的心理问题做全面考查和系统分析，防止和克服教育工作中的片面性。幼儿心理辅导追求幼儿人格的整体性发展，最终达到提高幼儿心理素质和整体素质的目的。从社会价值取向看，它重视幼儿德智体美全面发展；从幼儿自我完善的需求看，它注重幼儿知、情、意、行的协调发展；从系统的观点出发，幼儿心理辅导的对象是一个个完整的活生生的人，而人的心理也是一个有机整体。所以，应从个体心理的完整性和统一性、个体身心因素与外部环境的制约性及协调性等综合因素出发，全面把握和分析幼儿心理问题的成因，采用相应的教育与辅导对策。只有这样，才能使幼儿心理辅导工作更富有成效。

（六）发展性原则

在幼儿心理辅导过程中，必须以发展的观点来看待幼儿，要顺应幼儿身心发展的特点和规律，以发展为重点，促进全体幼儿获得最大限度的发展。坚持发展的观点，就是要对幼儿、对人性持有正确的认识和信念，认识人的潜能，尊重幼儿的身心特点，辩证看待幼儿的缺点和局限，重视教育与发展关系，对幼儿的成长和未来持乐观肯定的态度。幼儿心理辅导兼有矫治、预防和发展三种功能，但就整体而言，应该以发展为主，辅以预防和矫治。如果幼儿心理辅导只着眼于预防心理问题，矫治幼儿的不良心理和行为，则其目标就显得被动和消极。在防治的同时，幼儿心理辅导更应追求发展，因为发展本身就是积极的防治，只有将防治和发展结合起来，并以发展为主，才能促进幼儿心理的健康发展。

（七）活动性原则

人的能力及各种心理素质都是在活动中培养出来的，幼儿在活动中能表达自我、认识自我，实现自身的潜能和价值。活动顺应了幼儿内在成长的基本需要。实践活动是幼儿心理发生发展的基础，因此，针对幼儿各种心理问题的心理辅导内容、形式和方法等，不能只停留在一般知识的简单传授上，应让幼儿在各种模拟与实际情境中去讨论、体验和训练；必要的时候，还要创造条件，使他们通过直接的实践活动来提高心理素质和心理健康水平，完善个性发展。

（八）保密性原则

在幼儿心理辅导过程中，教育者有责任对幼儿的个人情况以及谈话内容等予以保密，幼儿的名誉和隐私权应受到道义上的维护和法律上的保障。保密性原则是幼儿心理辅导极其重要的原则，是鼓励幼儿畅所欲言和建立相互信任的心理基础，同时也是对幼儿人格及隐私权的最大尊重。除此之外，还不得对外公布求助幼儿的姓名，拒绝任何关于求助幼儿的调查，尊重求助幼儿的合理要求等。失密，对教育者而言，就是失职；对教育机构而言，就是威信和名誉的丧失。

根据我国幼儿身心发展特点，以及幼儿心理辅导的目标、任务和形式等，在开展幼儿心理辅导实际工作过程中，以及具体贯彻幼儿心理辅导原则时，既要保持严肃性，又要具有灵活性。经过大量的实践探索和经验总结，从事这项工作的理论和实践工作者用生动简练的语言对此进行了概括，这样的概括既便于理解，也易于掌握。初学者应认真思考领悟。

【思考与练习】

1. 简述幼儿心理辅导的目标和任务。
2. 结合实例，简述个别辅导的含义与方法。
3. 简述教育性原则的含义和要求。
4. 结合实例，论述幼儿心理辅导的保密性原则，以及遵循保密性原则的原因。

课后拓展活动记录表

班级		姓名		学号	
指导老师		活动时间		活动地点	
活动主题					
课后应用	将本模块所学知识应用在学习和生活中并进行简要记录。				
学习感想	结合教与学两方面，写写自己的心得，并提出自己的建议。（200 ~ 300 字）				
备注					

模块一 理论篇

项目四 幼儿心理健康教育与辅导的相关理论

◎我确实相信：在我们的教育中，往往只是为着实用和实际的目的，过分强调单纯智育的态度，已经直接导致对伦理教育的损害。

——爱因斯坦

◎所有能使幼儿得到美的享受、美的快乐和美的满足的东西，都具有一种奇特的教育力量。

——苏霍姆林斯基

【教学目标】

* 素质目标

懂得幼儿心理辅导的基本理论知识和规律。

* 知识目标

1. 熟知幼儿心理辅导的相关理论知识。

2. 了解依恋理论和完形治疗和理性情感治疗理论的基本内容。

* 能力目标

掌握精神分析理论、人本主义理论和行为主义理论在幼儿心理辅导中的应用。

【引言】

幼儿心理辅导是指采用一些相对便捷、专业的方式，与幼儿一起去探索心灵、感受自我，让幼儿在快乐的环境中成长。心理辅导是一种心灵的对话，婴幼儿是人的发展的开端，也是人成长的关键期，引导幼儿形成正确的认知观念是十分重要的。心理辅导是一种基本的途径，想要更好地针对幼儿行为进行合理的辅导教育，就要掌握幼儿心理辅导相关的理论知识，学会用正确的理论知识看待幼儿，并将其运用到实践中。

【案例导入】

文文3岁，入园快一个月了，学习知识很快，而且知道帮助其他小朋友，老师们都很喜欢文文。但是，文文妈妈总觉得女儿上幼儿园并不是特别开心，因为每次送她去幼儿园，到了班级门口，她总要磨蹭好长时间才肯进去，总要妈妈抱抱、亲亲，陪她说会儿话，答应她最早来接她。文文进教室之前，还会一步三回头，朝门口张望，搜寻妈妈的身影。

在幼儿园期间，文文吃饭、睡午觉的时候，都会无缘无故地哭，边哭边喊："我要妈妈……"妈妈对文文的情况很是担忧，不知道文文的这种表现是不是正常现象，觉得文文太脆弱了。请问，应该怎样让文文变得坚强？

任务一　弗洛伊德的精神分析理论

一、精神分析理论的基本简介

精神分析理论是由西格蒙德·弗洛伊德提出的一种心理学理论，它涉及意识和无意识、压抑和抵抗、泛性论以及快乐原则和现实原则等概念。在精神分析理论的发展综述中，我们可以了解到弗洛伊德的个人简介以及他对理论的后期修正，包括生存本能、死亡本能以及精神结构理论等内容。这些理论为我们解释个体心理发展和心理疾病提供了重要的视角。

（一）西格蒙德·弗洛伊德的个人简介

西格蒙德·弗洛伊德，奥地利精神病医师、心理学家、精神分析学派创始人。1873 年，入维也纳大学医学院学习；1881 年，获医学博士学位；1895 年，正式提出精神分析的概念；1899 年，出版《梦的解析》，被认为是精神分析心理学的正式形成；1919 年，成立国际精神分析学会，标志着精神分析学派最终形成。弗洛伊德开创了潜意识研究的新领域，促进了动力心理学、人格心理学和变态心理学的发展，奠定了现代心理学模式的新基础，为 20 世纪西方人文学科提供了重要理论支柱。

（二）精神分析理论的发展综述

1895 年，弗洛伊德与布洛伊尔合著的《癔症研究》一书出版，标志着精神分析学派的诞生。弗洛伊德的精神分析理论是人类认识自我历程中的伟大成就。弗洛伊德的理论分为两个时期。

1. 早期理论

早期理论一般是指他在 1920 年以前的精神分析理论，主要内容见表 4-1。

表 4-1　弗洛伊德的早期理论主要内容

理论	内容
意识和无意识	弗洛伊德认为，人的心理分为三个部分：意识、前意识和潜意识。意识指个人目前意识到的一切。前意识是指虽非目前意识到的但能通过回忆而变为意识内容的一切。潜意识是指被压抑而不能通过回忆再召唤到意识中的一切，这通常是不为社会规范所容忍的欲望。
压抑和抵抗	人的某些本能欲望常常是不被社会风俗、习惯、道德、法律等所容忍的。因此，欲望与规范就产生激烈的斗争，往往是欲望迁就规范受到压抑。由于压抑的无意识欲望不能闯进意识域里来，患者难以联想起自己的隐私，这种现象被称为抵抗或抗拒。
泛性论	一个人从出生到衰老，一切行为动机都有性的色彩，都受性本能冲动的支配。神经症的产生，就是本能受到压抑而得不到满足的结果。精神分析理论指出，在性的后面有一种潜力，这种潜力常驱使人去追求快感。这种潜力被叫作里比多，又称性力。
快乐原则和现实原则	人的行为受本能的支配，但同时又要受现实的限制。因此，人的心理也就有两种系统，每种系统都受特殊的原则支配。第一种系统受快乐原则的支配，形成于婴儿期；第二种系统除了受快乐原则支配以外，还受现实原则支配，形成于婴儿期以后。

2. 后期理论

在1920年以后，弗洛伊德对他的理论开始做了一些比较大的修正，形成了他的后期理论，主要如下。

（1）生存本能和死亡本能

弗洛伊德认为性本能和自我本能虽然各有不同的目的，但最后都指向生命的生长和增进。因此，他把它们连成一体，称为生存本能。为了与生存本能形成两极性，他又假设了一个死亡本能。死亡本能不是表现为一种求死的欲望，而是表现为一种求杀的欲望。当它向外表现时，它就成为破坏、征服的动力，表现为侵略的倾向。但当向外界的侵略受到挫折时，它往往退回到自我，成为一种自杀的倾向。这种倾向的活动范围很广泛，不限于杀人和自杀，还包括自我谴责、自我惩罚、敌手之间的嫉妒以及权威的反抗等。

（2）精神结构理论

在无意识概念的基础上，弗洛伊德提出人的精神是由本我、自我和超我组成的。最原始的本我是与生俱来的，是无意识的结构部分，由先天的本能、基本欲望组成，是同肉体联系着的。自我是意识的结构部分，处在本我和外部之间，与本我不同，是根据外部世界的需要来活动的。所谓超我，就是“道德化了的自我”，它包括两个方面：一方面就是通常所讲的良心，另一方面就是自我理想。超我的主要职能在于指导自我去限制本我的冲动。在正常情况下，本我、自我和超我处于一种相对平衡的状态，如果遭到破坏，就会罹患精神病。弗洛伊德的精神分析理论是在1900年以后成熟起来的。他从各地吸收了一批信徒，其中最被器重的是奥地利的阿德勒和瑞士的荣格。

二、精神分析理论的内容

弗洛伊德的精神分析理论是心理学领域的一支重要流派，他的理论基础深厚且具有独特的思考方式。这一理论的形成，不仅对心理学的发展产生了深远影响，而且对于我们对人类行为和心理的理解具有重要意义。接下来，我们将深入探讨弗洛伊德的理论。

（一）意识层次理论

弗洛伊德在治疗癔症和神经症的病人时发现，通过催眠暗示和宣泄法让病人重新回忆过去的经历、体验和宣泄被压抑的情感，或将产生症状的原因说出来以后，症状就消失了。由此，他认识到被压抑的潜意识中未满足的冲动和情感、遭受过的创伤及未解决的冲突才是导致心理障碍的原因。

弗洛伊德认为，人的心理包括意识和无意识两个部分。意识是与直接感知有关的心理部分，包括个人现在意识到的和现在虽然没有意识到但是会回想起来的感知部分。无意识则是不能被本人意识到的潜在思维表现，包括个人原始的盲目冲动、各种本能以及出生后与本能有关的欲望。这些冲动、本能、欲望，与社会风俗、习惯、道德、法律不相容而被压抑或排挤至人本身无法意识到的领域内。虽然不为人所意识到，它们却并未被彻底排挤出心理范围，而是不自觉地积极活动着。无意识是精神分析的核心，是弗洛伊德的理论基础。

（二）本能论

弗洛伊德把本能分为两种：自我本能和性本能。自我本能的作用是自我保存，包括饮食、睡眠、防御、反击；性本能的作用是种族繁衍。经过研究，弗洛伊德在后期又将本能论修改为：一是生的本能，包括自我本能和性本能，它表现为生存的、发展的、有爱欲的一种本能力量，代表着人类潜伏在生命自身中的一种进取性、建设性和创造性的活力；二是死的本能，表现为生命发展的另一种对立力量，它代表着人类潜伏在生命中的一种破坏性、攻击性、自毁性的驱动力。弗洛伊德的本能论有捍卫正当人性的意义，但同时陷入生物主义的本能决定论。

（三）人格结构理论

弗洛伊德的人格结构理论是指在弗洛伊德的学说中，人格被视为从内部控制行为的一种心理机制，这种内部心理机制决定着一个人在一切给定情境中的行为特征或行为模式。

1. 人格结构的基本内容

弗洛伊德认为完整的人格结构由三大部分组成，即本我、自我和超我。

所谓本我，就是本能的我，完全处于潜意识之中。本我是最原始的系统，它处于思维的初级过程，是无意识的、非理性的、难以接近的部分。本我遵循“快乐原则”，它完全不懂什么是价值，什么是善恶和什么是道德，只知道为了满足自己的需要，不惜付出一切代价。

自我是面对现实的我，是通过后天的学习和环境的接触发展起来的，是意识结构的部分。自我是本我和外界环境的调节者，它奉行现实原则，既要满足本我的需要，又要制止违反社会规范、道德准则和法律的行为。

超我，是道德化了的我，也是从自我中分化和发展起来的，由道德理想和良心构成，是人格结构中专管道德的司法部门，是一切道德限制的代表，是人类生活较高尚行动的动力。它遵循理想原则，它通过自我典范（即良心和自我理想）确定道德行为的标准，通过良心惩罚违反道德标准的行为，使人产生内疚感。

2. 本我、自我和超我的关系及评价

弗洛伊德认为，本我、自我和超我三者之间相互作用，相互联系。

本我、自我和超我有重要区别而又紧密联系。从区别上看，本我代表遗传因素，是一种遗传给人的生物本能；自我主要由个人经验和社会环境决定，也就是偶然的、同时代的事件所决定的；超我代表外部世界的理想，本质上是从他人身上和社会中继承下来的，是父母及父母的替代的影响。从联系上看，自我和超我是在本我基础上发展起来的，同时，自我是人格结构的中枢系统，是人们行为和动机的控制器和调节器，不停地周旋于本我、现实环境和超我三者之间，平衡和协调它们的关系，承受着来自各方面的压力和挑战，最大限度地避免自我的焦虑和解体。超我是从自我中分化出来的，是社会文化传统的卫道士和道德规范的仲裁者，把自己的好恶强加给自我。

弗洛伊德认为，人格结构不是一种静态的能量系统，而是一种动态的能量系统。它一旦形成，便处于不断地运动、变化与发展之中。人格的形成和发展的根本动力来自心理能量，心理能量来自本能，即人的欲望与冲动。本我是心理能量的储藏库。它通过反射活动和愿望满足来释放能量。本我释放能量的过程中会遇到自我和超我的阻力，如果本能冲破阻力，自我的理性活动过程便遭受破坏；如果冲破受挫，本我的能量就转化为自我和超我活动的原动力。弗洛伊德认为，无论是个体的成长发育，还是整个人类认识的发展，都是自我逐渐征服本我、打破本我“自恋”状态的过程。由于自我对心理能量充分而有效地约束和控制，形成新的对象性发泄作用，使人们能够将满足本能之外的能量用来发展人的心理过程，使能量从本我的非理性心理过程转化为理性心理过程。超我的自我理想和良心具有奖励机制，它把能量投到对理想的能量发泄作用上。

弗洛伊德认为，人格的变化发展是人们努力缓解和消除挫折、冲突、痛苦和焦虑等心理过程中，通过一些顺应和克服心理障碍的方法，使人格的作用保持连续性与规律性，并最终形成个人的独特人格。

（四）幼儿心理发展阶段

弗洛伊德的人格发展理论是建立在性心理发展理论基础之上的，因此也叫作心理性欲发展理论。弗洛伊德认为，幼儿从出生到成年要经历几个先后有序的发展阶段，每个阶段都有一个特殊的区域成为力比多兴奋和满足的中心，此区域被称为性感区。据此，弗洛伊德认为心理性欲发展划分为口唇期、肛门期、性器期（前生殖器期）、潜伏期、生殖期五个阶段（主要内容见表 4-2）。并且，他认为，幼儿在这些阶段中获得各种经验决定了他们成年后的人格特征。

表 4-2　弗洛伊德的人格发展阶段理论的主要内容

口唇期（0 ~ 1 岁）	婴儿出生后，最大的生理需要是获得食物、维持营养。新生儿的吸吮动作是快感的来源，口唇是产生快感最集中的区域。弗洛伊德将口唇期又细分为前后两期，前期是 0 ~ 6 个月，此时，幼儿只是渴望得到快乐和满足。后期是 6 ~ 12 个月，幼儿开始分化人和物，开始认识自己的母亲；母亲的到来会让幼儿感到快乐，母亲的离去容易引起幼儿的焦虑。婴儿的口唇活动如果没有受到限制，成年后性格倾向于乐观、慷慨、开放和活跃等；婴儿的口唇活动如果受到限制，成年后性格倾向于依赖、悲观、被动、猜疑和退缩等。
肛门期（1 ~ 3 岁）	幼儿因排泄解除压力而产生快感，肛门一带成为快感中心。在弗洛伊德看来，这明显地带有性欲的色彩，但在这个时期，幼儿的行为更可以理解为肛门的本能，幼儿必须学会控制生理排泄过程。
性器期（3 ~ 5 岁）	这一时期，性器官成为幼儿获得快感的中心，这一阶段是幼儿性别意识形成的关键期。此时，幼儿以异性父母为“性恋”的对象。男孩要占有他父亲的位置，有与父亲争夺母亲的表现；女孩要占有她母亲的位置，有与母亲争夺父亲的表现。男孩爱母亲，妒忌父亲；女孩爱父亲，妒忌母亲。弗洛伊德认为，这是一种本能的异性爱的倾向，一般由母亲偏爱儿子和父亲偏爱女儿促成。
潜伏期（5 ~ 12 岁）	进入潜伏期，幼儿的性欲发展呈现出一种停滞或退化的现象，幼儿学会了兼顾快乐原则和现实原则，学会了道德观念，培养了羞耻的情感。但是，压抑作用启动，早年的一些性的欲望由于与道德、习俗、宗教、文化等不相容而被压抑到潜意识之中。
生殖期（12 ~ 20 岁）	这是人格发展的最后阶段，也就是通常说的青春期。幼儿在身体上和性方面趋于成熟，性的能量和成人一样涌现出来，异性恋的行为明显。这个时期，最重要的任务是力图减少同父母、家庭的联系，逐渐发展出成人的异性恋，人格向着成熟的方向发展。

弗洛伊德认为，在人格发展的各个阶段都有可能发生力比多的变异，这种变异主要有固着和倒退。在某个阶段，力比多过度满足或缺乏，都会使力比多停止在这个发展阶段上，此为固着。如果力比多在发展过程中遇到挫折，就会从后一个阶段返回前一个阶段，此为倒退。固着和倒退都会对人格的发展产生不良影响，导致神经症和精神病。

【知识拓展】

幼儿园如何培养幼儿的性别意识

一、游戏活动

游戏是幼儿期最主要的活动方式，也是重要的教育手段之一。其中，角色游戏是指通过扮演角色来反映生活经验的游戏，是幼儿心理发展的一种社会需要，是幼儿身心发展水平的再现。角色游戏是幼儿游戏的主要形式，在幼儿游戏中占有中心地位。老师要以一个引导者、支持者的身份帮助幼儿成为游戏中的主体，要从角色游戏的环境、氛围、材料、时间、角色对象的选择等方面合理选择。

1. 游戏中幼儿对角色的模仿

幼儿园的教育形式很多，幼儿的游戏活动很早就表现出性别的差异。在社会游戏中，幼儿绝大多数情况下，会选择同性别的幼儿作为游戏的伙伴。同时，在游戏中，幼儿对同性别伙伴的社会行为也显著多于对异性伙伴。但是对于性别教育这个问题，老师通常以角色游戏进行。

2. 根据性别分组游戏

幼儿园进行室内游戏和户外游戏都要有一定的规则，幼儿园老师在要进行游戏的时候对幼儿分组，男孩站在一起，女孩站在一起，这样就能提醒幼儿认识自己的性别。在幼儿园，我们看到，当老师让男孩站这边的时候，女孩站在另一边，但还是有幼儿站错位置，这时老师就要及时提醒幼儿。

3. 老师为幼儿的游戏提供有准备、可供选择的材料

游戏材料是幼儿开展游戏的必备，也是影响游戏进行的重要因素。老师在选择游戏材料时，常常按传统的角色选择游戏材料，进一步强化幼儿的性别意识。比如，在“娃娃家”的游戏里，幼儿模仿传统的性别角色。一般都是女孩当“妈妈”，男孩当“爸爸”。“妈妈”是要在家里做饭、带幼儿、整理屋子的。如果“妈妈”不做家务，跑出去玩，就会被认为失职。而“爸爸”是要出去工作的，回家后要吃饭、休息。老师在设计此游戏时，要保持性别敏感意识，游戏设计要有利于幼儿获得丰富的角色体验，认识性别。

二、日常生活

幼儿在幼儿园的时间较长，利用一天中的各个环节，对幼儿进行性别角色教育。

1. 如厕环节

在幼儿园里，男女分厕，组织男孩和女孩分时间、分阶段如厕，加强幼儿男女是有性别区分的意识，教男孩和女孩上厕所的方法。男孩站着小便，女孩要蹲着小便。

2. 就寝环节

现在大多数的幼儿园虽然能按照规定做到一生一床，但床与床紧邻，男女幼儿同住一屋。

值班的老师或保育员能利用这一环节强化幼儿性别角色。若条件许可，男女幼儿分屋就寝或在中间拉上帷幔。

3. 盥洗环节

在全托幼儿园，如果幼儿在洗澡的时候对身体的有关部位特别感兴趣，如问到身体的部位名称时，老师不应该敷衍和躲闪，应有意识地教幼儿认识身体各部分的名称，满足幼儿的好奇心。

4. 整理活动

午休过后，老师让幼儿整理被子时，将幼儿按男女性别进行分组，看哪组把被子叠得又好又快，让幼儿认识到自己的性别，还能培养幼儿的集体意识。

三、教学活动

性别角色教育的内容比较枯燥，幼儿并不感兴趣，为此，老师应该采用机会教育、谈话教育、直观教育等多种教育方法，传授相关的知识。

在幼儿读物中，在对男孩、女孩的性别特征、能力、责任等方面，存在着明显不同的角色期待。因此，老师在选择幼儿读物时，应该谨慎。通过老师的教育过程来挑战传统的性别角色对男孩和女孩的精神束缚，建立平衡的、多元化的男女性别形象，尽量使教材和幼儿读物反映出来的性别的职业要多样化，例如，母亲也有当警察、科学家的；反映出来的角色的精神品质丰富化，例如，父亲也常做家务，细心地照顾幼儿，母亲也经常看报，关心国家大事，遇事镇定等。

四、老师指导家长的错误观念

1. 鼓励幼儿向异性学习

不论是男孩还是女孩，都应在发挥自己的性别优势的同时，注意向异性学习，克服自己性格上的弱点，促进身心的全面发展和人格的完善。例如，男孩要多多学习女孩的细心、善于表达和善解人意；女孩要多多学习男孩的刚毅、坚定和开朗。

2. 增加男女幼儿接触的机会

幼儿向异性学习，应通过自然而然的接触，故老师和家长应为他们提供共同交流、一起玩耍的机会。

3. 顺其自然

在鼓励幼儿向异性学习时，必须顺其自然，切忌威逼强迫，否则效果会适得其反。

4. 在幼儿园进行性别教育

幼儿园定期举行有关幼儿性别教育的专题，让家长了解性别教育对幼儿的重要性。老师还可以组织家长与幼儿进行亲子游戏，父母应跟同性别幼儿一起玩，不断交流和示范。例如，父子共同“骑马打仗”、母女一起打扮布娃娃等。

五、改变老师的传统观念

角色游戏强调从幼儿的需要和兴趣出发，但老师在游戏进行过程中往往占据支配地位，从内容的选择、角色的分配到游戏中的行为，幼儿无不受老师潜移默化的影响。所以，老师应转变传统的性别观念，积极应用现代性别教育观念，给予幼儿平等体验不同角色的机会。

（五）释梦理论

弗洛伊德是一个心理决定论者，他认为人类的心理活动有着严格的因果关系。没有一件事是偶然的，梦也不例外，绝不是偶然形成的联想，而是欲望的满足。在睡眠时，超我的监察松懈，潜意识中的欲望绕过抵抗，并以伪装的方式，乘机潜入意识而形成梦。可见，梦是对清醒时被压抑到潜意识中的欲望的一种委婉表达。对梦的分析会窥见人的内在心理，探究其潜意识中的欲望和冲突，可以治疗神经症。

（六）心理防御机制

心理防御机制是自我的一种防卫功能。很多时候，超我与原我之间、原我与现实之间，经常会发生矛盾和冲突。这时，人就会感到痛苦和焦虑。自我可以在不知不觉之中，以某种方式，调整一个冲突双方的关系，使超我的监察得以接受。同时，原我的欲望又得到某种形式的满足，从而缓和焦虑，消除痛苦，这就是自我的心理防御机制（见表 4-3）。

表 4-3　弗洛伊德的心理防御机制及其主要内容

机制	主要内容
压抑	压抑是一种心理动作，属于前意识系统。本能成为意识的，但是当个体的某种观念、情感或冲动不能被超我接受时，就被抑制到无意识中去，以使个体不再因之而产生焦虑、痛苦，这是一种不自觉的主动遗忘和抑制。压抑是一个纯粹的心理过程，其本身与性欲无关。
否认	否认是指有意或无意地拒绝承认那些不愉快的现实，以保护自我的心理防御机制，如有的人听到亲人突然死亡的消息，短期内否认有此事，以减免突如其来的精神打击。
投射	投射是指个体将自己不能容忍的冲动、欲望转移到他人的身上，以免除自责的痛苦。
退行	退行是指当人受到挫折无法应付时，即放弃已经学会的成熟态度和行为模式，使用以往较幼稚的方式来满足自己的欲望。
隔离	隔离是指将一些不快的事实或情感分隔于意识之外，以免引起精神上的不愉快，这种机制叫作隔离，如“仙逝”“归天”。
抵消	抵消是指以象征性的行为来抵消以往发生的痛苦事件。

表 4-3（续）

机制	主要内容
转化	转化是指精神上的痛苦、焦虑转化为躯体症状表现出来，从而避开了心理焦虑和痛苦。如歇斯底里病人的内心焦虑或心理冲突往往以躯体化的症状表现出来，如瘫痪、失音、抽搐、晕厥、痉挛性斜颈等，病者对此完全不自觉，转化的动机完全是潜意识的，是病患者意识不能承认的。
补偿	补偿是指个体利用某种方法来弥补其生理或心理上的缺陷，从而掩盖自己的自卑感和不安全感。
合理化	合理化是个体遭受挫折时用利于自己的理由为自己辩解，将面临的窘境加以文饰，以隐瞒自己的真实动机，从而为自己进行解脱的一种心理防御机制。
升华	升华是指将被压抑的不符合社会规范的原始冲动或欲望，用符合社会要求的建设性方式表达出来的一种心理防御机制，如用跳舞、绘画、文学等形式来替代性本能冲动的发泄。
幽默	幽默是指以幽默的语言或行为来应付紧张的情境或表达潜意识的欲望。
反向形式	反向形式是指自认为不符合社会道德规范的内心欲望或冲动会引起自我和超我的抵制，表现出来会被社会惩罚或引起内心焦虑，故朝相反的方向释放。

三、精神分析理论的评价

弗洛伊德开创的精神分析运动已经走过了百年历程，他以其对人类精神和行为所做出的惊世骇俗的发现，不仅使当代人对自我和世界的认识、日常生活方式和价值观产生了划时代的影响，而且波及诸多科学领域。但是，弗洛伊德同样是20世纪最受争议的思想家之一。因此，我们应用辩证的眼光看待精神分析理论。

（一）精神分析理论的积极影响

1. 开辟了潜意识心理学研究的先河

在心理学的研究对象方面，精神分析理论开创了无意识心理研究的新纪元。这是弗洛伊德最重要的贡献。他不仅研究心理现象的表面价值，而且力图探求在心理现象背后所隐匿的精神作用，这比以往的心理学家对人的内心认识更加深刻。尽管有人质疑“弗洛伊德发现了潜意识”这一说法，因为近代不少人都对潜意识进行过研究，如莱布尼茨、赫尔巴特、费希纳，但是，精神分析对潜意识的探讨内涵丰富，观点独到，意义远大。

2. 开辟了人格心理学和动力心理学的新领域

在心理学学科建设上，精神分析开拓了性心理学、动力心理学和变态心理学的研究。传统心理学重视认知和行为，忽视情感和欲望，忽视动机的研究，弗洛伊德恰好反其道而行之，将需要、动机、人格提到研究的首位，开创了新领域。

弗洛伊德是最早提出完整的人格结构与发展理论的心理学家，自他以后的人格理论都被看作是对弗洛伊德理论的回应。

3. 确立了心理治疗的历史地位

弗洛伊德的精神分析突出了心理治疗的价值，首次提出心理创伤是引起精神疾病的主要原因，并首创了采用精神分析的方法挖掘被病人压抑到潜意识的心理冲突来治疗病人，突破了过去那种单靠药物、手术和物理方法治疗的束缚，开辟了一条重视心理治疗的新途径。

4. 开创了一场人类思想文化运动

如果说哥白尼提出日心说是对人类自尊的第一次打击，达尔文提出的进化论是对人类自尊的第二次打击，那么弗洛伊德提出的潜意识学说就是对人类自尊的第三次打击。弗洛伊德打破了理性主义的传统，肯定了非理性因素在行为中的作用。在西方，他被称为“心灵世界的哥白尼”或者“精神领域的达尔文”。弗洛伊德开创的精神分析运动不仅涉及医学、精神病学、神经科学等自然科学领域，还广泛影响了心理学、哲学、社会学、人类学、教育学、历史学、神话学、宗教学、法学、伦理学、政治学、语言学、美学、文学、艺术学等几乎所有的人文社会科学领域，在各种精神领域烙上了自己的印记，成为一场人类思想的文化运动。

5. 开创了对神经性疾病进行分类的先例

弗洛伊德认为，医学上把神经症从精神病中划分出来，归入器质性神经性疾病的做法是错误的。所有的心理动力学派别都是以弗洛伊德的理论为基础发展起来的，实际上都是精神分析疗法的变种。

6. 对成人的幼儿抚养观念产生了实质性的影响

父母应认识到，在幼儿发展的口唇期，应该满足幼儿的吮吸需要，尤其是在喂食时间上。例如，在肛门期，不应太早让幼儿尝试如厕训练，也不应以惩罚的方式进行。正因为弗洛伊德面向人类生活的实际，解决与人类生活密切相关的问题，才使精神分析获得旺盛的生命力。

（二）精神分析理论的局限性

1. 非理性主义倾向

弗洛伊德矫枉过正，从一个极端走到了另一个极端。他极端漠视和贬低意识的地位和作用，同时过分强调夸大潜意识的作用，认为潜意识中的本能冲动是心理和行为的最终决定力量。人之所以为“万物之灵”，就在于人具有理性，有语言，能思维，能自觉行动。如果像弗洛伊德所说那样，人只受潜意识本能欲望的驱策，那么，人只是非理性的生物，毫无自觉主动性可言。

2. 生物学化倾向

弗洛伊德早年学医，后转攻生理学，最后才转到心理学的研究，因此弗洛伊德深受生物学的影响。他的整个理论体系都建立在生物学的基础上。弗洛伊德重视本能，把性本能的作用夸大到无以复加的地步，这样，他就陷入了泛性论的错误，其结果正如他自己所说，“触犯了全世界”，“招惹了人们的厌恶”。

3. 方法上的局限

弗洛伊德并未建立一种有关无意识的实验心理学，也不欢迎别人用实验来验证他的观点。很明显，弗洛伊德一贯对实验法来检验精神分析持否定态度，他的基本研究方法是个案法，主要依赖个案史的编纂来获得资料，从来没有通过控制性实验来搜集数据，也没有使用统计方法去分析研究结果。总之，弗洛伊德精神分析带有强烈的主观色彩，引起人们对其的怀疑。

（三）精神分析理论对幼儿心理辅导的启示

弗洛伊德对人的心理、行为的动力方面的研究开辟了一个崭新的领域，第一次提出了心理异常并不都是由脑的生理和解剖结构的损害而引起的，内在心理矛盾冲突同样也能造成异常心理，从而使心理学家从研究生理过程转向研究异常行为表现的动力和内容。因此，弗洛伊德的人格发展理论对我们总结心理健康教育理论尤其是幼儿心理健康教育理论有着积极的启示。

1. 优化人格构建的初始环境

人格，是人的内部生理和心理特质的外化，是人在处理和应付各种外界矛盾时表现的人的素质、能力和性格的基本特征。人格健全是心理健康的集中体现，幼儿时期的人格教育对将来人格的形成和完善具有重要的意义。

家庭是幼儿成长的初始环境，幼儿最初形成的人格特征与家庭的初始教育关系极大。有资料表明，幼儿精神症状（如遗尿、厌食等神经功能障碍，情绪易变、恐惧、怯生等情绪障碍），咬指甲、扯头发等不良习惯，攻击性、破坏性等行为问题，不同程度地与家庭初始的养育环境有直接关系。

（1）营造健康和谐的家庭气氛

对于一个家庭而言，在家庭建立后的最初几年中，创造出一种真正的、感情交融的人际关系是十分必要的，幼儿生活在这样的家庭中能感受到愉快和安全，能接受他人和自己，就有可能将埋藏在心灵深处的紧张和不安通过正常的渠道得以宣泄。在幼儿早期，若由于各种原因，使幼儿感情上疏远了父母，其结果会使其从根本上否定自我，感到焦虑、孤独和自卑。为此，在幼儿成长过程中，父母要养育幼儿，更要用自己的情感抚爱幼儿。

弗洛伊德认为，一个接受充分爱的人，将来必是人格健全、能爱人、有独立感、责任心的自我实现型人物。为此，父母应尊重幼儿的本性，给予幼儿充分的自由，让幼儿自由成长。

（2）改善教养人的人格品质

弗洛伊德认为，要想解决人格教育面临的问题，首先必须对教育者进行系统的精神分析的训练。家长要学会自我调整，消除心理紧张，改善自己的人格品质，以应对环境中的各种变化。家长自身的人格塑造和心理调整没有固定的模式，但是学会对事待人宽容随和，不过于计较，不动不动就产生情绪波动，善于面对现实而不急于求成和好高骛远，善于从逆境或挫折中自我解脱，能幽默处世等，都有益于将心态调节到最佳状态，从而对幼儿人格的形成产生积极的影响。

2. 建立健康的心理防御机制

弗洛伊德认为，防御机制是自我应付本我的驱动、超我的压力和外在现实的要求等的心理措施和防御手段，以减轻和解除心理紧张，求得内心平衡。心理防御机制是降低和解除焦虑的非理性方式，是潜意识的。个体经常在不知不觉中运用心理防御机制，但心理防御机制常常歪曲现实。例如，在心理防御机制中，压抑是最基本的防御机制，它将使人感到困扰或痛苦的思想、欲望或经验阻断在意识域之外。

弗洛伊德认为，个体将痛苦经验的记忆或不为社会认可的冲动予以压抑，但是它们并没有消失，而只是由意识的境界转入了潜意识的境界，在意识的管制下暂时潜伏，若有机会，它们仍将逸出，并影响人的行为。而且，如果潜意识中蕴藏了过多的痛苦经验和被压抑的冲动，超过了意识管理的能力，那么，个体的人格完整就会被破坏。

可见，心理防御机制虽有积极作用，但也会产生消极的作用。这是因为大多数心理防御机制和心理防卫性行为是消极的适应方式，如回避矛盾、掩盖矛盾、自欺欺人，而潜在的心理冲突并没有解决，它们会逐步积累，使人陷入更大的挫折或冲突，影响对周围环境的适应。为此，要帮助幼儿建立成熟的心理防御机制。

3. 倡导幼儿游戏，重视情绪疏导

情绪包括人在生理和心理许多水平上的整合，与其他心理过程有着广泛的联系。研究表明，情绪是影响个体心理健康、导致心理异常的一个主要中介环节。良好的情绪反映了中枢神经系统功能活动的协调性，可以使人的身心都处于积极的健康状态，有助于个体的行为适应和心理健康。相反，消极的情绪会使幼儿的心理体验失去平衡，还会造成生理机能的失调。为此，要保护、鼓励幼儿的积极情绪，疏导、消除消极情绪。

弗洛伊德认为游戏也有潜意识的成分，游戏是在幻想面纱下的真实事物，游戏能补偿幼儿现实生活中不能实现的愿望，把想象中的事物与现实中的事物联系起来，并从中获得快乐。游戏又能再现那些难以忍受的体验，宣泄和抒发情感，缓解心理紧张，使幼儿能克服困难，减少忧虑，发展自我力量，从而能应对现实的环境。

在我国幼儿园教育实践中，我们已认同自由自愿性、兴趣性、假想性是幼儿游戏的特点，游戏适应幼儿的需要和身心发展水平，能使幼儿感到满足和愉快。幼儿在游戏中没有外在限制，也没有严格的程序和方式，能够身心放松，积极活动，充分表现自己，实现个人的愿望。健全的人格是在群体性的交往中形成的，特别是在自发性的游戏活动中，幼儿通过对游戏规则的理解和执行，以及游戏过程中的冲突与合作，促使自身体验规则的公正和互惠，学会站在他人的立场上理解问题，用别人能够接受的方法处理问题。为此，我们要明确游戏是幼儿的权利，并努力创设良好的游戏环境，让幼儿自主地选择游戏，决定游戏的玩法、材料、角色等，在游戏中获得自身的满足和健康的发展。

弗洛伊德寻根究底、追求本源，尽管他把人的行为的内在原因归结为本能的内驱力是错误的，但他反对机械的外因论和决定论还是有积极意义的。他主张的精神分析法为心理治疗开辟新的道路，对心理健康教育方法的总结提供了理论依据。

任务二 行为主义的学习理论

一、经典行为主义理论的基本内容

行为主义学习理论是指运用行为主义的理论和方法研究学习的一种心理学流派。在对动物和人类进行一系列控制较严密的实验研究的基础上，发现并提出一系列有关学习的原理和规律。行为主义者认为，学习是刺激与反应之间的联结，基本假设是行为、是学习者对环境刺激所做出的反应。他们把环境看成刺激，把随之的有机体行为看作反应，认为所有行为都是习得的。行为主义学习理论应用在幼儿教育实践上，就是要求老师掌握塑造和矫正幼儿行为的方法，为幼儿创设一种环境，强化幼儿的合适行为，消除不合适行为。

（一）华生的行为主义理论

1. 华生行为主义理论的产生

约翰·华生于1913年首先打出行为主义心理学的旗帜，是美国第一个将巴氏的研究结果作为学习理论基础的人。1913年，华生做了题为《行为主义者心中的心理学》的演讲，并发表了以该讲稿为基础的一系列文章，这也标志着行为主义心理学的正式诞生。

华生认为学习就是以一种刺激替代另一种刺激建立条件反射的过程。在华生看来，人类出生时只有几个反射（如打喷嚏、膝跳反射）和情绪反应（如惧、爱、怒等），所有其他行为都是通过条件反射建立新刺激－反应（S-R）联结而形成的。

2. 华生行为主义理论的研究方法（见表4-4）

表4-4 华生行为主义理论的研究方法

观察法	观察法分为两类：一类是无帮助的观察，也就是通常所讲的自然观察；另一类是借助仪器的观察，就是通常所说的实验法。
条件反射法	条件反射法分为两类：一类是用以获得条件分泌反射的方法，另一类是用以获得条件运动反射的方法。华生不仅把条件反射法正式列入心理学的研究方法，而且亲自应用这一方法对幼儿的情绪进行系统的实验研究。
口头报告法	人对于各种情境的顺应常用语言而不用其他运动来实现。有时，这甚至是唯一可观察到的反应。这决定了对人的研究不仅可能，而且必须采用口头报告的方法。华生所说的口头报告法所报告的只是自己机体内部的变化，而不是心理和意识的活动，因而并不是通常所谓的内省。
测验法	要设计和运用不一定需要语言的、明显外部表现的行为测验。

3. 华生行为主义理论的主要内容

（1）否认遗传的作用

否认行为的遗传是华生的环境决定论的基本要点之一。

首先，华生认为，从反应能推测刺激。在华生看来，刺激是指客观环境和体内组织本身的变化，反应是指整个身体的运动，手臂、腿和躯干的活动，或所有这些运动器官的联合运动。他将思维、情绪、人格等心理活动都等同于一系列动作。由于刺激是客观存在的，不决定于遗传，而行为反应又是由刺激引起的，因此行为不可能决定于遗传。

其次，生理构造上的遗传作用并不导致机能上的遗传作用。华生承认机体在构造上的差异来自遗传，但他认为，构造上的遗传并不能证明机能上的遗传。由遗传而来的构造，其未来的形式如何，要决定于所处的环境。

最后，华生的心理学以控制行为作为研究目的，而遗传是不能控制的；所以遗传的作用越小，控制行为的可能性则越大。因此，华生否认了行为的遗传作用。

（2）片面夸大环境和教育的作用

华生从刺激－反应的公式出发，认为环境和教育是行为发展的唯一条件。首先，华生提出了一个重要的论断，即构造上的差异及幼年时期训练上的差异足以说明后来行为上的差异。其次，华生提出了教育实用论。华生从行为主义的控制行为的目的出发，提出了他闻名于世的一个论断："请给我十几个强健而没有缺陷的婴儿，让我放在我自己之特殊的世界中教养。那么，我担保，在这十几个婴儿中，我随便拿一个来，都可以训练其成为任何专家——无论他的能力、嗜好、趋向、才能、职业及种族是怎样，我都能够任意训练他成为一名医生，或一名律师，或一位艺术家，或一个商界首领，或可以训练他成为一名乞丐或窃贼。"

虽然华生在提出此观点的同时，注意到了个体的遗传基础，但他片面夸大了环境和教育在个体心理发展中的作用，忽视了个体的主动性、能动性和创造性，忽视了促进心理发展的内部动因。不可否认，华生的环境决定论观点确实具有很大的启发作用，他使人们开始关注个体心理发展的社会因素。同时，我们在现实生活中也深刻地体会到了环境，包括家庭环境、社会环境和学校教育环境对个体发展的巨大作用。

（3）对幼儿情绪发展的研究

华生有关幼儿情绪的观点，特别是对幼儿的怕、怒、爱的分析，主要是来自他对情绪发展所进行的一系列的实验研究。这些实验研究在心理学史上被誉为"典型实验"，这也是华生在发展心理学建设上的开创性的贡献。

（二）桑代克的行为主义理论

1. 桑代克的行为主义理论的产生

桑代克是美国著名的心理学家，他采用实证主义的研究取向，使教育心理学研究走向了科学化的道路，是科学教育心理学的开创者，也是第一个系统论述教育心理学的心理学家，被称为"现代教育心理学之父"。

桑代克把人和动物的学习定义为刺激与反应之间的联结，认为这种联结的形成是通过“盲目的尝试—逐步减少错误—再尝试”这样一个往复的过程习得的。他的这一观点是建立在小猫“迷箱”的动物实验基础上的。

2. 桑代克的行为主义理论的主要内容

（1）桑代克的经典实验

桑代克是最早用动物实验来研究学习规律的心理学家。他把一只饥饿的小猫放入迷箱中，箱外放置食物，箱中有一个可以打开门的装置，然后详细记录小猫在箱中的反应。开始，小猫在箱中乱抓、乱咬、乱跑，企图逃离箱子，吃到食物。在偶然中，小猫碰到了打开箱子门的装置，吃到了食物。之后，再次将小猫关在箱中，进行下一轮尝试。如此重复多次，结果发现，小猫逃离迷箱的速度越来越快，无效动作逐渐被排除，直至最后直接触动开门装置，逃离迷箱。

据此，桑代克认为，初次进入迷箱时，动物的活动不是根据对箱子性质的理解，而是依据某种一般的冲动行事，随着错误反应的逐渐减少，正确反应的逐渐巩固，最终形成了稳定的刺激—反应联结。

（2）尝试—错误的基本规律

桑代克根据其实验提出了三条主要的联结学习规律：效果律、练习律、准备律（见表 4-5）。

表 4-5 桑代克的联结学习规律内容

名称	内容
效果律	所谓效果律是指在试误过程中，保持其他条件相同的情况下，若学习者对某一特定的刺激做出反应后能获得满意的结果，那么，反应与这一特定的刺激之间的联结便会增强；若得到烦恼的结果，这种联结便会削弱。也就是说，满意的结果会促使个体趋向和维持某一行为，而烦恼的结果会使个体逃避和放弃某一行为。
练习律	在试误的过程中，任何刺激与反应的联结，一经练习运用，其联结的力量就会逐渐增大；而如果不运用，则联结的力量会逐渐减弱。也就是说，对于已经形成的某种情境与某种反应的联结，正确的重复会增强这一联结。
准备律	在试误过程中，当形成刺激与反应的联结时，事前有一种准备状态，这种准备状态实现则感到满意，否则烦恼；反之，当这一联结不准备实现时，实现则感到烦恼。也就是说，学习者在进入某种情境时所具有的预备性反应倾向会影响到某种反应的学习。

（3）尝试—错误说的教育意义

桑代克的尝试−错误理论虽然是从动物实验推导出来的，但对于人类学习和幼儿学习仍有借鉴意义。根据幼儿的学习特点，这一理论特别强调“做中学”，即在实际的操作过程中学习有关的概念、原理、技能和策略等。在这一过程中，老师应该允许幼儿犯错误，并鼓励幼儿多尝试，从错误中学习，这样获得的知识才会更牢固。在识记教育过程中，老师应努力使幼儿的学习得到自我满足的积极结果，防止一无所获或得到消极的后果。在学习过程中，应加强合理的练习，并注意学习结束后不时地进行练习。任何学习都应在幼儿有准备的状态下进行，不能经常搞“突然袭击”。

二、新行为主义理论的内容

（一）斯金纳的操作学习理论

斯金纳是行为主义最负盛名的代表人物，被称为“彻底的行为主义者”。他是美国著名心理学家、新行为主义学习理论的创始人，也是新行为主义的主要代表。

1. 强化理论的基本内容

强化理论是美国的心理学家和行为科学家斯金纳、赫·西、布兰查德等人提出的一种理论。斯金纳所倡导的强化理论是以学习的强化原则为基础的关于理解和修正人的行为的一种学说。所谓强化，从其最基本的形式而言，指的是对一种行为的肯定或否定的后果（报酬或惩罚），它至少在一定程度上会决定这种行为在今后是否会重复发生。根据强化的性质和目的，把强化分为正强化和负强化。当在环境中增加某种刺激，个体的某种反应概率提高，这种刺激就是正强化物。而当某种刺激（通常是令人感到厌烦的刺激）消退或消失时，个体反应概率提高，这种刺激就是负强化物。

2. 强化理论的类型

强化包括正强化、负强化和自然消退三种类型（见表 4-6）。

表 4-6　强化理论的三种类型

正强化	正强化又称积极强化。当人们采取某种行为时，能从他人那里得到某种令其感到愉快的结果，这种结果反过来又成为推进人们趋向或重复这种行为的力量。
负强化	负强化又称消极强化，是指通过某种不符合要求的行为所引起的不愉快的后果，对该行为予以否定。
自然消退	自然消退是指对原先可接受的某种行为强化的撤销。由于在一定时间内不予强化，此行为将自然下降并逐渐消退。

在幼儿行为矫正中，正强化、负强化和自然消退都是常用的方法，以下举三个例子说明。

正强化：假设一名幼儿在学习字母，他正确地写出一个字母，父母就会给他一个赞扬的微笑和拥抱，这就是正强化。通过这种正面的反馈和鼓励，幼儿会受到鼓舞，对学习字母更有兴趣和动力，进而提高学习能力和自信心。

负强化：如果一名幼儿在打人或抢玩具时，父母会立即制止并告诉他这是不可接受的行为，然后把他带到一边，让他冷静下来。通过这种负面的反馈和惩罚，幼儿会了解到这种行为是不被接受的，从而减少这种不良行为的发生。

自然消退：如果父母发现幼儿在某个阶段特别依赖他们的陪伴才能入睡，那么他们将逐渐减少陪伴的时间，让幼儿逐渐适应自己入睡，这就是自然消退的过程。通过这种方式，幼儿逐渐学会独立入睡，而不是过度依赖父母。

值得一提的是，负强化容易与惩罚相混。凡是能够减弱行为或降低反应频率的刺激或事件叫作惩罚。负强化不同于惩罚的概念，正强化与负强化都有加强行为的效用。惩罚是制止某种不当行为，这是惩罚与负强化的主要区别。

上述三种类型的强化相互联系、相互补充，构成了强化的体系，并成为一种制约或影响人的行为的特殊环境因素。

强化的主要功能就是按照人的心理过程和行为的规律，对人的行为加以引导、规范、修正、限制和改造。它对人的行为的影响是通过行为的后果反馈给行为主体这种间接方式来实现的。人们根据反馈的信息，主动适应环境刺激，不断地调整自己的行为。

3. 强化理论的行为原则

第一，要依照强化对象的不同，采用不同的强化措施。人们的年龄、性别、职业、学历、经历不同，需要就不同，强化方式也应不一样。如有的人更重视物质奖励，有的人更重视精神奖励，就应区分情况，采用不同的强化措施。

第二，分阶段设立目标，并对目标予以明确规定和表述。对于人的激励，首先要设立一个明确的、鼓舞人心而又切实可行的目标。只有目标明确而具体，才能进行衡量和采取适当的强化措施。另外，还要将目标分成许多小目标。每完成一个小目标，都及时给予强化，这样不仅有利于目标的实现，而且通过不断的激励能增强信心。如果目标一次定得太高，会使人感到不易达到或者说能够达到的希望很小，就很难充分调动人们为达到目标而做出努力的积极性。

第三，及时反馈。所谓及时反馈就是通过某种形式和途径，及时将工作结果告诉行动者。要取得最好的激励效果，就应在行为发生以后尽快采取适当的强化方法。一个人在实施了某种行为以后，即使是领导者表示“已注意到这种行为”这样简单的反馈，也能起到正强化的作用。因而，强化理论已被广泛地应用在激励人的行为的改造上。

第四，正强化比负强化更有效。在强化手段的运用上，应以正强化为主；必要时也要对不好的行为给予惩罚，做到奖惩结合。

（二）班杜拉的社会学习理论

班杜拉受行为主义者赫尔的学生米勒和多拉德的《社会学习与模仿》一书的影响而开始从事学习研究。班杜拉强调个体外显的行为、行为的结果对后续行为的影响，以及强化的重要作用。同时，班杜拉还特别重视观察学习、认知过程和自我调节过程的作用。因此，他的社会学习理论在一定程度上超出了行为主义的范畴，形成了一种认知－行为主义的新理论模式。

1. 观察学习

班杜拉认为，人的行为，特别是人的复杂行为，主要是后天习得的。行为的习得既受遗传因素与生理因素的制约，又受后天经验环境的影响。生理因素的影响与后天经验的影响在决定行为上微妙地交织在一起。班杜拉认为行为习得有两种不同的过程：一种是通过直接经验获得的行为反应模式的过程，称为“通过反应的结果所进行的学习”，即我们所说的直接经验的学习；另一种是通过观察示范者的行为而习得行为的过程，称为“通过示范所进行的学习”，即我们所说的间接经验的学习。班杜拉的社会学习理论所强调的就是这种观察学习或模仿学习。在观察学习的过程中，人们获得了示范活动的象征性表象，并引导适当的操作。观察学习的全过程由四个阶段（或四个子过程）构成。注意过程就是观察学习的起始环节。在注意过程中，示范者行动本身的特征、观察者本人的认知特征以及观察者与示范者之间的关系等诸多因素影响着学习的效果。在观察学习的保持阶段，示范者虽然不再出现，但他的行为仍给观察者以影响。要使示范行为在记忆中保持，需要把示范行为以符号的形式表象化。通过符号这一媒介，短暂的榜样示范就能够被保持在长时的记忆中。观察学习的第三个阶段就是把记忆中的符号与表象转换成适当的行为，即再现以前所观察到的示范行为。这一过程涉及运动再生的认知组织与根据信息反馈对行为的调整等一系列认知的行为的操作。能够再现示范行为之后，观察学习者（或模仿者）是否能够经常表现出示范行为要受到行为结果因素的影响。行为结果包括外部强化、自我强化与替代性强化。

2. 交互决定论

班杜拉的社会学习理论还详细论述了决定人类行为的诸种因素。班杜拉将这些决定人类行为的因素概括为两大类：决定行为的先行因素与决定行为的结果因素。

决定行为的先行因素，包括学习的遗传机制、以环境刺激信息为基础的对行为的预期、社会的预兆性线索等。决定行为的结果因素，包括替代性强化与自我强化。为了解释说明人类行为，心理学家提出了各种理论。班杜拉对其中的环境决定论与个人决定论提出了批判，并提出了自己的交互决定论，即强调在社会学习过程中行为、认知与环境三者的交互作用。

3. 自我调节理论

班杜拉认为自我调节是个人的内在强化过程，是个体通过将自己对行为的计划和预期与行为的现实成果加以对比和评价，以调节自己行为的过程。人能依照自我确立的内部标准来调节自己的行为。按照班杜拉的观点，自我具备提供参照机制的认知框架与知觉、评价及调节行为等能力。他认为人的行为不仅要受外在因素的影响，也受通过自我生成的内在因素的调节。自我调节由自我观察、自我判断与自我反应三个过程组成。经过上述三个过程，个体完成内在因素对行为的调节。

4. 自我效能理论

自我效能就是指个体对自己能否在一定水平上完成某一活动所具有的能力判断、信念或主体自我把握与感受。也就是个体在面临某一任务活动时的胜任感及其自信、自尊等方面的感受。自我效能也称作“自我效能感”“自我信念”“自我效能期待”等。班杜拉指出：“效能预期不只影响活动与场合的选择，也对努力程度产生影响。被知觉到的效能预期就是人们遇到应激情况时，选择什么活动、花费多大力气、支持多长时间的努力的主要决定者。”班杜拉对自我效能的形成条件及其对行为的影响进行了大量的研究，指出自我效能的形成主要受五种因素的影响，包括行为的成败经验、替代性经验、言语劝说、情绪的唤起以及情境条件。

三、行为主义理论的评价

行为主义理论的评价从两个方面进行讨论：一是其优点，二是其缺点。在评价行为主义理论的同时，也可以探讨其对幼儿心理辅导的启示。在幼儿心理辅导中，创造适宜的环境并矫正幼儿行为是重要的，同时也要巧用强化原理。

（一）行为主义理论的评价

1. 优点

只强调知识来源于外部刺激，并能通过行为目标来检查、控制学习效果，在许多技能性训练、作业操练、行为矫正中确实有明显的作用，对早期教育技术的发展有很大影响。行为主义学习理论对计算机辅助教学的形成起到了不可言喻的作用。

2. 缺点

只强调外部刺激而完全忽视学习者的内部心理过程，否定意识，片面强调环境和教育的作用，忽视了人的主观能动性。它的某些思想与人们的日常经验存在很大的差异，按照这一理论基础设计的计算机辅助教学课件，往往忽视了人们认识过程的主观能动作用。因此，仅仅依靠行为主义学习理论框架设计的课件具有很大的局限性。

（二）对幼儿心理辅导的启示

1. 创造适宜的环境，矫正幼儿行为

华生是环境决定论的代表人物，他强调环境是影响人身心发展的决定因素，人的大部分行为是通过后天习得的，是个人经验的产物。幼儿的行为和发展具有可塑性和可控制性，能通过外部因素来塑造与修正。因此，在幼儿心理辅导过程中，老师要创造宽松舒适的心理环境，让幼儿在轻松自由的氛围中成长。

2. 在心理辅导过程中，要巧用强化原理

斯金纳根据强化原理设计了两种强化技术：塑造和消退。塑造是指通过安排特定的强化关系，使幼儿做出他们原先行为模式中不曾有过的复杂动作。通过塑造技术使幼儿学习某种行为，主要采用“相继近似法”，就是通过不断强化一系列逐渐接近最终行为的反应来塑造某种行为。消退是指通过有差别的强化，缓慢地减少两种或两种以上刺激的特征，使幼儿最终能对两种只有很小差异的刺激做出有辨别的反应。另外，有一些学者根据斯金纳的强化原理，提出了代币强化法，此方法适用于干预、矫正幼儿的消极学习行为。

任务三 人本主义理论

一、人本主义理论的基本简介

人本主义理论是一种心理学理论，它关注个体的主观体验、自我实现和人的潜能。在人本主义心理学概述的基础上，进一步探讨人本主义学习理论的基础，其中包括自然人性论、自我实现人格理论和幼儿中心疗法。这些理论为我们提供了关于个体发展和心理健康的重要启示。

（一）人本主义心理学概述

人本主义心理学兴起于20世纪五六十年代的美国。由马斯洛创立，以罗杰斯为代表，被称为除行为学派和精神分析以外，心理学上的第三势力。人本主义与其他学派最大的不同是强调人的正面本质和价值，而并非集中研究人的问题行为；人的成长和发展，即自我实现。

（二）人本主义学习理论基础

1. 自然人性论

自然人性论认为人性来自自然，人生来不具有生理的、安全的、尊重的、归属的、自我实现的等各种不同的基本需要，这些基本的需要就是人性。

2. 自我实现人格理论

自我实现人格理论认为，自我实现的需要是人格形成和发展的核心动力。自我实现的需要就是人追求自我潜能得以实现和发挥的欲望和倾向，也就是“一个人能够成为什么，他就必须成为什么，他必须忠于自己的本性”。

3. 幼儿中心疗法

人本主义心理学家罗杰斯认为心理疾病患者往往形成了歪曲的、消极的自我概念，心理治疗的目的就是帮助患者建立良好的、积极的自我概念，即自由地实现自我潜能。这需要三个基本条件：无条件的积极关注、真诚一致、移情的理解。

二、人本主义理论的内容

（一）马斯洛的人本主义理论

1. 马斯洛的人本主义理论的简介

马斯洛是人本主义心理学的创始人之一。他认为，个体成长的内在需要是动机，而动机又由多种不同性质的需要所组成，各种需要之间有高低层次之分。在马斯洛看来，人类价值体系存在两类不同的需求：一类是沿生物谱系上升方向逐渐变弱的本能或冲动，称为低级需要和生理需求；另一类是随生物进化而逐渐显现的潜能或需求，称为高级需求。人都潜藏着五种不同层次的需求，但在不同的时期表现出来的各种需求的迫切程度是不同的。人最迫切的需求才是激励人行动的主要原因和动力。人的需求是从外部得来的满足逐渐向内在得到的满足转化。

低层次的需求得到满足以后，它的激励作用就会降低，其优势地位将不再保持下去，高层次的需求会取代它成为推动行为的主要原因。有的需求一经满足，便不能成为激发人们行为的起因，于是被其他需求取而代之。高层次的需求比低层次的需求具有更大的价值。热情是由高层次的需求激发。人的最高需求即自我实现，就是以最有效和最完整的方式表现他自己的潜力，唯此才能使人得到高峰体验。

马斯洛的需求层次理论的金字塔模型，如下图所示。

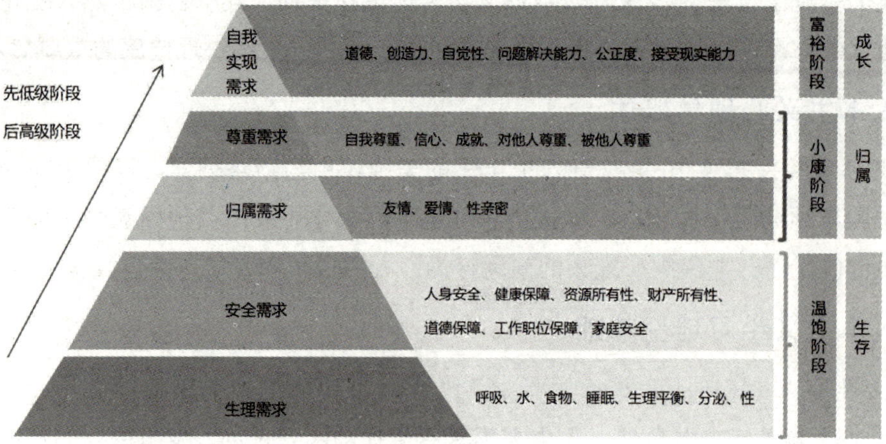

马斯洛的需求层次理论主要内容见表4-7。

表4-7 马斯洛的需求层次理论主要内容

名称	主要内容
生理需求	这是人类维持自身生存的最基本要求，包括饥、渴、衣、住、行方面的要求。生理需求是推动人们行动的最强大的动力。只有这些最基本的需求达到维持生存所必需的程度后，其他的需求才能成为新的激励因素，而到了此时，这些已相对满足的需求也就不再成为激励因素。
安全需求	这是人类要求保障自身安全、摆脱失业和丧失财产威胁、避免职业病的侵袭、接受严酷的监督等方面的需求。整个有机体是一个追求安全的机制，人的感受器官、效应器官、智能和其他能量主要是寻求安全的工具，甚至把科学和人生观都看成满足安全需求的一部分。
归属与爱需求	这一层次的需求包括两个方面的内容。一是友爱的需要，即人人都需要伙伴之间、同事之间关系融洽或保持友谊和忠诚；人人都希望得到爱情，希望爱别人，也渴望得到别人的爱。二是归属的需要，即人都有一种归属于一个群体的感情，希望成为群体中的一员，并相互关心和照顾。感情上的需求比生理上的需求来得细致，它和一个人的生理特性、经历、教育、宗教信仰都有关系。
尊重需求	人人都希望自己有稳定的社会地位，要求个人的能力和成就得到社会的承认。尊重的需求又可分为内部尊重和外部尊重。内部尊重是指一个人希望在各种不同情境中有实力，能胜任，充满信心，能独立自主。内部尊重就是人的自尊。外部尊重是指一个人希望有地位、有威信，受到别人的尊重、信赖和高度评价。尊重需求得到满足，能使人对自己充满信心，对社会满腔热情，体验到自己活着的用处和价值。
自我实现需求	这是最高层次的需求，它是指实现个人理想、抱负，发挥个人的能力，完成与自己的能力相称的一切事情的需求。人必须从事称职的工作，这样才会感到快乐。为满足自我实现需求所采取的途径是因人而异的。自我实现的需求是努力激发自己的潜力，使自己越来越成为自己所期望的人。

2. 马斯洛的需求层次理论的基本观点

五种需要像阶梯一样从低到高，按层次逐级递升，但这样的次序不是完全固定的，可以变化，也有例外。

一般而言，某一层次的需求相对满足了，就会向高一层次发展，追求更高一层次的需求就成为驱使行为的动力。相应地，获得基本满足的需求就不再是一股激励力量。

五种需求分为高低两级。其中，生理上的需求、安全上的需求和感情上的需求都属于低一级的需求，这些需求通过外部条件就可以满足；而尊重的需求和自我实现的需求是高级需求，通过内部因素才能满足，而且一个人对尊重和自我实现的需求是无止境的。同一时期，一个人可能有几种需求，但每一时期总有一种需求占支配地位，对行为起决定作用。任何一种需求都不会因为更高层次需求的发展而消失。各层次的需求相互依赖和重叠，高层次的需求发展后，低层次的需求仍然存在，只是对行为影响的程度大大减小。

马斯洛和其他的行为科学家都认为，一个国家多数人的需求层次结构，是同这个国家的经济发展水平、科技发展水平、文化和人民受教育的程度直接相关的。在不发达国家，生理需求和安全需求占主导的人数比例较大，而高级需求占主导的人数比例较小；而在发达国家，则刚好相反。

3. 需求层次理论的价值

关于马斯洛理论的价值，目前国内外尚有各种不同的说法。我们认为，绝对肯定或绝对否定都是不恰当的，因为这个理论既有积极因素，也有消极因素。

（1）马斯洛理论的积极因素

第一，马斯洛提出人的需求有一个从低级向高级发展的过程，这在某种程度上是符合人类需求发展的一般规律的。一个人从出生到成年，其需求的发展过程基本上是按照马斯洛提出的需求层次进行的。当然，关于自我实现是否能作为每个人的最高需求，目前尚有争议，但他提出的需求是由低级向高级发展的趋势是无可置疑的。

第二，马斯洛的需求层次理论指出人在每一个时期都有一种需求占主导地位，而其他需求处于从属地位，这一点对于管理工作具有启发意义。

第三，马斯洛需求层次论的基础是人本主义心理学。他认为，人的内在力量不同于动物的本能，人要求内在价值和内在潜能的实现是人的本性，人的行为是受意识支配的，人的行为是有目的性和创造性的。

（2）马斯洛理论的消极因素

第一，马斯洛过分强调了遗传在人的发展中的作用，认为人的价值就是一种先天的潜能，而人的自我实现就是这种先天潜能的自然成熟过程，社会的影响反而束缚了一个人的自我实现。这种观点强调遗传的影响，忽视了社会生活条件对先天潜能的制约作用。

第二，马斯洛的需求层次理论带有一定的机械主义色彩。一方面，他提出了人类需求发展的一般趋势。另一方面，他又在一定程度上把这种需求层次看成固定的程序、机械的上升运动，忽视了人的主观能动性，忽视了通过思想教育改变需求层次的主次关系。

第三，马斯洛的需求层次理论只注意了一个人各种需求之间存在的纵向联系，忽视了一个人在同一时间内往往存在多种需求，而这些需求又会互相矛盾，进而导致动机的斗争。

（二）罗杰斯的人本主义理论

罗杰斯，是美国著名心理学家、哲学博士、教授、美国应用心理学的创始人之一、人本主义心理学的主要代表人物之一。

1. 提倡非指导性教学

罗杰斯认为，关注促进学习而不是教学功能的老师，在组织安排自己的时间、精力方面，不同于传统的老师。学习促进者不是把大量时间放在组织教案和讲解上，而是放在为学生提供学习所需要的各种资源上，把精力集中在简化学生在利用资源时必须经历的实际步骤上。

2. 提出了意义学习的学习观

罗杰斯把学习分为两类：一类是无意义学习，另一类是意义学习。他认为对学习者有真正价值的是意义学习。意义学习是指一种使个体的行为态度、个性以及在未来选择行为方针时发生重大变化的学习。意义学习不仅能增长知识，而且是一种与每个人各部分经验都融合在一起的学习。幼儿对当前材料的学习程度，取决于这一材料对学习者当时的个人意义，以及学习者是否能意识到这种意义。罗杰斯强调的是学习时学习者当时整个身心状态与学习材料的关系，整个人都参与并且左右脑都共同发挥作用的学习才称为意义学习。罗杰斯把意义学习分为这几类要素：学习具有个人参与的性质，即整个人（包括情感和认知）都投入学习活动；学习是自我发起的，即使在其动力或刺激来自外界时，但要求发现、获得、掌握和领会的感觉是来自内部的；学习是渗透性的。它会使学生的行为、态度乃至个性都会产生变化；学习是由学生自我评价的，因为学生最清楚这种学习是否能满足自己的需要。

3. 人类生来就有学习的潜能

教育应以学习者为中心，充分发挥他们的潜在能力。人生来就对世界充满着好奇心，具有发展的潜能。只要具备了合适的条件，每个人所具有的学习、发现、丰富知识与经验的潜能和愿望是能够释放出来的。老师应由衷地信任学生能够发展自己的潜在能力，教育的目标应当以学习者为中心，充分发挥每个学生的潜在能力，使他们能够愉快、创造性地学习和工作。

4. 提供学习资源，创造良好学习氛围

所谓学习资源是指有助于学生获得学习经验的资源，不仅包括书籍、杂志、实验设备等物质资源，而且包括人力资源以及可能有助于学生学习和学生感兴趣的人，主要指老师。罗杰斯认为老师是学生最重要的资源，老师在不施加任何压力的情况下给学生以帮助。例如，向学生介绍自己所拥有的知识、经验、特定的技能和能力。在他看来，如果我们不是把时间花在计划规定的课程、讲解和考试上，而是放在提供大量的学习资源上，那就能提供各种新的学习方式，使学生处于一种自己选择的、最能满足自己需求的学习环境。罗杰斯认为还应为学生创造良好的学习氛围，使学生在教学情境中感到自信、轻松和安全，这是实现以学习者为中心的教学的前提。他认为，涉及改变自我组织（即改变对自己看法）的学习是有威胁性的，并往往受到抵制。当自我概念（指一个人的信念、价值观和基本态度）遭到怀疑时，学生往往会采取一种防御态势。但如果在一种相互理解和相互支持的环境里，在没有等级评分和鼓励自我评价的环境里，学习者感到安全，就能以一种辨别的方式觉察书本上的文字，识别类似单词的不同要素，体验各部分的意义，并试图把它们组合起来，学习自然就会取得进展。

5. 构建真实的问题情境，提倡从做中学，鼓励学生自由探索

在我们的学校教育中，正在力图把学生与生活中所有的现实问题隔绝开来，这给意义学习造成了障碍。对任何老师而言，明智的做法是要发现那些对学生而言是现实的且又与所教课程相关

的问题，让他们经历将来会成为他们真正问题的情境。幼儿天生就有渴望发现、认识、解决问题的本能动机。罗杰斯提出要构建一种让每个学生都面临非常真实的问题情境来引发学生的动机，让他们意识到真实的挑战。他极力提倡学生从做中学，认为这是让学生直接体验到实际问题、社会问题、伦理和哲学问题、个人问题，并最终解决这些问题的有效方法。

6. 强调在学习过程中学生的主体地位，老师是学生学习的促进者

罗杰斯始终强调应以学习者为中心，教学过程应真正体现出学生的主体地位，老师是学生学习的促进者，是“助产士”和“催化剂”。他高度重视学生的主体地位和学生内部需要、动机、兴趣、能力、知识经验等方面，并认为学生有自己制订学习方案的权利和义务，同时也有自我探究、自我发现、自我创造、自我评价的权利。当学生能觉察到学习内容与他的目的有关时，意义学习便发生了；当学生负责任地参与学习过程时，就会促进学习；涉及学习者整个人（包括情感与理智）的自我发起的学习是最持久、最深刻的；当学生以自我批判和自我评价为主要依据时，独立性、创造性、自主性就会得到促进。

7. 强调学习过程，不仅是学习者获得知识的过程，而且是学习方法和健全人格的培养过程

罗杰斯反对把学习过程简单地理解为学生获得某一知识的过程，认为学习过程应是学生获得相应学习方法、促进其健全人格形成的过程。他提出的促进学习者自由学习的方法有“同伴教学”“分组学习”“交朋友小组”和“探究训练”等。这些方法不仅能促进学习者对知识的掌握，还能培养他们的自信心、责任心、上进心、合作能力，改善学习态度，激发学习动机。其中，“探究训练”有助于学生更好地获取知识，获得探究的方法，发展其自主性、创造性和探究精神。

三、人本主义理论的评价

（一）人本主义理论的积极影响

1. 重视学习者的内心世界

重视对学生在教学过程中的认知、情感、兴趣、动机、潜在智能等内部心理世界的研究，主张设身处地为学生着想，使学生感受到学习的乐趣、激动，从而全身心地投入学习。人本主义不主张学生的行为依赖于现在或过去的环境刺激，而是认为学生的自我实现和为达到目的而进行创造的能力才是他们行为的决定因素。个人所处的物质环境、社会环境和文化环境只能促进或阻碍学生的潜能的实现。总之，人本主义学习理论重视教育者对学生内在的心理世界的了解，以顺应学生的兴趣、需要、经验以及个别差异等，达到开发学生的潜能、激起其认知与情感的相互作用；重视创造能力、认知、动机、情感等心理方面对行为的制约作用，这对教育事业的革新与进步是具有积极意义的。

2. 对学生学习的本质持积极乐观的态度

人本主义心理学家把人类能否适应当代世界的加速变化，解决种种社会矛盾的一个决定因素归于能否教育好一代新人；反对那种强制学生适应学校，重视智育，不重视整个人全面发展的传统教育目标；提倡教育目标应该指向学生个人的创造性、目的和意义，是培养积极愉快、适应时代变化的、心理健康的人。为了实现这种教育目标，老师应充分尊重、了解与理解学生，创设自由的、宽松的、快乐的学习气氛，激发学生的学习积极性，从而促进学生的成长与学习。这种观点对我国当前的素质教育目标的制定具有积极的借鉴作用。

3. 对老师的态度定势与教学风格的重视

人本主义心理学家在重视学生个别差异与自我概念的同时，也重视师生关系、课堂气氛及群体动力的作用，特别是促使老师更加重视与研究涉及人际关系与人际感情的问题，诸如自我概念与自我尊重、气氛因素及学生对新的学习的知觉方式的调节、学习能力的获得、持续学习等；促使老师从学生的外部行为理解其内在的动因；促使老师在深入理解讲课内容的同时，正确地理解自己。这无疑促进了老师对心理的理论研究，对完善老师的态度定势与教学风格具有重要意义。

4. 重视意义学习与过程学习

人本主义心理学家主张的做中学和在学习过程中学习如何学习的观点是可取的，它有利于在教育中消除老师与学生、学和做、目的和手段之间的距离和对立，使学习成为乐趣。这对于纠正我国教育中仍然存在的过分重视书本知识的作用和价值却忽视在实践活动中学习的偏向不无启示。

5. 消除行为主义和精神分析学习论的片面性，丰富学习理论

人本主义心理学家关于学习的基本观点与理论，有力冲击了行为主义的机械学习论与精神分析的悲观发展论对学习心理与教育实践的消极影响，促进了美国当时的教育革新。人本主义大量的教育试验和研究工作所积累的经验与成果，也是教育心理学发展史上的一笔宝贵的财富。

（二）人本主义理论的消极影响

1. 片面强调学生的天赋潜能作用，忽视环境与教育的作用

人本主义心理学主张教育、教学应充分发挥学生的选择性、创造性，但认为这些心理特点都是先天的潜能，忽视了社会和文化环境的决定作用，是一种片面强调遗传决定发展的观点，是违背人的发展的客观现实的。现实中，学校总是在与社会文化环境的互动中，改变着自己的教育目标、方针与办学模式，对学生施加种种影响，而学生又在家庭与社会团体中接受社会文化的影响，成为一个既具有学校社会组织特性又具有独特个性的人。过分强调学生天生的潜能，只会导致放任自流式的“自由学习”。

2. 过分强调学生的中心地位，影响了教育与教学效能

人本主义学习理论主张以学生为中心，这对老师以权威身份向学生灌输知识、强迫学生学习的传统教育有一定的冲击。然而，强调学习要以学习者的自由活动为中心，必然会忽视教学内容的系统逻辑性和老师在学科学习中的主导作用，影响教育与教学质量。我们提倡在宽松自由的学习气氛中去学习教学计划规定的内容，而且要求学生在不影响自己与别人学习的前提下，在选修课与课外兴趣小组中，体现学生的自由、学习的精神，但必须遵循学生的角色规范，遵守必要的规章制度，真正做到既乐于学习又会学习，既享有自由又受纪律制约，以适应当前的学习与未来的生活。

3. **过于突出学生个人的兴趣与爱好，低估社会与教育的力量**

人本主义学习论过于重视满足学生个人自发的兴趣和爱好，忽视了良好的社会教育与学校教育对学生健康发展的作用。我们也主张教育措施必须符合幼儿心理发展水平，必须有利于幼儿潜能的开发，但不是迁就其原有的水平与独特性，而是在良好的社会教育和自我教育的条件下，提高原有的智能水平，完善其独特性，促使其社会化，培养其德、智、体全面发展。

4. **低估了老师的作用**

人本主义心理学家提出了情感型的新型师生关系，提倡师生之间真诚的情感交流，这为师生交往提供了一个新模式。但是，人本主义心理学家把老师看作尽职于学生的“侍人”“非指导者”“促进者”等，老师的作用只是“音叉”，应学生之声而“共鸣”，这实际上贬低了老师的作用。人本主义心理学强调师生之间的情感交流是合理的，但由此而让老师迁就于学生的想法，是不可取的。

5. **哲学基础与方法论的局限**

人本主义心理学以人为本、以学生为中心的思想，猛烈地冲击了当时及当代西方心理学的教育观念，成为心理学发展中的一个新动向，值得深入研究。但是，人本主义学习理论的整个体系建立在存在主义、现象学、性善论的基础上，因而具有唯心主义的色彩。此外，它的研究方法是从心理咨询等实际工作中引进的，一些学者认为人本主义学习论在一定程度上还只是一种推理和猜想，缺乏实验和实践的验证。

（三）人本主义理论对幼儿心理辅导的启示

1. **努力建设和谐的校园环境，促进幼儿心理健康发展**

研究表明，幼儿异常的心理和问题行为的发生与学校教育环境里存在着的不良因素有关。因此，我们要秉承人本主义的理论，认真贯彻落实国家的教育方针和教育目的，要根据幼儿的身心发展规律制订相应的教学计划，促进幼儿的身心健康发展。

2. **培养幼儿高层次的需求**

根据马斯洛的需求层次理论，培养幼儿高层次的需求对维护幼儿心理健康、预防心理疾病具有重要意义。要改善师生的心理关系，这也是建设和谐的校园环境、促进幼儿心理健康发展的关键。老师根据马斯洛的需求层次理论，尊重幼儿的发展需求。环境的安全与幼儿的安全感是幼儿学习与发展的重要前提与基础。在幼儿园里，要尊重幼儿，尊重幼儿有自我实现与成就感的需求。

3. **学习运用幼儿中心疗法，提高幼儿心理辅导水平**

幼儿中心疗法属于非指导性心理治疗的范畴。它基于人本主义心理学对人的基本看法，即每个人都有自我发展和完善的能力，即使有心理障碍的人也不例外。因此，在整个心理咨询过程中，咨询师几乎不向求助者提出任何建议和要求，只是为求助者提供一种宣泄内心冲突的机会和条件。正因为如此，有人反对将该疗法看作是一种具体的治疗方法，认为它只是一种普遍适用的咨询态度。比如，该疗法要求心理治疗师在治疗过程中必须做到“热情、真诚、尊重、共情、无条件关注”，这不仅是幼儿中心疗法的做法，也是其他心理治疗方法在建立良好咨询关系过程中的普遍要求。

咨询师热情、同情的态度使求助者找到了能够尽情宣泄心情郁闷的对象，以往淤积在心里的问题得以疏解，理智、情绪得以顺畅地活动。这就与一个人心情烦闷时找一个知己倾诉，心情就会好受许多的原理一样。所以，学校心理咨询工作要重视幼儿中心疗法的运用。

任务四 完形治疗和理性情感治疗理论

一、完形治疗理论的基本简介与内容

完形治疗理论是由皮尔斯倡导并建立的一种心理辅导方法，强调人是有组织的整体，把心理或行为看作情感、思想、行动的整合过程。

（一）皮尔斯的人性观

皮尔斯的人性观体现了他对人的完形观、自主性、感官知觉性和自我觉察性的强调。

1. 强调人的完形性

人是一个完形的个体。只有当人们以“完形”，也就是以整个有机体投入的方式来做出反应和行动时，正常和健康的行为才会产生。大多数人通常会在同一时间将注意力集中在不同的事物上，如此一来，效果便大打折扣。

2. 强调人的自主性

每一个完形的个体都具有独特的力量和自我运作的能力，能够引导自己整合自己的生命。

3. 强调人的感官知觉性

人的身体和感觉会在遇到问题时显现出来，如头痛、胃痛等就是身体在发出提示，让我们知道要改变错误的行为。

4. 强调人的自我觉察性

皮尔斯认为人的自我觉察性是很重要的。人有自我觉察时，就足以引起自我改变了。当一个人能完全自我觉察时，也就是他所有的部分都能完全“运转”的时候，他就能完全掌握自己。

老师应尽力寻找在幼儿的生活方式中，幼儿自己所应负起的责任。老师要鼓励幼儿去察觉自己正体验到什么及自己做些什么。这种察觉能帮助幼儿达成对自我的了解并得到如何调节自己的知识，从而学习到如何对自己的情感、思维和行为负责。

（二）皮尔斯的健康观

1. 健康的定义

完形学派对心理健康的定义是：个体不受环境中各种刺激的影响，一直能保持“自我觉察”的状态，知道自己的需求，以及该用什么方式来满足自己的需求。健康的人也会有心理冲突和挫折，但会有较高的专注力和自我觉察力来解决问题，不会用幻想的方式来逃避。

2. 责任感与健康

完形学派认为，健康的个体具有为能达到成功地适应而发展出为自己的生命及为自己对环境所做的反应负责任的能力。

3. 专注与健康

皮尔斯认为，拥有健康特征的人是专注的人，因为在同一时段中，人只能集中在一件事上，其他的事就会先放到一边。

4. 问题与原因

皮尔斯指出个体产生问题的原因有这几点：一是与环境失去互动或接触——他可能自绝于外，使自己与其他人和环境都失去联系；二是与环境无法分离——他可能太注意环境中的信息而忽略了自己的需要，以致行为完全被环境所控制；三是未完成事件——他可能有未满足的需要、未表达的非情感或一些转移注意力的未完成的情境；四是片段化——他可能会尝试去否定一些不为超我所接受的需求，如攻击性。当个体将自己某种需求压抑时，这种片段化的情形容易使个体变成没有能力去满足需求的人。

皮尔斯的健康观表明，自我察觉和自我调节是健康的显著特征，并且会帮助个体保持健康的状态。健康的关键在于责任感和专注能力，如果不能拥有这两种品质，则容易产生各种精神方面的问题。

（三）直接经验的重要性

1. 强调个体此时此地的感受

完形学派是经验导向的学派，强调直接经验的重要性，着重个体觉察此时此地的感受，不注重症状和分析。

2. 强调个体完整的经验和统合

对皮尔斯而言，统合和成熟是永远没有终点的过程，并且与个体对此时此地的觉察有直接的关联。当个体有一个需求产生时，一个完整就产生了。当这个需求被满足后，这个完整也就自动销毁。另外一个需求产生，新的完整也形成了。若是某个完整没有完成，也就是需求没有被满足时，就会变成一个未完成的事件，困扰就因此产生。

二、理性情感治疗理论的简介

理性情感治疗是由心理学家艾利斯开创和拓展的一种心理辅导方法，艾利斯运用这个心理辅导方法为几千名成人、幼儿进行了个别辅导，也为2 500名以上的成人和幼儿进行了团体治疗，其效果显著。

（一）哲学基础

理性情感治疗的理论是以艾派克特斯的哲学为基础的。艾派克特斯认为，令人们困扰的不是所发生的事件，而是人们对事件的判断。一般而言，幼儿情绪分化不大，而且表达情绪时会以一个快速的、无法忍受与延宕的方式。当幼儿长大后，他们虽然学会了有效地使用语言，并且能够容忍自己的情绪，但是令人难受的情绪记忆仍会留下。

（二）理性系统

理性情感治疗理论及其主要内容见表 4-8。

表 4-8　理性情感治疗理论及其主要内容

理论	要内容
着重现在	不重视对当事人过去事件的探究，而着重现在事件的意义及个人对现在事件的反应。
强调选择	强调身为人类，我们能够“选择”，我们可以控制自己的想法、态度、情感和行动，我们也能够依照自己的意念来安排个人的生活。对于会发生的事情以及存在的一切，的确难以全然掌握，然而我们拥有看待这个世界、对困难做出反应的选择权和控制权。
非理性信念	认为人如果以理性系统来与人对应，则无好坏可言；但是，如果人以非理性信念与他人互动，那么他将被视为邪恶的、厉害的、可怕的角色。人的非理性信念是自己对别人、对环境、对本身的感受的重要动因，对于自身所产生的困扰亦需要负起重大的责任。
自我挫败	人类作为天生非理性的、自我毁灭的群体，是需要被指导教育成长的。人们常扭曲自己的欲望和爱好，并且自我挫败地将其扩增为必需、应该、必然和要求。在努力消除这些非理性信念的同时，人们就会变得有情绪困扰，生气、焦虑、忧郁、无价值感、自怜等其他负面感受也会导致自我挫败的行为。
循环历程	只要人们不再非理性地思考，人们就可以“自然地”受到帮助以及拥有爱的能力。非理性思考导致自我厌恶，自我厌恶导致自我挫败行为与厌恶他人，因此又造成别人不合理地对待，形成了一个循环的过程。
非理性信念的替代	人类一些非理性想法是天生遗传而来的，但是绝大多数的非理性信念来自教养我们的人，如父母、老师等。艾利斯列举了三项人们执着的非理性信念，“我必须完美”“别人必须完美”“这世界必须是一个完美的居住地”。
对非理性信念的说明	①焦虑并不能视为“非理性”的感受，而应视为主要源于错误的非理性意念的不当感觉，感觉不能和意念混合在一起。 ②当事人需要为他们的意念与后续感受负起全责。 ③当事人并非早期经验或环境制约的产物，而是一个能够选择制造个人非理性想法与后续感受的个体，可以选择改变自己的想法。 ④人们虽然选择了非理性想法、不适当的感受或毁灭性的行为，但是他们仍不能因此而被责怪、被诅咒或被惩罚。当一个人习惯于用一个或多个非理性哲理来解释每天所发生的事件时，他将会变得对人怀有愤怒和敌意，或者将这些感受内化成为焦虑、罪恶感或忧郁。

三、完形治疗和理性情感治疗理论的评价

（一）理性情感治疗理论的评价

理性情感治疗理论把提高人的认识放在核心地位，因此它把与非理性信念争辩的技术看成核心技术。“真理越辩越明”，这说明了争辩对提高认识确实有重要作用。但是信念不仅是个认知问题，还伴随着相应的情感。解决非理性信念问题，固然首先需要纠正其非理性的错误认识，但绝不是仅仅提高认识就能一了百了。口服心不服的原因在于虽然它消除了观念上的意义障碍，但并没有消除信念上的情感障碍。对于这种情意间的辩证关系，艾利斯的认识是不全面的。在治疗实践中，虽然艾利斯采用有效即可用的原则，避免单纯采用认知疗法的片面性，兼用情绪疗法和行为疗法，但对理性情感治疗理论并没有进行必要的依据说明。

总之，理性情感治疗理论与其他疗法相比，在理论与实践上有许多独到之处。因而，它成为当今心理治疗领域中的强势学派，但其理论与实践还有待于进一步完善。

（二）对幼儿心理辅导的启示

1. 完形治疗理论对幼儿心理辅导的启示

幼儿的发展总是在“遇到问题—寻求答案—得到解决”中进行的。幼儿能力意识的发展使其渴望对遇到的问题进行探究，但是由于语言或羞怯，幼儿将问题堆积在内心，而过往的未解决问题会对幼儿的现时发展产生阻碍。老师需要随时随地注意、观察幼儿的各种表现，在创设方案活动时考虑幼儿的困扰所在，为幼儿创造释放困惑的氛围，鼓励幼儿亲自寻找解答内心问题途径。解决问题的过程，也就是幼儿不断地向前发展的过程。

2. 理性情感治疗理论对幼儿心理辅导的启示

理性情感治疗理论认为，人的观念或对某一事件的主观判断是值得考虑的。非理性的自我信念会导致各种消极情绪的产生，而理性的思考会帮助个体保持积极的心理状态。幼儿作为发展中的个体，辨别是非的能力较差，老师是幼儿心目中的“重要他人”，幼儿会通过老师对自己的态度和评价来感知自己、评价自己、构建自己。因此，在帮助幼儿形成积极的理性的自我信念时，老师应注意保持自身理性的思考方式。同时，在面对幼儿的非理性信念时，老师不应嘲笑或讽刺幼儿，而是需要创造条件，让幼儿体验理性思考的益处。

任务五 约翰·鲍尔比的依恋理论

一、依恋理论的基本简介

（一）依恋的定义

依恋，一般被定义为婴儿和其照顾者（一般为母亲）之间存在的一种特殊的感情关系。它产生于婴儿与其父母的相互作用过程中，是一种感情上的联结和纽带。因而，最初的研究者把对依恋研究的注意力放在母婴相互关系如何随着婴儿的成长而丰富和变化的方面。现在，研究者普遍认为，依恋是人类适应生存的一个重要方面，因为它不仅能提高婴儿生存的可能性，而且建构了婴儿终生适应的特点，还帮助婴儿终生向适应生存的方向发展。

（二）依恋理论的产生与发展

依恋理论首先由英国精神病学家约翰·鲍尔比提出。1944 年，他进行了一项关于 44 名少年小偷的研究，首次激发了他研究母子关系的兴趣。随后，他开展了一系列“母亲剥夺”的研究并指出：在个人生活的最初几年里，延长在公共机构内照料的时间和 / 或经常变换主要养育者对人格发展有不良影响。1969 年，约翰·鲍尔比的关于依恋的三部重要著作的第一部问世，它阐述了婴儿与照顾者之间的联系，该观点具有划时代的意义：依恋并非来自母亲的喂食行为及人类性的驱动力，它是生命系统的一部分，虽然它在整个生命过程中都存在，但在幼儿早期最明显，幼儿只有把父母作为安全基地，才能有效地探索其周围环境。假如婴儿不寻求也不维持与照顾者的亲近，无助的婴儿就会死亡。

自 20 世纪 60 年代约翰 · 鲍尔比对依恋进行精细研究开始直到现在，依恋研究已经历了三个阶段的发展：第一个阶段从 20 世纪 60 年代至 20 世纪 70 年代中叶，是依恋概念的提出和理论构架建立阶段；第二个阶段从 20 世纪 70 年代中叶至 20 世纪 80 年代中叶，由于测量工具的发展，使依恋的研究成为西方幼儿社会化过程研究中最活跃的领域，深化了依恋本身的研究，进行了跨文化研究；第三个阶段从 20 世纪 80 年代后期至现在，是对依恋的心理机制进行深入研究的阶段，如开展婴儿期以外不同年龄幼儿的纵向研究、依恋与别的心理过程的相互关系和依恋的神经心理机制的横向研究、依恋在发展精神病理学的研究以及依恋的跨文化研究等许多工作。

二、依恋理论的内容

（一）依恋形成的影响因素及其主要内容

依恋形成的影响因素及其主要内容见表 4-9。

表 4-9　依恋形成的影响因素及其主要内容

依恋形成的影响因素	主要内容
及时满足	婴儿来到这个世界之后，身体羸弱，饮食、排泄都需要成人的帮助。如果此时抚养者及时满足婴儿的生理需求，就会让婴儿对外部世界产生信任感。婴儿表达需求的信号是它的哭声。细心的抚养者会发现婴儿不同的哭声代表不同的需求。如急促尖厉的哭叫，说明婴儿遇到了危险；高亢嘹亮的哭声，表明婴儿饥饿；间歇的、小声的哭声，意味着婴儿孤单，需要成人的抚慰。研究发现，婴儿的哭声有九种之多。辨别这些不同的哭声并给予相应的满足，需要抚养者付出极大的心力。如果婴儿的种种需求没有得到满足，或者说婴儿一哭，家长就不分青红皂白地给幼儿喂奶，婴儿就会产生无力感，在内心深处形成自卑感，既对环境产生不信任，也会丧失对自己的信任，更不愿主动地去探索外界的环境。
目光注视	哺育者的眼睛是幼儿精神生命成长的太阳。母亲在给幼儿喂奶时的姿势是目光交流的最佳位置。此时，母亲的眼里充满着爱意。婴儿在吮吸的间隙，会朝着母亲微笑致意，这是形成母婴依恋的最关键时期。目光的注视是婴儿接受爱和表达爱的重要渠道，是幼儿社会性发展的最重要的一步。因此，即使是用奶瓶喂奶，也要保持这样的姿势，让婴儿能够在吮吸时与抚养者有眼神的交流。
抚摸和拥抱	抚摸和拥抱是幼儿成长的精神维生素。婴儿在未出生之前被包裹在温暖的羊水之中，出生后远离了母体，被置于一个空旷的环境中，即使有轻柔的衣物包裹，但幼儿更需要的是类似于母体内的挤压，被母亲紧紧地搂在怀里的、熟悉的感觉。这种先天的触摸需求在出生的头几年中表现得特别强烈，婴儿的哭闹并不总是饥饿造成的，而是长时间没有被拥抱，婴儿感到孤独。父母对婴儿的抚摸和拥抱是幼儿获得心理安慰和满足的重要途径。

（二）依恋关系发展的阶段

鲍尔比认为，在普通家庭环境中长大的幼儿大都有相对固定的发展脉络。当幼儿出生时，并不是一块白板，他们拥有许多待激活的行为系统，其中有一些是之后依恋发展的基础，如哭泣、吮吸、依附和定位系统，调节笑和咿呀学语的系统，以及调节婴儿爬和走的系统等。在这些系统被依次激活并发挥调节作用的过程中，幼儿的依恋也随之不断发展。具体而言，依恋的发展大致分为四个阶段，见表 4-10。

表 4-10 依恋发展的四个阶段及其主要内容

依恋发展四个阶段	主要内容
前依恋期 （出生至一两个月）	该阶段属于无差别的社会反应阶段。婴儿对所有人都有反应，但几乎没有区分和辨别人的能力，或者这种能力极为有限。例如，他们大多依靠声音刺激进行模糊的辨认。通常，当他们看到面孔或听到声音时就会停止哭泣。同时，婴儿的每种行为都会受到周围人行为的影响，这些行为大都会在婴儿与周围人亲近时得到强化。
依恋建立阶段 （一两个月至六七个月）	该阶段是有差别的社会反映阶段。婴儿能对周围的人进行区分，对熟悉的人（尤其是母亲）会有特殊反应，并喜欢接近这些特殊对象。在此期间，婴儿会先后对听觉和视觉刺激产生明显的差别性反应。该阶段一直会持续到六七个月大，但一些个别个体也会根据环境的变化而不同。
依恋明确期 （七八个月至 24 个月）	该阶段是特殊的情感联结阶段。随着运动能力的发展，个体能自主接近照料者并探索环境，开始将照料者当作中心，逐渐探索周围的环境，有安全需要时便返回母亲或照料者身边。同时，他们对他人的无差别反应也逐渐减少，一些人会成为固定的依恋对象。处于这个阶段的幼儿对陌生人越来越警觉，常常会发出警报或表现出退缩行为。在此期间，调节幼儿对依恋对象（通常是母亲）所做行为的系统逐渐变为目标修正的调节系统，他们对其的依恋也逐渐形成。
目标调整的伙伴关系期 （两三岁以后）	此阶段的幼儿能理解照料者的需求，调整自己的行为，并逐渐建立起更复杂的双向人际关系。此时，幼儿已学会为了达到特定目标而进行有意的行为，并能在这个过程中考虑他人的情感和目标。幼儿在上一阶段能依靠简单的目标修正系统维持与依恋对象的亲近，他们逐渐认为母亲是在时间和空间上持续存在的独立客体，因此，母亲的活动在时空连续体中是能预知的。但幼儿仍无法理解究竟是什么因素令母亲离开，也不知道自己能采取何种方式改变母亲的行为。而处于目标调整的伙伴关系期的幼儿已能够洞察到母亲的行为、情感和动机，这为之后母亲与幼儿之间建立复杂的情感联结打下了坚实的基础。

（三）内部工作模型

鲍尔比认为，在依恋发展过程中会逐渐形成内在的心理表征，即“内部工作模型”。具体而言，是指个体以依恋关系为基础逐渐形成的、有关自身和他人的一种心理表征。他提出，依恋关系的工作模式是一种认知—情感性构造，主要包含两种成分：一种是关于自身的认识，另一种是关于依恋对象的认识。前者是指个体在依恋关系中获取的有关自我是不是值得爱和照料的信息；后者是指个体获得的有关照料者是不是敏感且及时可得的信息。例如，如果照料者及时发现并满足个体的需求，那么他就会逐渐形成一种认为自身具有被爱的价值且他人是值得信赖的心理表征。相反，如果照料者常常表现出冷漠和拒绝，那么个体就会认为自己不值得去爱或他人是不可靠的。

鲍尔比认为，内部工作模型与图式理论类似，是个体在依恋关系中形成的对今后社会交往具有指导意义的模板。如果个体在早期有固定且一致的照料体验，那么在成长过程中，这些模式会逐渐内化和固定。之后，通过交往关系的扩展，这种模型会逐步一般化，最终由特殊的依恋关系模型发展成对自身和他人更为广泛的表征。具体而言，首先，个体与依恋关系有关的经验会被保存在长时记忆中。之后，由于这些事件都与连续的个人经历和不断发展的自我认知有关，于是这些具体事件之间便通过自传式记忆建立起概念性联系，进而形成心理表征，以此为个体的社会交往提供参考和指引。鲍尔比还提出这种模型是个体在无意识中形成的，并以无意识的方式自动进行工作。随着个体年龄的增长和社交经验的增加，该模型会不断扩展和丰富。在此过程中，个体对自我和他人的理解和认识也逐渐成熟和深刻。

总之，内部工作模型是个体在依恋关系中形成并发展起来的、对自身和他人的内在表征。它不仅包含个体自身和他人的个人特征，也包括人际互动中的具体事件和与之相关的情感体验。尽管某些极端情况可能会令内部工作模型发生某些变化，但它总体上一直趋向于保持稳定。正是由于这些特性，内部工作模型概念为我们理解依恋的内部机制和个体交往能力的持续发展提供了一种方法，这代表着依恋研究的一次巨大进步，也是依恋理论的核心理念。

（四）依恋对个体发展的影响

第一，不同类型的依恋关系反映了不同类型的内部工作模式，这种模式能够促进着感情和行为的发展。如果个体在早期的亲子关系中体验到了爱和信任，他就会觉得自己是值得被爱的，而且毫无畏惧地离开母亲，自如地到处探索，认识客观世界。但是，如果婴儿的依恋需求没有得到及时的满足和关注，他就会觉得自己不值得被爱，产生不喜欢自己的念头，同时也会对他人和周围的环境产生不信任感，而且常常难以适应陌生的环境，形成多疑、孤僻、冷漠的性格特征，从而影响他以后对待周围的人、事、物的方式。

第二，安全依恋的建立，会促进幼儿自我认同感的形成，从而会帮助其逐渐建立起自信心。研究者发现，与抚养者依恋关系较好的幼儿，其自我认同感也比较好，快乐、自信，富有爱心，善于表达情感，人格健全，这为其人际关系的建立奠定了良好的基础。如果幼儿缺乏依恋感，经常为抚养者的离开而感到紧张、焦虑、恐惧、不安，就会产生沮丧、失望、气愤等负面情绪。大多数研究也得出了“不安全依恋与攻击性相关”的一致结论。

（五）影响依恋的风险因素

尽管心理科学对婴儿依恋的研究越来越深入，依恋在幼儿心理发展中的重要性也越来越被重视，但是回避型和矛盾型的婴儿依恋关系却越来越普遍。影响安全依恋形成的主要风险因素及其主要内容见表 4-11。

表 4-11　影响安全依恋形成的风险因素及其主要内容

因素	主要内容
电子保姆的出现	如今市场上针对婴儿的玩具越来越丰富，年轻父母为了表示对婴儿的重视或者想要享受自己的轻松时光，常常会给婴儿购买玩具。婴儿在色彩变幻的玩具中找到无限乐趣，而父母也乐得轻松。甚至在婴幼儿玩具产品设计时，家长会强烈要求增加婴儿自己能做的部分，尽量减少自己的参与。
抚育者的频繁更换	新生儿可能成为老人争夺的对象，常常在奶奶家住几天，在外婆家住几天，在父母身边待几天。主要照料者的频繁更换会使婴儿的依恋对象无法确定，或者不会对某一个人形成强烈的依恋，而是将情感平分给了所有的亲人。这种情况常常会使婴儿形成回避型的依恋，对照料者的离去和到来没有很大的反应。
父母的育儿缺席	在公园里常常可以看到这样的场景，保姆抱着婴幼儿走，妈妈带着小狗遛。时髦的妈妈既要和宝宝在一起，又希望保持自己优雅的形象。她们不愿将幼儿送给老人带，而是雇保姆带幼儿。幼儿饿了用奶瓶，幼儿小便用尿不湿，幼儿哭了有保姆抱。这样，幼儿虽然和父母生活在一起，但是缺少和父母的眼神或肌肤接触，反而容易和保姆产生依恋关系。如果保姆更换，会对幼儿造成伤害。

（一）依恋理论的评价

依恋理论为生物学领域的实验研究提供了新的视角和领域，对生物学的发展起到了非常重要的推动作用。依恋理论为促进幼儿的健康发展提供了新的理论，也为家长与幼儿形成安全型依恋关系提供了实践理念，让家长更加明白如何培养安全型依恋的幼儿，并给予幼儿足够的爱与陪伴。

（二）依恋理论对幼儿心理辅导的启示

幼儿通常面临入园焦虑的问题。根据依恋理论的解释，这是由于幼儿与母亲或其他的主要照料者的分离焦虑引起的。老师在帮助幼儿适应幼儿园生活时，与幼儿建立新的师幼依恋、同伴依恋等。安全的师幼依恋关系的建立需要老师给予幼儿更多的温暖和尊重，创造与幼儿交流对话的机会，并引导幼儿自我表露。建立与幼儿之间的信任关系，最重要的是及时对幼儿的需要做出反馈。同伴依恋的建立需要老师发挥桥梁作用，引导幼儿之间更多地交往。此外，创造一个安全、熟悉的环境，也是建立依恋的重要部分。学前时期是幼儿形成健全人格的关键时期，需要老师更多地呵护。

【思考与练习】

1. 简述精神分析理论和人本主义的基本内容。
2. 结合实例，试述完形治疗和理性情感治疗理论的评价以及对幼儿心理辅导的启示。
3. 结合实例，谈谈在生活中应如何合理运用依恋理论。

课后拓展活动记录表

班级		姓名		学号	
指导老师		活动时间		活动地点	
活动主题					
课后应用	将本模块所学知识应用在学习和生活中，并进行简要记录。				
学习感想	结合教与学两方面，写写自己的心得，并提出自己的建议。（200 ~ 300 字）				
备注					

模块一　理论篇

项目五

幼儿心理辅导的内容

◎要记住，你不仅是教课的老师，也是学生的教育者、生活的导师和道德的引路人。

——苏霍姆林斯基

◎生产劳动和教育的早期结合是改造现代社会的最强有力的手段之一。

——马克思

【教学目标】

＊ 素质目标

树立正确的健康观念，重视幼儿的身体健康。

＊ 知识目标

1. 了解幼儿心理辅导的基本内容。

2. 了解学习辅导、生活辅导的基本内容。

＊ 能力目标

掌握家庭心理辅导和团体心理辅导的内容及方法。

【引言】

幼儿心理辅导的内容是幼儿心理辅导目标和任务的具体化。幼儿生长环境的特殊性，身心发育受到多方面的影响，幼儿心理辅导也要考虑这些因素。另外，在选择幼儿心理辅导内容时，要根据幼儿的心理健康状况和身心发展需要来确定。根据此理念，本项目介绍学习辅导、生活辅导、生涯辅导以及家庭心理辅导和团体心理辅导，以便于幼儿心理辅导工作者能够更好地解决幼儿在学习、生活中遇到的各种问题。

【案例导入】

安安是刚转过来的中班插班生。班级老师发现他是一个很聪明的男孩，有较强的自理能力，对知识的理解能力也较快，但是刚开始安安并非如此。刚进入幼儿园时，安安性格内向，不愿意和其他小朋友交往，也很少主动跟老师交流沟通。由于安安的爸爸妈妈工作很忙，因此安安的衣食住行均由爷爷奶奶照顾。爷爷奶奶年纪较大，平时并不会注意安安的心理问题，导致安安刚入园时严重缺乏安全感，大哭大闹不止。但在老师和家长的共同教育下，安安产生了巨大的变化。请结合该案例，简单论述针对安安的情况，老师和家长采取何种措施会让其行为变好。

任务一 学习辅导

一、学习辅导的概述

（一）学习的含义

在心理学中，学习是一个含义极广的概念。广义而言，可以把学习视为与生命本身并存。就人类而言，出生时在一切动物中是最无能的，所以有人说，“人是早产三年的动物”。正因为如此，人所具有的、固定不变的本能反应最少。人类要经历最长的婴儿期，受益于经验的容量最大，习得的反应构成反应储备的绝大部分，因而学习对人类的生存而言至关重要。在个人生活中，学习从出生开始，小孩走路、穿衣服说话、用筷子、游戏等是学习；科学家的发明创造也是学习。学生在学校，则更是有系统、有计划和有指导地进行学习。学生不仅学习知识，而且学习技能，形成良好的学习态度与习惯。什么是学习？能否给复杂而多样的学习一个恰当的定义？学习是哲学家、心理学家、教育学家共同关注的重要问题，争论很多，没有完全一致的认知。

具有行为主义倾向的心理学家把学习定义为由经验引起的、行为的持久变化。

鲍尔和希尔加德在《学习论》（1981）一书中认为，“学习是指一个主体在某个规定情境中的重复经验引起的、对那个情境的行为或行为潜能的变化。不过，这种变化是不能根据主体的先天反应倾向成熟或暂时状态（如疲劳酒醉、内驱力等）来解释的”。加涅更明确地把学习定义为：“学习是人的倾向或能力的变化，这种变化能够保持且不能单纯归因于生长过程。”我们理解学习基本上有以下三个要点。

第一，主体必须产生某种变化，我们才能得出“学习已经发生”的推论。也就是说，只有练习不一定产生学习。幼儿从不会叫爸爸到学会叫爸爸，这里有学习。以后重复叫爸爸，这种重复活动或练习可视为没有学习的成分。

第二，变化是能相对持久保持的。有些主体的变化，如适应、疲劳等就不能称作为学习，因为这种变化是暂时的。当条件变化时，这种暂时性变化就会迅速消失。

第三，主体的变化是由人与环境的相互作用而产生的，即后天习得的，则排除由成熟或先天反应倾向所导致的变化。

上述是广义的学习定义。狭义的学习专指学生的学习。学生的学习是指凭借经验或练习产生的、按照教育培养目标的要求，学生在能力或倾向方面比较持久的变化。

幼儿学习是指幼儿在早期生活阶段，通过各种经验、互动和教育活动，获取知识、技能、价值观和社会能力的过程。这种学习涵盖了广泛的领域，包括认知、情感、社交、运动和道德等方面的发展。在幼儿的学习中，他们通过观察、模仿、探索、实验和互动，逐渐建立对世界的理解，形成自己的个性和身份，同时也为未来的学习和发展奠定基础。幼儿学习通常发生在家庭、学前教育机构和社交环境中，家长、教育工作者和同龄伙伴都在这一过程中扮演着重要的角色。幼儿学习的目标是促进幼儿全面的身心发展，培养创造力和自主学习能力，为未来的学习和生活做好准备。

（二）学习辅导的含义

学习辅导包含两个方面的含义：一是解决学生在学习过程中出现的心理上的困惑，二是帮助、引导学生开发自身的学习潜能。幼儿学习辅导是指在幼儿学习过程中，家长、教育工作者或其他成年人通过提供指导、支持和资源，帮助幼儿树立积极的学习态度，促进他们的全面发展。这种辅导包括各种形式，如启发性问题引导、学习资源提供、情感支持等，旨在激发幼儿的学习兴趣，培养他们的学习能力和自主性。同时，幼儿学习辅导也可以帮助家长和教育者了解幼儿的学习需求和进展情况，从而更好地制定适合幼儿的教育方案和活动。这种形式的辅导通常以个性化、情感温馨、启发性强为特点，以促进幼儿的成长和学习为目标。

二、学习辅导的内容

（一）学习辅导目标

学习辅导目标主要是通过辅导使学生主动学习，学会学习。学生的学习是个体潜能开发的动态过程。这个过程包含个体的动力系统、情感系统、智慧系统与行为系统。主动学习是“我要学”，是动力系统与情感系统的整合；学会学习则是智慧系统与行为系统的整合。

让学生主动学习是一种现代科学的教育思想。这种思想认为，在教育过程中，学生既是教育的客体，也是学习的主人。从学生的学习、发展这个角度看，老师的教是外部影响，不会自动地主体化为学生的意识的，它必须通过学生自身的主动活动，才能被学生所接受。因此，在教学过程中，特别是学生的学习过程中，要发挥学生的学习积极性、主动性，让学生乐学。让学生学会学习是一种先进的教育思想。联合国教科文组织国际教育发展委员会在 1972 年指出：“科学技术的时代意味着知识在不断地变革，革新正在不断地日新月异，所以大家一致同意，教育应该较少地致力于传递和储存知识（尽管我们要留心，不要过分扩大这一点），而应该更努力寻求获得知识的方法（学会如何学习）”。生物学家达尔文曾指出：“最有价值的知识是方法的知识。”学生一旦掌握了正确的学习方法，就能主动摄取所需的知识，形成独立的自学能力，取得事半功倍的学习效果。这将在知识的获取上引起连锁反应，对人的进步与发展是无法估量的。反之，如果学生采用不科学的学习方法，那必然会事倍功半，在未来的事业中也很难有成就。所以，叶圣陶先生有句名言：“教，是为了达到今后不需要教。”陶行知先生也力主老师的责任在于教学生会学。他说：“好的先生不是教书，不是教学生，是教学生学。教学生学有什么意义呢？就是把教与学联系起来，要先生负指导学生的责任。”这种思想受到越来越多有识之士的重视，让学生学会一些知识固然重要，但学会学习的方法更为重要，有人把上述观点称作“学习的革命”。

幼儿学习辅导的目标如下。

激发学习兴趣和动力：通过提供丰富多样的学习体验，激发幼儿的好奇心和求知欲，使其愿意积极参与学习活动。

培养基本学习能力：帮助幼儿建立学习的基本技能，如阅读、写作、数学等，以便让幼儿顺利过渡到正规学校的学习环境。

促进综合素养的全面发展：包括认知、情感、社交、运动等方面的综合发展，培养幼儿的多方面能力。

塑造积极的学习态度和价值观：培养幼儿良好的学习态度，鼓励探索、思考、合作，树立正确的学习价值观。

提升自主学习能力：培养幼儿独立思考、自主学习的能力，使其具备自我解决问题的能力。

发展创造性思维：鼓励幼儿进行探索性学习，培养其创新和解决问题的能力。

促进社会情感发展：帮助幼儿建立健康的人际关系，培养友善、合作、分享的价值观。

了解幼儿个体差异，因材施教：根据每个幼儿的特点、兴趣和学习风格，提供个性化的学习支持和引导。

为顺利过渡到正规学校做好准备：帮助幼儿逐步适应学校的学习环境，培养适应性和独立性。

建立家校合作，共同关心幼儿的成长：与家长建立良好的沟通与合作关系，共同关心和支持幼儿的学习和发展。

（二）学习辅导的主要内容

学习辅导的主要内容见表 5-1。

表 5-1　学习辅导的主要内容

名称	主要内容
学习动机辅导	为什么要学习？为谁而学？这个问题解决得好，就能变"要我学"为"我要学"，使学习成为一件愉快的事情。
学习行为辅导	针对如何做的问题，制订合理的学习计划，培养良好的学习习惯。这个问题解决了，就能提高学习效率，从而使学生的学习起到事半功倍的效果。
学习能力辅导	这个辅导解决的是智慧问题，是学习辅导的核心与归宿。学生有了较强的学习能力，就能更好地开发潜能。

（三）学习辅导的途径与方法

幼儿学习辅导的途径和方法根据具体的学科、目标和幼儿的个体差异而有所不同。以下是一些常见的幼儿学习辅导途径和方法。

游戏和玩乐：幼儿通过游戏和玩乐的方式，在轻松、愉快的氛围中学习和发展各种技能。老师或家长设计有趣的游戏活动，结合学习目标，引导幼儿参与其中。例如，通过角色扮演、故事游戏、拼图等。

模仿和示范：幼儿在学习中，通过模仿和示范来积累经验和技能。老师或家长作为榜样，展示正确的行为和技能，鼓励幼儿模仿并逐步掌握。

创造性活动：通过提供丰富的材料和资源，鼓励幼儿进行创造性的活动，如绘画、手工制作、音乐和舞蹈等。这些活动有助于培养幼儿的想象力、创造力和动手能力。

经验分享和讨论：老师或家长与幼儿进行经验分享和讨论，通过提问和回答的方式引导幼儿思考和表达自己的观点。这有助于培养幼儿的语言表达能力、思维能力和社交能力。

多感官体验：幼儿通过多感官的体验更好地理解和记忆知识。老师或家长利用视觉、听觉、触觉、嗅觉和味觉等感官刺激，创造多样化的学习环境和活动，促进幼儿的综合感知和学习效果。

积极激励和奖励：给予幼儿积极的激励和奖励，鼓励他们参与学习和取得进步。使用表扬、奖品、小礼物等方式，能增强幼儿的学习动机和自信心。

个性化教学：考虑到每个幼儿的个体差异，采用个性化的教学方法。了解幼儿的兴趣、能力和学习风格，根据其特点提供有针对性的辅导和指导，以促进其学习的效果。

老师和家长根据幼儿的需求和学习目标选择合适的方法，并灵活运用。此外，持续的观察、反思和调整也是有效辅导的重要环节，以确保幼儿获得良好的学习体验和发展。

案例： 帮助幼儿学习和识别颜色。

幼儿： 小天（3岁）。

目标： 帮助小天学习和识别基本颜色（红色、蓝色、黄色）。

辅导方法

（1）游戏化学习

将学习过程变成有趣的游戏，吸引小天的注意力。准备一组彩色卡片或彩球，并给每个颜色配一个有趣的角色或故事。例如，红色是小红，蓝色是小蓝，黄色是小黄。与小天一起进行角色扮演游戏，让他通过识别和命名角色，学习颜色的名称。

（2）模仿和示范

老师或家长示范识别和命名颜色的过程。拿起一个红色的卡片或球，说出“这是红色”，然后鼓励小天模仿并跟着说，逐步引导小天触摸不同颜色的物品，识别并说出颜色的名称。

（3）多感官体验

通过多感官的体验帮助小天巩固学习。例如，准备一些颜色鲜艳的水彩颜料，让小天用手指尝试在纸上画出不同颜色的形状。同时，老师或家长用声音和语言进行提示。例如，说出“现在我们一起用红色画一个圆圈”。

（4）讨论和经验分享

与小天进行讨论，引导他观察周围的环境，问他关于颜色的问题。例如，“你看到了什么红色的东西”或“我们在哪里能找到蓝色的物品”，让小天分享他的观察和经验，并给予积极的反馈和鼓励。

（5）创造性活动

鼓励小天参与创造性活动，提供有不同颜色的画笔和颜料，让他自由选择并运用颜色创作。老师或家长提供简单的指导。例如，“你试着用红色画一颗苹果”或“用蓝色画一朵云”。小天完成一个任务后，老师或家长及时给予赞扬和肯定，使用表扬、拥抱或小奖品等方式。

通过以上的辅导方法，小天在游戏和有趣的学习环境下，逐步学会识别和命名基本颜色。老师或家长应根据小天的学习进展和兴趣，灵活调整辅导方法，并持续关注他的学习需求，以确保他在学习过程中获得积极的体验和成就感。

任务二 生活辅导

一、生活辅导的概述

生活辅导，是指辅导人员运用心理学等多种学科的理论和技术，帮助和促进个体人格发展和社会适应的活动。由于生活辅导的主要目标是促进幼儿健全人格的发展和成长，所以生活辅导有时也被人称为人格辅导。幼儿人格辅导是指针对幼儿个体的心理特点、行为特征以及情感需求，通过专业的指导和关心，引导幼儿树立积极的人生态度，培养健康的人格发展，促进其全面成长。该过程旨在引导幼儿建立自信心、培养情绪管理能力、促进社交技能、发展良好的行为习惯等，从而使幼儿在身心健康的基础上，具备积极向上、独立自主的人格特质。幼儿人格辅导通常由经过心理学或相关专业培训的教育工作者、心理辅导员等专业人士负责实施。

二、生活辅导的内容

幼儿生活辅导的内容见表 5-2。

表 5-2　幼儿生活辅导的内容

名称	内容
生活目标与态度的辅导	指导幼儿形成一套自己认同的有社会价值的生活目标，追求人生意义，追求理想的实现，培养积极、进取、乐观、旷达的生活态度。
社交生活辅导	使幼儿能正确认识自己、认识他人，学会推己及人，为他人着想，接纳他人与自己的不同之处，建立正常的人际关系；养成社交活动的兴趣，掌握人际沟通的艺术，敢于表达自己的正当要求和不同意见。
情绪辅导	使幼儿认识人类情绪情感的丰富多样性，掌握控制、表达、宣泄情绪的适当渠道和方式，变消极情感、冲突情感为积极健康的情感。
休闲辅导	使幼儿了解休闲生活的意义，树立正确的休闲观念，增强休闲活动的兴趣，掌握休闲活动的知识与技能，学会安排自己的休闲时间。
性问题辅导	帮助幼儿认识性别差异，了解性成熟过程中的一系列生理变化，建立适当的性别角色，学会同异性进行正常的交往，解决青春期特有的性问题及有关的心理困扰，如初恋、对性问题的过分关注、对异性的偏见以及性发育过程中对自我形象感到自卑等。
自我意识辅导	帮助幼儿学会正确认识和评价自己，获得积极的自我体验，提高自我调控和自我教育的能力。

此外，消费辅导、安全辅导、危机辅导、家庭生活辅导、学校团体生活辅导等基本上都归入生活辅导范围中。

案例：培养幼儿的友善与合作精神。

幼儿：小玲（5岁）。

目标：帮助小玲培养友善和合作的人格特质，提高她与他人的相处能力。

辅导方法

（1）角色扮演

创建一种角色扮演的情境，让小玲模拟不同的社交场景。例如，让她扮演两个朋友之间发生争执的情景，引导她思考并尝试解决冲突的方式。老师或家长扮演另一个角色，与小玲一起找到友善和合作的解决方案，并与她进行讨论和反思。

（2）经验分享和讨论

与小玲分享友善和合作的经验，并与她讨论。选择一些具体的情境，如分享一个关于友善行为的故事，或者观察身边发生的友善和合作的事例。引导小玲思考这些经验的意义，并鼓励她表达自己的想法和感受。

（3）游戏和团队活动

通过游戏和团队活动，培养小玲的合作意识和团队精神。例如，组织团队游戏，让小玲与其他幼儿一起完成任务，鼓励他们相互帮助和合作。老师或家长引导小玲在游戏中学会倾听他人的意见，分享资源和尊重他人的观点。

（4）模仿和示范

老师或家长成为小玲的榜样，做出友善和合作的行为。在日常生活中，通过与小玲的互动，以积极的沟通方式，分享和关心他人的行为。鼓励小玲模仿并逐渐培养这些良好的行为习惯。

（5）激励和奖励

给予小玲积极的激励和奖励，以增强她的友善和合作行为；及时表扬她展现出的友善行为，例如，帮助他人、分享玩具等。使用奖品、星星或奖励图表等方式，让她感受到自己的进步和成就。

（6）情绪管理和自我反思

引导小玲认识和管理自己的情绪，以促进友善和合作的行为。老师或家长与小玲一起探讨情绪的起因和应对方式，培养她的情绪认知和自我调节能力。鼓励小玲在冲突或困难的情境中进行自我反思，思考自己的行为对他人的影响，并寻找改进的方法。

通过以上的辅导方法，小玲能逐步培养友善和合作的人格特质，提高她与他人的相处能力。老师或家长应根据小玲的个体差异和学习进展，灵活调整辅导方法，并在日常生活中持续关注和引导她的行为表现，以促进她的积极成长和发展。

任务三 生涯辅导

一、生涯辅导的概述

（一）生涯的含义

“生”原义为“活着”，“涯”为“边际”，“生涯”就是指“人的一生”。生涯的英文是“Career”，含义是指古代的战车，后来又引申为道路，即人生发展的道路，又可指人或事物所经历的途径，或指个人一生的发展，也指个人一生中所扮演的系列角色与职位。从心理辅导的角度，对“生涯”下一个准确的定义，并非易事。关于生涯代表性的观点见表 5-3。

表 5-3　关于生涯代表性的观点

沙特尔	生涯是指一个人在工作生活中所历经的职业和职业的总称。
舒柏	生涯是一个人终生经历的所有职业的整个历程。1976 年，他将观点进一步完善为生涯是生活中各种事件的演进方向和历程，它统合了人一生中的各种职业和生活角色，由此表现出个人独特的自我发展形态。它也是一个人自青春期至退休后，一连串有酬和无酬职位的综合。
霍尔	生涯是指一个人终其一生，伴随工作或职业的有关经验与活动。
麦克丹尼尔斯	生涯是指一个人终其一生所从事的工作与休闲活动的整体生活形态。
韦伯斯特	生涯是指个人一生职业、社会与人际关系的总称，即个人终身发展的历程。

从上述观点可以看出，“生涯”是介于“生命”和“职业”之间的概念，大体上是指与个人终身所从事的工作或职业等有关活动的发展历程。就时间而言，它是指个人由出生到死亡所经历的人生历程；就空间而言，它是指个人在生活中所扮演的各种工作或职业角色；就心理方面而言，则是指个人在心智与人格特质方面的成熟与变化情形。

生涯具有终身性、独特性、发展性、综合性等特性。终身性是指个体一生中连续不断的发展过程；独特性，是指每个人的生涯发展都是独一无二的，都和他人不同；发展性，指人是主动塑造者，生涯是一个动态的发展历程；综合性，是指生涯是以个人事业角色的发展为主轴，也包括了人生整体发展各个层面的各种角色。

（二）生涯辅导的含义

生涯辅导是指依据一套系统的辅导计划，在辅导人员的协助下，引导个人探究、评判并整合运用相关知识经验而开展的活动。这些知识经验是指对自我的了解、对职业世界及其他的影响因素的了解、对休闲活动对个人生活的影响与重要性的了解、对生涯规划和生涯决定中必须考虑的各种因素的了解、对在工作与休闲中达到成功或自我实现所必须具备的各种条件的了解。

幼儿生涯辅导是指在幼儿阶段，通过专业的指导和关心，引导幼儿认识自己，了解自己的兴趣、优势和特长，帮助他们形成初步的职业志向和生涯规划。幼儿生涯辅导的目的是引导幼儿树立积极的人生态度，促使其在成长过程中逐渐形成自主选择、明确目标的意识，为将来的学习和职业发展奠定良好的基础。

在幼儿生涯辅导中，教育工作者或专业人士会通过各种活动和方法，包括游戏、故事、讨论等，帮助幼儿了解自己的兴趣爱好、特长和能力，引导他们认识不同职业的特点和要求，促使其对未来的学习和职业方向有初步的认识和了解。

幼儿生涯辅导的目标是培养幼儿的自我认知能力、自主选择能力，促使其在日后的学习和成长过程中能够做出明智的选择，并为未来的职业发展打下坚实的基础，同时，也有助于提升幼儿的情感态度、社会交往能力等综合素养，为其全面成长提供支持和引导。

二、幼儿生涯辅导的内容

幼儿生涯辅导是指为幼儿提供有针对性的、早期的职业发展支持和指导的过程。幼儿生涯辅导的目标是帮助幼儿提高自我认知、职业意识和职业探索的能力，以期在未来的成长过程中做出更明智的职业选择。幼儿生涯辅导的内容包括以下几个方面。

自我认知：帮助幼儿了解自己的兴趣、能力、价值观和特点，包括所擅长的领域、喜欢的活动等。

职业意识：向幼儿介绍不同的职业和职业领域，扩大其对职业的认识，让幼儿了解世界上的不同工作以及与之相关的技能和学习需求。

职业探索：鼓励幼儿主动探索和体验各种职业，如通过模拟活动、参观职业场所、与职业人员对话等方式，让其对各种职业有更直观的了解。

目标设定：帮助幼儿设定职业目标，激发其追求卓越的动力，鼓励他们明确自己的短期职业目标和长期职业目标，并制订相应的行动计划。

决策能力：培养幼儿的决策能力，让他们学会权衡和选择不同的职业路径，同时帮助他们了解每个选择的后果。

社交技能：培养幼儿的社交技能、良好的沟通能力、人际关系和合作能力等，以帮助他们在职业生涯中更好地与他人合作和交流。

总之，幼儿生涯辅导旨在为幼儿提供一个机会，帮助他们在进入正式教育阶段之前，树立正确的职业观念，了解职业的多样性，并为未来的发展做好充分准备。

三、幼儿生涯辅导活动

幼儿生涯辅导活动多种多样，以下介绍主要的几种。

职业游戏：组织幼儿参与职业游戏，让他们扮演不同的职业角色，体验不同职业的工作内容和特点。例如，创建一个小小医生的角色扮演，让幼儿穿上白大褂并拿着医疗工具，了解医生职业的责任和技能。

职业展示活动：邀请家长或志愿者来幼儿园展示自己的职业，他们可以分享他们的工作经验、日常工作内容和所需的技能，这将让幼儿们更直观地了解不同职业的多样性。

职业参观：组织幼儿参观与他们感兴趣的职业相关的地方或企业。例如，带幼儿去参观消防救援局、图书馆、银行或者农场，让他们近距离观察和学习相关职业。

主题故事时间：选择与职业相关的绘本故事，向幼儿讲述关于不同职业的故事，激发他们对职业的兴趣和好奇心。例如，选择故事书《我想当医生》或《我想当老师》。

制作幼儿生涯画册：引导幼儿制作个人的生涯画册，可以包括他们喜欢的职业图片、自己想做的职业、喜欢的活动等内容。这样的活动有助于幼儿更好地认识自己和职业意识的形成。

角色扮演：创建一个角色扮演区域，提供不同的职业服装和相关道具，让幼儿通过角色扮演来体验不同职业的工作场景，发展他们的职业探索意识。

小组讨论和分享：组织小组讨论活动，让幼儿分享自己对职业的见解、兴趣和目标。鼓励他们相互倾听并为彼此的职业兴趣提供建议和鼓励。

这些活动将帮助幼儿在激发自己的兴趣和才能的同时，了解不同职业的工作内容和特点，并形成初步的职业意识和职业探索能力。这些体验和知识将为他们未来的职业发展奠定基础。

案例： 探索幼儿的兴趣与职业意向。

幼儿： 小宇（6岁）。

目标： 帮助小宇探索自己的兴趣和职业意向，引导他对未来职业的思考。

辅导方法

（1）兴趣探索活动

设计一系列有趣的活动，帮助小宇主动探索自己的兴趣爱好。提供一些绘画、手工制作、音乐、运动等不同类型的活动，观察小宇对哪些活动表现出浓厚的兴趣。鼓励他尝试新事物，发现自己的潜能和喜好。

（2）观察和记录

老师或家长观察小宇在日常生活中表现出的特长和兴趣，并进行记录。例如，小宇可能喜欢帮助别人、喜欢组织游戏、对动物有浓厚的兴趣等。通过记录这些观察结果，帮助小宇更好地认识他自己。

（3）职业角色扮演

创建职业角色扮演的场景，让小宇体验不同职业的工作内容。提供一些简单的职业道具，如医生的白大褂、建筑师的工具等，让小宇扮演不同职业的角色，体验他们的工作环境和任务。通过角色扮演，帮助小宇了解职业的多样性，并引发他对不同职业的兴趣。

（4）职业探索讲座和参观

邀请不同职业的专业人士来幼儿园或家庭做讲座或参观。这样的活动能让小宇亲身接触到不同职业的工作内容和现场环境，与专业人士进行交流，了解职业的特点、技能要求和发展机会。这有助于激发小宇对未来职业的好奇心和兴趣。

（5）职业图书和视频资源

提供适合幼儿的职业图书和教育视频资源，展示不同职业的内容和特点。与小宇一起阅读有关职业的图书，观看有趣的职业教育视频，让他通过视觉和听觉的方式了解更多职业的信息。老师或家长与他进行讨论，引导他思考自己对哪些职业更感兴趣。

（6）自我认知和目标设定

鼓励小宇进行自我认知，帮助他了解自己的优势、兴趣和价值观。引导他思考未来的目标和职业期望。例如，“你希望成为一个什么样的人”或“你希望通过你的职业为社会做出什么贡献”，帮助他根据自己的认知和目标，建立初步的职业意向和规划。

以上的辅导方法能帮助小宇探索自己的兴趣和职业意向，为他未来的职业发展打下基础。老师或家长应持续关注小宇的兴趣和发展，提供支持和指导，并在他成长的过程中鼓励他追求自己的职业梦想。

任务四 家庭心理辅导

一、家庭心理辅导的概述

（一）家庭心理辅导的概念

家庭心理辅导，就是在家庭生活中由父母或其他年长者运用心理辅导的方法对幼儿进行心理帮助的过程。我们可以把它理解成“家长主动运用心理辅导的一些基本方法，帮助幼儿处理心理问题的一种类似于心理辅导的活动”。它不是严格意义上的心理辅导，只是带有心理辅导功能的心理助人活动，其目标是营造良好的家庭环境，及时发现幼儿的心理问题并进行有效辅导，使幼儿的心理得到健康成长，最终使幼儿全方面发展。

（二）家庭情况对幼儿心理健康的影响

1. 家长素质对幼儿心理健康的影响

通过调查发现，在不良性格特征的学生中，有相当一部分学生的家长文化素质低下，这主要是由于家长文化程度低引起家庭教育能力弱，教育水平低或不平衡，从而导致幼儿产生不良性格特征及心理健康问题。因此，努力提高家长的文化素质及知识水平，是促进婴幼儿心理健康教育的根本措施。

2. 家庭自然结构对婴幼儿心理健康的影响

不完整的家庭对幼儿的心理健康有直接的影响，尤其是离异或遗弃的家庭结构，对子女有影响。这主要表现在以下两方面。一是给幼儿带来心灵创伤。缺乏母爱，会使幼儿心理上没有稳定感，易产生情绪上和人格上的障碍；缺乏父爱，又会使母爱向溺爱型发展，并失去家庭的稳定和减弱家庭的教育职能。二是使幼儿丧失学习兴趣。一方面，不完整结构的家庭无法全力监督幼儿，父母双方在离异过程中，考虑更多的是自身的利益和需要，因而必然会削弱对子女的关爱和管教，这就会产生一种“离心力”，使幼儿无心学习并热衷于外向型的交往活动；另一方面，在父母离异过程中，常常把自己的烦恼借机发泄在幼儿身上，使子女与父母产生摩擦。

（三）家庭心理辅导的原则

家庭心理辅导的原则见表 5-4。

表 5-4　家庭心理辅导的原则

名称	内容
和谐原则	家长应该努力建立和美的夫妻关系，以自己良好的道德行为创造家庭良好道德的气氛，让文明气氛洋溢整个家庭，从而使幼儿在不知不觉中，潜移默化、耳濡目染地接受教育和辅导。
兴趣原则	家长对幼儿进行心理辅导，一定要充分了解幼儿，一旦发现幼儿的兴趣、爱好和特长后，就要因势利导，创造各种必要条件，有目的地进行辅导，千万不能压抑幼儿的兴趣。
激励原则	多鼓励幼儿，不要过多地指责和批评，要帮助幼儿树立自尊心和自信心，鼓励幼儿树立现实目标，使幼儿感受到成功的喜悦。当幼儿取得一点成绩时，家长应及时向幼儿提出更高的要求，激励幼儿不断进取。
统一原则	家庭各成员对子女的要求应该统一，家庭心理辅导的要求与学校心理辅导的要求应统一，从而使学校和家庭相互配合，形成合力。

（四）家庭心理辅导的任务

家庭心理辅导的任务见表 5-5。

表 5-5　家庭心理辅导的任务

名称	内容
关心子女身心的正常发展	健康的身体、智力、品德、美感等心理方面的发展是一个人全面发展的物质基础。注意子女的心理健康，在发现他们有某些心理缺陷时，要及时进行教育矫正，引导他们全面认识自己，愉快地接纳自己，有效地调节自己；增强他们的责任感、独立感、自信心和承受能力，养成乐观向上、勇于进取的精神。
培养子女良好的习惯	首先是培养良好的生活习惯。良好的生活习惯是促进幼儿健康、向上的积极力量，也是现代人必不可少的文明标准之一，这种习惯需要从小培养起。其次是培养良好的学习习惯，良好的学习习惯是促进幼儿智力发展的重要基础。家长不仅要帮助幼儿掌握基本知识，还要让幼儿掌握科学的学习方法。

表 5-5（续）

名称	内容
帮助子女提高智力水平	帮助子女提高智力水平，主要使幼儿成为不断追求新知识，具有实事求是、独立思考、勇于创造的科学精神的跨世纪合格人才。心理学研究表明，健全的智力是人身心健康的重要标志。其中，家庭教育是发展幼儿智力的基础，家长是引导、帮助幼儿发展智力的启蒙老师。
帮助子女解决特殊的学习困难	对于学习有困难的幼儿，父母可以扮演老师的角色来辅导幼儿，一对一地相处并耐心指教，不应一味地把教育责任推给学校或老师。

二、家庭心理辅导的内容

（一）家庭心理辅导的内容

一般而言，父母对子女的教养是根据不同幼儿的情况而变化的，也是随着子女的成长而不断调整的。比如，婴儿需要一种强烈的、无条件的爱和全方位的护理，幼儿需要一种帮助他成熟、帮助他独立的爱和管教。

1. 心灵沟通

家庭是社会的细胞。家庭成员之间应该和谐相处，充满温馨。家长在民主平等的氛围中，尊重信任幼儿，关心理解幼儿，倾听幼儿的心声，在家长和幼儿之间就会架起一座座桥梁，敞开一扇扇心灵交融的窗口，幼儿的自主意识、积极情感和创造精神就会得到有效的激发。家庭心灵沟通的关键点见表 5-6。

表 5-6　家庭心灵沟通的关键点

关键点	内容
尊重	尊重幼儿的处境、思想、人格、权益，并予以接纳、关注和爱护，是建立心灵沟通的前提。家长要认识到每个幼儿都是有血有肉、有丰富情感和主动精神的人。他们不是静止的，而是发展的。随着年龄的增长，他们的自尊心逐渐增强。他们尊重家长，也希望得到家长的尊重。
信任	信任是亲子融洽相处的基础。有了信任，幼儿才可能对家长敞开心扉，家长才能及时了解幼儿的心理变化。但是，信任绝不是放任。当幼儿出现问题以后，家长要认真倾听，积极引导，使之向健康的方向发展。
理解	理解，可以是一个眼神、一个动作、一句话语、一种神态。幼儿更希望被自己的家长理解。如果家长能够真正地理解幼儿，那么，家长在幼儿心目中的重要性就会大大提高。因此，应让幼儿充分体验父母对他的爱以及他对父母爱的种种愉悦。
关心	家长关心自己的孩子是责无旁贷的。幼儿有困难时，特别需要家长及时给予关心和帮助。但是，这种关心不是庸俗的溺爱和放纵，也不是无原则地迁就和妥协，而是必须有利于幼儿形成坚定、开朗的性格和稳定乐观的情绪，这样有利于实现家长对幼儿的期望目标。

2. 心理强化

家长与幼儿在心灵沟通的基础上，还应该想办法强化幼儿的心理，规范幼儿的行为，从而促使幼儿健康成长。幼儿心理强化的主要方法见表 5-7。

表 5-7 心理强化的主要方法

名称	内容
表扬	表扬是一种积极的正强化，是通过外部动机的作用，使被表扬者形成一种愉快的情绪体验，从而引发行为动机，强化其正确的思想行为。一般情况下，家长都喜欢夸奖自己的幼儿。但是，家长在表扬幼儿时，要恰如其分。因为每个人对自己都有一个“期望”。如果表扬等于“期望”，效果一般；如果表扬小于“期望”，效果较差；如果表扬大于“期望”，效果比较好。
批评	批评是对个体的某种行为采取否定性评价的一种负强化。我们在坚持表扬的同时，不应放弃批评。家长对幼儿的某些行为进行批评时，要注意场合适度、语言适度、时机适度和方法适度。家长要讲究批评的方法，进行适当批评，应该就事论事，这样，才有利于幼儿认识和改正错误。
暗示	暗示是在无对抗的条件下，用含蓄间接的方法对人的心理和行为施加影响。通过这种心理影响使人按一定的方式行动，或接受一定的意见和信念。积极的暗示有助于被暗示者稳定情绪、树立自信心及战胜困难和挫折的勇气。

3. 人际交往

每个人都需要与人交往。特别是在 21 世纪，人际交往是个体心理正常发展的基础和必要条件。通过人际交往，能传播社会思想，吸收有关信息，使个体心理由低级向高级发展。家长都希望幼儿能在现实的和将来的人际交往中取得成功，被他人接受，使别人愿意与之交往和合作。因此，学习人际交往是家庭心理辅导的重要内容。

（1）人际交往的基本要求

家长对幼儿的人际交往，应该有比较明确的要求。这与中国公民的道德规范以及学生守则是一致的。这些要求是：有礼貌、有礼节，以赢得别人的尊重；待人诚实、诚恳，使人对其产生依赖感，愿意与之交往；谦虚而不虚伪，不卑不亢，胸怀坦荡；讲信任、信用；宽容待人，学会“角色互换”，多理解别人；把握交往分寸，既不矫揉造作，也不冷若冰霜。

（2）人际交往取决于人际吸引力

人际吸引力即人格魅力，是个体在社会活动中人际关系的一种肯定形式，是人与人在情感上的一种相互亲近状态。人际吸引力的强弱直接影响在人际交往中能否得到别人的喜爱，使之愿意与之交往。

家长要在家庭心理辅导过程中帮助幼儿提高人际吸引力。首先，要为幼儿创造与人交往的机会，使别人对幼儿产生熟悉感，这是产生亲近感的主要途径。其次，家长要强化自己的人际吸引力，努力保持精神上的愉悦，努力把这种快乐的心情传递给自己的幼儿。再次，家长在处理邻里纠纷和其他问题时，要宽以待人，保持慷慨、大方的社交风度，不要遇事斤斤计较，在幼儿面前损坏自己的形象。最后，家长要关注幼儿与别人交往的现状。这有两种情况：一是交往双方各方面的情况差不多，二是交往双方各方面情况相差很大。研究证明，交往双方的相似性越大，越容易产生相互吸引；但如果交往双方在个性需求、社会特征等方面既有一定差别，又能够相互包容时，也会产生强烈吸引。当然，个体的道德品质、行为方式、智慧才能、仪表形象等都会影响人际吸引。

（3）适应环境是人际交往的重要内容

适应环境必须有三方面的能力：一是对新环境的认识能力，二是对自己的认识能力，三是使自己和环境协调一致的能力。如果幼儿对新环境一无所知，或对自己茫然无知，或缺乏自信，都会影响对新环境的适应。家长应该帮助幼儿不断了解新环境，不断了解他自己，并告诉他有多种途径和方法使自己和新环境协调。

幼儿在适应新环境的过程中往往会出现各种问题，一般都不是品德问题，而是心理问题，对此家长不应多指责、多批评，而应多体谅、多鼓励。正如格言所说："有了问题，并不一定是问题，怎样对待这个问题，才是真正的问题。"幼儿进入一个新环境，或扩而大之说，幼儿在成长过程中总会出现问题。这是很自然的事，家长要关注、要重视，但不用害怕，也不要越俎代庖，代替幼儿去解决问题，而是要观察幼儿怎样对待问题、怎样解决问题。在幼儿确实有困难时，伸出援助之手，帮助幼儿处理好问题。家长甚至可以把幼儿即将遇到的问题告诉幼儿，使幼儿有所准备，防患于未然。家长既要体谅幼儿是初次进入这一环境，头一次碰到这样的问题，难免有不够完善的地方；又要相信自己的孩子通过努力一定能克服环境中的某些障碍，改善自己在环境中的处境。幼儿通过亲身实践，不久就会对环境应付自如，家长也会在这一过程中和幼儿一起成长。

案例： 帮助幼儿适应家庭变化。

幼儿： 小花（4 岁）。

背景： 小花的父母最近离婚了，她需要适应新的家庭变化。

目标： 帮助小花理解和适应家庭变化，缓解她可能出现的情绪困扰，并建立积极的家庭环境。

辅导方法

（1）情感表达

鼓励小花表达她的情感和感受。提供一个安全的环境，让她知道她能自由地表达自己的情绪。老师或家长与小花进行情感交流，倾听她的想法和感受，并给予理解和支持。

（2）绘画和手工制作

鼓励小花通过绘画和手工制作表达内心感受。提供绘画纸、颜料、彩色笔等艺术材料，让她用画画的方式，表达自己的情感和想法，引导她画出家庭成员和自己的感受等，然后与她一起欣赏和讨论她的作品。

（3）故事分享

选择一些适合幼儿的绘本或故事书，讲述关于家庭变化和情感表达的故事。通过故事的角色和情节，让小花更好地理解和接受家庭变化。老师或家长与她一起阅读这些故事，并与她讨论故事中的情感和解决问题的方式。

（4）家庭时间

创造积极的家庭环境，加强家庭成员之间的互动和联系。安排一些家庭活动，如一起做饭、看电影、户外游玩等，让小花感受到家庭的温暖和支持。鼓励家庭成员之间的沟通和合作，增强家庭的凝聚力。

（5）定期沟通

与小花的父母保持定期沟通，了解她在家里的情况和变化。老师与小花的父母交流，了解小花在学校或幼儿园的表现和情绪状态，以便及时提供支持和帮助。家庭和学校之间的密切合作，有助于促进小花的心理健康和适应能力。

（6）心理支持

如果小花出现严重的情绪困扰或适应问题，可能需要专业的心理支持和咨询。老师或家长寻求心理健康专家的帮助，以提供适当的干预和辅导。

通过上述辅导方法，帮助小花适应家庭变化，缓解她的情绪困扰，并建立积极的家庭环境。关键是提供帮助，让小花感受到她在家庭中的重要性和安全感。同时，与家庭成员和学校的密切合作，也是帮助小花顺利适应变化的重要因素。

任务五 团体心理辅导

一、团体心理辅导的概述

团体心理辅导是一种心理咨询方式，小组活动有利于帮助个人解决问题，提升生活质量，促进个人和社会的健康发展。这种方式因其具有独特的优点和价值，已经被广泛应用于各种场合。

（一）幼儿团体心理辅导的概念

幼儿团体心理辅导是一种通过组织、引导和支持幼儿参与团体活动，以促进其心理健康和社会适应能力发展的专业辅导过程。这种辅导形式基于认知、情感和行为方面的理论和技术，旨在为幼儿提供一个安全的支持性和互动性的环境，以帮助他们理解和处理自己的情绪、情感和社交问题。

在幼儿团体心理辅导中，辅导员通常与一组幼儿一起工作，通过各种活动和讨论引导幼儿参与，以促进他们之间的互动、沟通和合作。辅导员以观察和了解幼儿的需求和问题为基础，提供支持、鼓励和指导，帮助他们增强自信心、解决问题、调节情绪、培养友谊和提升社交技能。

幼儿团体心理辅导旨在帮助幼儿建立积极的人际关系，增强自我认知和自尊，培养解决问题和应对挑战的能力，提升情绪管理和适应性能力。通过参与团体心理辅导，幼儿学会与他人合作、分享，尊重他人，并在一个支持性和包容性的环境中发展和成长。幼儿团体心理辅导也为幼儿提供了倾诉和表达情感的机会，以促进他们的心理健康和整体发展。

（二）团体心理辅导的作用

团体心理辅导是一种经济而有效的心理干预途径。卡普其与柯里认为，团体咨询的作用有：在团体中发展信任的气氛以促进彼此态度和情感的分享，并能将这种信任运用到日常生活中，增进自我接纳和自我尊重，澄清生命的价值并探索人生哲学；能容忍他人并能接受和尊重不同的个体；学会做决策，并能坦然接受这些决策的后果；能敏锐地感知他人的需要，增强关心他人的能力；学会将团体中学到的良好习惯运用到日常生活中。

（三）团体心理辅导的价值

幼儿团体心理辅导是指通过组织形式为幼儿提供心理支持和辅导的活动。这种形式的辅导在幼儿阶段具有重要的价值，具体体现在以下几个方面。

1. 培养社交技能

幼儿团体心理辅导提供了一个与其他幼儿互动的机会，通过参与团体活动，幼儿学习与他人相处、分享和合作。这有助于培养他们的社交技能，提高沟通和人际关系能力，为未来的社交互动打下基础。

2. 鼓励情感表达

幼儿通常面临着各种各样的情感困扰和挑战，但他们往往缺乏有效的方式来表达自己的情感。在幼儿团体心理辅导中，通过游戏、绘画、角色扮演等形式，鼓励幼儿表达内心的感受和情绪，促进情感的释放和理解。

3. 培养自我意识

通过参与幼儿团体心理辅导活动，幼儿更好地了解自己的个性、价值观和兴趣等。这有助于培养幼儿的自我认知和自我价值感，增强他们对自己的自信心，为未来的成长和发展奠定坚实的基础。

4. 提高解决问题的能力

在幼儿团体心理辅导中，幼儿面临各种各样的问题和挑战，他们需要学会面对和解决这些问题。通过团体互动和辅导师的指导，幼儿能学会分析问题，制定解决方案，并积极实施行动。这有助于培养幼儿的问题解决能力和适应能力，提高他们应对困难的能力。

5. 增强归属感

幼儿团体心理辅导提供了一个共同体的环境，幼儿能感受到来自同伴和辅导师的支持和关怀。这有助于增强幼儿的归属感，让他们感到被接纳和理解，从而提高他们对幼儿团体的参与度和积极性。

（四）团体心理辅导的优点

个别咨询的方式是一个有效的心理辅导途径，但不足之处是耗时多、受众面窄、解决问题单一等。而团体心理辅导能有效克服以上弱点，它是通过设立特定的场景活动，利用团体成员间的互动，达到集思广益、互帮互助、提高心理健康水平的目的，适合学校心理健康教育工作。

团体心理辅导的适用面广，既针对具有共同心理问题的十人左右的小组，又针对几十人的发展性群体。其形式多样，生动有趣，有利于吸引学生积极投入。

团体心理辅导耗时短，效率高，收效好。每个成员既是“求助者”，又是“助人者”，在有引导的相互影响中多视角地学习，有理论，有实践，有体验，有分享，获得多重的反馈，从而产生心理与行为的改变。在团体中，不但能更有效地影响或改变个人的某些自我概念或想法，还能协助解决原本在个人之间难以解决的问题。

心理健康教育的重要使命在于使适应正常的幼儿具有健全的人格、良好的个性心理品质，促使其内心世界的丰富、精神生活的充实、潜能的发挥与人生价值的正确体现。

二、幼儿团体心理辅导的内容

幼儿团体心理辅导是指以团体形式，为幼儿提供心理支持和指导的过程。通过与同龄幼儿一起参与不同的活动和讨论，促进幼儿个体的心理健康和社交情感发展。幼儿团体心理辅导根据幼儿的年龄、需求和发展阶段进行适当调整，以满足他们的需求并促进心理成长。常见内容如下。

情感表达和情绪管理：通过游戏、绘画、故事等方式，鼓励幼儿表达自己的情感和情绪，学习如何识别和管理情绪，以增强情绪调控能力。

自我认知和自尊：通过有针对性的活动，帮助幼儿认识自己的个性特点、价值观和能力，提升他们的自尊心和自信心。

人际关系和合作能力：通过小组活动、角色扮演等方式，培养幼儿的社交技能，如倾听、分享、合作和互助，以促进良好的人际关系。

解决问题和决策能力：通过与小组成员一起讨论和解决问题的场景，拓展幼儿解决问题的能力和决策能力，培养他们独立思考和合理选择的能力。

父母教育和家庭关系：与家长合作，提供有关育儿知识和家庭关系的培训，帮助家长了解幼儿的心理发展，提供有效的家庭支持。

情绪调节和应对策略：通过教授简单的情绪调节和应对策略，如深呼吸、放松训练、解决冲突技巧等，帮助幼儿学会应对压力和挫折。

意识与关注：鼓励幼儿关注他人的感受和需要，培养同理心和善良的品格，早期培养他们成为有意识、有责任感的公民。

三、幼儿团体心理辅导的方式

开展幼儿团体心理辅导，可以采取以下几种方式。

故事分享：组织一个小组活动，邀请幼儿围坐在一起，给他们讲一个与情绪管理、友谊或自我认知相关的故事。故事中的角色，可以是动物或其他幼儿能理解和产生共鸣的形象。在讲完故事后，引导幼儿分享他们对故事的感受和想法。

绘画和手工艺活动：提供绘画和手工艺材料。例如，纸张、彩色笔、蜡笔、贴纸等，请幼儿围坐在一起，共同完成一项任务或主题。例如画出自己喜欢的食物、制作友谊手链、绘制自己的表情等。幼儿能通过创造和表达来展示他们的情感和思维。

角色扮演：准备一些角色扮演道具和服装，邀请幼儿围坐在一起，选择一种情景，让幼儿扮演不同的角色。可以是模拟冲突解决、友谊互动、情绪表达等场景。通过角色扮演，幼儿可以模拟和练习各种情境下的合作和沟通技巧。

小组讨论：提出一个问题或讨论主题，让幼儿围坐在一起共同讨论。例如，如何面对挫折、如何与他人建立友谊、如何处理自己的情绪等。鼓励幼儿分享彼此的经验和观点，并给予彼此支持和鼓励。

游戏和合作活动：组织一些团队游戏或合作活动，让幼儿在团体中共同作战或合作解决问题。例如，搭建一个大型积木城堡、进行拼图比赛、进行合作绳索活动等。通过这些活动，幼儿能学会与他人合作、分工合作、共享资源等。

在开展幼儿团体心理辅导时，重要的是给予幼儿足够的支持和鼓励，尊重他们的感受和意见，并创造一个安全而信任的环境，让幼儿有机会表达自己的情感，学习与他人交流和合作。

案例：帮助幼儿发展社交技能和情绪管理能力。

幼儿：小明（5岁）、小红（4岁）、小亮（5岁）。

背景：小明、小红和小亮是同一幼儿园班级的幼儿，他们在社会交往和情绪管理方面遇到一些困难。

目标：帮助小明、小红和小亮发展社交技能，提升他们的情绪管理能力，促进积极的团体互动和合作。

辅导方法

（1）团体活动

组织团队活动，如团体游戏、合作拼图、角色扮演等，鼓励小明、小红和小亮一起参与。通过这些活动，培养他们的团队意识、合作能力和沟通技巧。老师引导他们提升学习分享、倾听他人意见、尊重他人等重要的社交技能。

（2）角色模型

老师可以扮演积极的角色模型，示范良好的社交行为和情绪管理技巧。例如，老师展示如何友善地与他人交流、如何控制自己的情绪等。通过观察和模仿老师的行为，小明、小红和小亮能学会积极的社交行为和情绪管理策略。

（3）情绪认知和表达

帮助小明、小红和小亮认识和理解自己的情绪。老师可以使用情绪表情图、情绪卡片等工具，帮助他们识别不同的情绪，并鼓励他们用言语或绘画的方式表达自己的情绪。同时，教授一些简单的情绪管理技巧，如深呼吸、寻找解决问题的方法等，以帮助他们更好地处理和调节情绪。

（4）同理心培养

鼓励小明、小红和小亮关注他人的感受和需要，培养他们的同理心。老师用情感故事、角色扮演等方式，让他们体验他人的情感和处境，从而促进他们对他人感受的理解和关爱。通过这样的活动，他们能学会尊重他人、帮助他人并建立良好的团体互动。

（5）情绪管理游戏

设计一些情绪管理游戏，让小明、小红和小亮在游戏中学习如何识别和调节情绪。例如，设计一个情绪拼图游戏，每个拼图代表一种情绪，他们需要通过讨论和合作来拼凑出正确的情绪拼图。这样的游戏有助于他们加深对情绪的认识，并学会运用情绪管理技巧。

（6）定期反馈和讨论

定期与小明、小红和小亮进行反馈和讨论，鼓励他们分享自己在团体中的感受和观察。老师提供正面的反馈和建设性的指导，帮助他们改进社交技能和情绪管理能力。同时，鼓励他们互相支持和帮助，建立积极的团队氛围。

通过以上的辅导方法，可以帮助小明、小红和小亮发展社交技能和情绪管理能力。关键是通过团体活动、角色模型、情绪认知和表达、同理心培养、情绪管理游戏以及定期反馈和讨论，促进他们的团体互动和合作。这样的团体心理辅导能帮助他们建立良好的社交关系，提升情绪管理能力，并为他们的发展和成长创造积极的环境。

【思考与练习】

1. 简述学习辅导的内容。
2. 结合实例，简述学习动机辅导的措施及策略。
3. 简述生活辅导和生涯辅导的内容。
4. 结合实例，试述在幼儿园开展生涯辅导的意义。
5. 简述家庭心理辅导和团体心理辅导的具体内容。

课后拓展活动记录表

班级		姓名		学号	
指导老师		活动时间		活动地点	
活动主题					
课后应用	将本模块所学知识应用在学习和生活中，并进行简要记录。				
学习感想	结合教与学两方面，写写自己的心得，并提出自己的建议。（200 ~ 300 字）				
备注					

模块一　理论篇

项目六

幼儿心理辅导员

◎教育者的关注和爱护在学生的心灵上会留下不可磨灭的印象。

——苏霍姆林斯基

◎谁要是自己还没有发展培养和教育好，他就不能发展培养和教育别人。

——第斯多惠

【教学目标】

★ 素质目标

树立尊重与理解幼儿的理念，以发展的眼光看待幼儿。

★ 知识目标

1. 熟知幼儿心理辅导员的素质。

2. 了解幼儿心理辅导员的职责。

★ 能力目标

建立平等尊重的咨询、接谈关系，运用合适的技巧对幼儿进行心理辅导。

【引言】

由于幼儿心理辅导工作的特殊性，幼儿心理辅导员必须由经过规范而又严格训练的，具备专业技能、知识和相应素质的人员来担任。只有具备专业的知识技能和职业道德，才能推进幼儿心理辅导工作的顺利进行，才能真正地维护幼儿身心健康发展。因此，我们必须了解幼儿心理辅导员的具体工作内容，以及幼儿心理辅导员应具备的素质，提高幼儿心理辅导工作的科学性、有效性和严肃性。

【案例导入】

一天早晨，东东妈妈九点多钟才带东东来幼儿园，原本开朗、外向的东东见了老师不但不打招呼，反而藏在妈妈身后，说什么也不愿意进班。东东妈悄悄告诉老师：“昨天晚上，东东做了个噩梦，说梦见了一个怪兽，怪兽把幼儿园的小朋友都踩死了。”东东哭闹了很长时间才勉强入睡。

东东的情况让我想起了自己小时候做了噩梦之后不愿也不敢再睡觉的情景，随后几天，一想起噩梦，就心有余悸，总也忘不了。还有一些幼儿怕蛇、老鼠、青蛙、蟾蜍等这些小动物，每次见到这些小动物都会吓得大惊失色，失声尖叫。由此，我意识到每个人都有自己害怕的东西，尤其是幼儿时期经验缺乏，或者受到过不良的暗示之后会更害怕，甚至这种恐惧会持续一生。怎样有效地消除幼儿的恐惧心理呢？

任务一 幼儿心理辅导员的概述

一、幼儿与心理辅导员的关系

1. 幼儿与辅导员的关系应该是幼儿的世界和辅导员之间的联系纽带

辅导员应该与幼儿建立信任和亲近的关系，成为他们在学校或其他环境中的支持者和指导者。辅导员应倾听幼儿的声音，了解他们的需求，并与他们建立积极的互动，从而构建一个有效的学习和成长的桥梁。

2. 幼儿与辅导员的关系应该是包容和接纳的

辅导员应尊重每个幼儿的独特性，包括他们的个性、背景和兴趣，为所有幼儿提供公平和平等的机会接受心理辅导。

3. 幼儿与辅导员的关系应该是安全的

辅导员需要营造一个安全的环境，使幼儿感到舒适和放心。幼儿会在辅导员的陪伴下表达自己的情感、疑虑和困惑，而不用担心被指责、嘲笑或泄露秘密。

4. 幼儿与辅导员的关系应该是真实的

辅导员应与幼儿建立真诚的关系和亲密的连接。辅导员要展示真实的自我，以便与幼儿建立信任，并与他们分享自己的个人经历、故事和感受，产生共鸣和理解。

5. 幼儿与辅导员的关系应该是保密的

辅导员必须严守保密原则，幼儿要清楚地知道辅导员是不会向他人透露自己的私密信息的。这样，幼儿才会感到安全和放心，才能更加开诚布公地与辅导员交流。

6. 幼儿与辅导员的关系应该是非侵入性的

辅导员应该尊重幼儿的个人空间和边界，并避免对幼儿的个人生活进行干涉。辅导员应该在幼儿感到舒适的范围内提供支持和指导，避免过度插手他们的决策和选择。

7. 幼儿与辅导员的关系应该是有目标的

辅导员应该制订明确的目标和计划，与幼儿共同努力，实现这些目标。通过与幼儿制定个人目标，辅导员才能够帮助幼儿发展技能，解决问题，促进幼儿的个人成长和职业发展。

【知识拓展】

移情

“移情”是来自精神分析理论的一个术语。在幼儿心理治疗中，当幼儿亲近辅导员，就好像辅导员是他的母亲、父亲或者是他生活中的另一个重要成人时，移情就发生了。这种行为的出现是因为幼儿将他们对重要人物的信念投射到了辅导员身上，认为辅导员很像这个重要人物。移情导致两种结果：一种是正面的，即幼儿认为辅导员是仁慈的家长（正移情），另一种则是负面的，即幼儿认为辅导员是严厉的家长（负移情）。

很自然，辅导员不经意地陷入这样一种境地：他们扮演了幼儿认为的角色并做出像家长那样的反应，即反移情。当幼儿引发了辅导员自身未解决的问题或来自过往的联想，反移情就可能出现。

在幼儿与辅导员的关系中，不时地出现移情和反移情是不可避免的，但是倘若这两种现象被识别并得到恰当的处理，就不会成为问题。反之，当这两种现象没有得到处理时，就会存在问题。假如幼儿持续地把辅导员当作家长对待，而辅导员也持续地表现得像个家长，那么治疗就会受到危害。

幼儿经常将指向父母的情感或想象迁移到辅导员身上。然后，辅导员可能不经意并且无意识地陷入反移情。例如，当幼儿被父母拒绝后，他可能无法面对这个痛苦的事实，然后把属于父母的负面特征投射到辅导员身上。因此，他可能认为拒绝他的就是辅导员（移情发生）。于是，幼儿对辅导员的态度就可能是负面的，而辅导员可能未加思考地就以拒绝幼儿要求的家长形象出现（反移情发生）。

当身为辅导员的我们对出现的移情有所察觉时，必须尽可能地保持客观。为了保持这种客观性，我们可能需要与督导一起来探讨，这样才能处理好在辅导幼儿过程中出现的自身问题、投射以及无意识的欲望。一旦出现反移情，就要处理它，然后通过把这种问题引入幼儿的意识来解决迁移问题。

二、幼儿心理辅导员的职责

幼儿心理辅导员主要负责提供专业的心理支持和指导，帮助幼儿解决情绪、行为和心理方面的问题。幼儿心理辅导员的职责包括以下几个方面。

评估幼儿状况：进行针对幼儿的心理评估，了解他们的情绪状态、行为问题和发展特点等，以便更好地了解他们的需求和问题。

提供咨询和支持：通过与幼儿面对面或一对一的交流，提供心理咨询和支持，帮助幼儿缓解情绪困扰，解决内心冲突和问题。

开展心理教育活动：组织和开展针对幼儿的心理教育活动，包括教授情绪管理技巧、解决问题的能力、人际交往等方面的培训，以提升幼儿的心理健康水平。

协助解决问题：与家长和老师合作，共同探讨和解决幼儿的问题。在提供心理辅导的同时，也为家长和老师提供支持和指导，帮助他们更好地理解和应对幼儿的情绪和行为问题。

进行幼儿园内的心理干预：为特殊情况下的幼儿或困难群体提供心理干预，如家庭困扰、学习障碍、自卑等，制订个性化的心理干预方案，促进他们健康成长。

协助发展幼儿的自我意识与情绪管理：帮助幼儿建立积极的自我意识和情绪管理能力，培养其解决问题和应对压力的能力，促进他们的个人发展和适应能力。

总之，幼儿心理辅导员的职责是通过提供专业的心理支持和指导，帮助幼儿处理情绪问题，促进其心理健康和发展。他们致力于帮助幼儿建立积极的自我认知，培养良好的情绪管理技能，并与家长和老师紧密合作，共同关注幼儿的全面成长。

任务二 幼儿心理辅导员的素质

一、幼儿心理辅导员的人格特征

心理辅导是一项助人的工作，是一种艺术，它对担任这项工作的人员提出了较高的要求。我们从以下几个方面来探讨一下幼儿心理辅导员应具备何种素质。

心理辅导员应具备多心的特质，即“爱心、耐心、热心、诚心、信心、恒心”，具有的越多越好。也有人提出辅导员至少应具备“三心二意”，即“爱心、耐心、热心”和“诚意、乐意”。我认为就人格特征方向而言，一个好的心理辅导员应具备的特质见表 6-1。

表 6-1　好的心理辅导员应具备的特质

特质	内容
对人感兴趣，关怀他人	对人感兴趣并非指对他人好奇，探究他人的隐私，而是喜欢与他人在一起，对他人及与人有关的事物有兴趣，具有爱心，热心地协助他人。他主动关怀他人，所以他的态度是温暖的、接纳的，因而他人喜欢与他接近，并接受其辅导。
身心成熟，情绪稳定	心理辅导员也会在生活中遇到各种挫折，其成熟的表现在于他们可以把自己的心理调适平衡，对事物持客观成熟的看法。这样做，可使受导者感到辅导员是值得信赖的。
有自信心	肯定自我的辅导员通常较为自信，也能接纳别人，他能了解辅导员也是凡人，故能了解自己的优点，也能坦诚接纳自己的缺点，而不会有防卫之心。辅导员的自我肯定，亦有助于受导者对他产生信任感，有助于咨询的心理安全气氛的产生。
灵活，有弹性	辅导员要具有包容力，对于不同的看法、意见、价值观、行为均能包容，而不是缺乏弹性，毫无变通，处事专断，只依据自己的标准来衡量、要求当事人。
敏感	辅导员对受导者的言语、表情、情绪等，应有很敏感的反应，并善于捕捉细微的变化，这样才能更准确地把握受导者的心态，有助于受导者问题的解决。

二、幼儿心理辅导员的专业技能

（一）沟通技巧

沟通技巧是指人利用文字、语言、肢体语言等手段，与他人进行交流使用的技巧。沟通技巧涉及许多方面。如简化运用语言、积极倾听、重视反馈、控制情绪等。虽然拥有沟通技巧并不意味着成为一个有效的管理者，但缺乏沟通技能又会使管理者遇到许多麻烦和障碍。在助人过程中，不论是团体咨询还是个别咨询，均要通过言语和非言语的沟通来达成。

（二）倾听技术

倾听一词的英文是“Attending”，有参与、专注、注意之意，译成汉语“倾听”虽比较贴近原意，但易被误解为聆听。倾听不仅是为了明了情况，也是为了建立咨访关系，同时还有助人效果。倾听是咨询过程的基础，是一个主动引导、积极思考、澄清问题、建立关系、参与帮助的过程。倾听是指在咨询过程中，咨询师全神贯注地聆听当事人的语言表达，细读当事人的非语言行为，关切、疼惜和重视当事人的遭遇，愿意伴随当事人窥视问题的始末。

倾听技术是心理咨询的重要技术和咨询过程的基础，是指在接纳的基础上，认真积极、专注地倾听并主动引导积极思考、澄清问题、建立关系、参与帮助的过程。一位优秀的心理辅导员，应学会用自己的眼睛、耳朵和心灵去倾听每一位学生的心声。

三、幼儿心理辅导员的职业道德

（一）热爱心理辅导工作

幼儿心理辅导员的职业道德之一，是热爱心理辅导工作。这意味着他们对于幼儿的成长和发展充满热情，并愿意为幼儿提供专业的心理支持和指导。热爱心理辅导工作的心理辅导员会全心投入，不辞辛劳地工作，致力于帮助幼儿克服困难，实现其潜力。

（二）尊重被辅导幼儿

幼儿心理辅导员的职业道德，要求他们尊重被辅导的幼儿。这意味着他们对幼儿的个体差异、思维方式和选择给予尊重和理解。他们不会评判或嘲笑幼儿的问题或观点，而是以尊重和接纳的态度对待每个幼儿，并努力创建一个安全、包容的辅导环境。

（三）正确处理辅导关系

幼儿心理辅导员的职业道德，要求他们正确处理辅导关系。这意味着他们会建立建设性和信任的关系，与幼儿建立相互理解和合作的良好沟通渠道。他们会倾听幼儿的需求和问题，提供有效的支持和指导，并确保辅导关系的专业性和机密性。

（四）保守秘密，维护幼儿的切身利益

幼儿心理辅导员的职业道德要求他们保守秘密，维护幼儿的切身利益。这意味着他们会严格遵守职业道德规范，不泄露幼儿在辅导过程中透露的个人信息，确保幼儿的隐私和安全，确保幼儿在辅导中感到安全和受尊重。

（五）善于合作

幼儿心理辅导员的职业道德，要求他们善于合作。这意味着他们会与幼儿的家长、教育机构以及其他专业人员进行合作，共同关注幼儿的发展和福祉。他们会尊重和倾听各方的观点，与其他专业人员合作，通过协作提供更全面和有效的幼儿心理辅导服务。

通过遵守以上职业道德，幼儿心理辅导员能够建立起一个信任和尊重的环境，为幼儿提供专业的心理支持和帮助，推动他们的成长和发展。同时，这也能够保障幼儿在心理辅导过程中的权益和隐私。

【思考与练习】

1. 简述幼儿心理辅导工作者的职责。
2. 简述幼儿心理辅导工作者的任务。
3. 结合实例，简述幼儿心理辅导工作者应具备何种专业技能。
4. 简述幼儿心理辅导工作者职业道德的必要性。

课后拓展活动记录表

班级		姓名		学号	
指导老师		活动时间		活动地点	
活动主题					
课后应用	将本模块所学知识应用在学习和生活中并进行简要记录。				
学习感想	结合教与学两方面，写写自己的心得，并提出自己的建议。（200 ~ 300 字）				
备注					

模块一　理论篇

项目七

幼儿心理辅导的过程、技术与方法

◎夫子循循然善诱人，博我以文，约我以礼，欲罢不能。

——孔子

◎学校的目标应该是培养有独立行动和独立思考的个人。不过，他们要把为社会服务看作是自己人生的最高目标。

——爱因斯坦

【教学目标】

★ **素质目标**

树立科学的心理辅导观念，用科学的方法与技巧辅导幼儿。

★ **知识目标**

了解幼儿心理辅导过程及关系建立的相关要求，熟知会谈和倾听技术。

★ **能力目标**

熟练掌握幼儿心理辅导的基本方法。

【引言】

幼儿心理辅导是一门具科学性与专业性的学科。因此，为保证其整个工作的顺利实施，幼儿心理辅导必须有一套完整且实用的操作程序，并且要保证每一位幼儿心理辅导工作者都掌握具体的方法和技巧，以此推进幼儿心理辅导工作的顺利实施。

【案例导入】

明明思维活跃，爱学习，爱干净，也爱哭，每天来幼儿园时都要掉几滴眼泪。等他妈妈走后，他会很快变得开心起来。

有一天，一个小朋友告诉我说明明把他推倒了。但是当老师问明明时，他就说不是他，是别的小朋友。无论怎么说，明明就是不承认，后来又有几个小朋友告明明的状，这才引起我的注意，决定对他进行观察。

在其他小朋友都在收拾玩具时，明明却拿着小椅子在教室里推来推去。当看见小朋友捡的一筐雪花片玩具放在地上时，明明抬头看看我，我急忙把目光移开。于是，他一只脚迈进筐里，使劲在玩具筐里踩着，雪花片立时飞溅出来。几脚下去，雪花片全被踩了出来，明明脸上露出满足的笑容。当小朋友在我面前告状时，他立刻说："不是我，我没踩。"然后，他指着旁边的小朋友说："是他！"

请结合实际，简单分析明明为何会出现如此问题？应采取何种措施？

任务一 幼儿心理辅导的过程与关系建立

一、幼儿心理辅导的过程

幼儿心理辅导是一项科学性和专业性很强的工作。它的科学性主要表现为深厚的理论基础、客观的辅导方法、规范的辅导技术，特别是一套完整、实用的操作程序。心理辅导在具体实施的过程中，必须遵循一定的操作步骤，虽然对操作步骤的内容有多种不同的看法，实施时要根据具体情况进行调整。但辅导人员需要明确，心理辅导是一系列有顺序、有步骤的连续过程。了解每个阶段的任务、重点、难点和注意事项，将有助于辅导工作的开展。心理辅导的专业性主要表现在，辅导人员需要在心理辅导的每个操作步骤上创造性地运用一些具体的技术，并掌握心理辅导的一些技巧。这些具体的技术和技巧使心理辅导的专业性得以体现。因此，每个专业的幼儿心理辅导人员应不断提高自己辅导的科学理论水平和实际操作能力。

幼儿心理辅导的过程通常包括以下几个步骤。

第一步，建立信任关系。辅导师与幼儿建立积极的关系是心理辅导的前提。辅导师要通过互动、倾听和尊重幼儿的感受，建立信任和情感连接。

第二步，评估和了解问题。辅导师与幼儿一起探索他们的情感或行为问题。通过提问、观察和交流，辅导师了解幼儿的背景、困惑和需求，评估问题的性质和严重程度。

第三步，目标设定。与幼儿共同确定心理辅导的目标，有利于解决特定问题，增强幼儿的自尊心，提高幼儿的情绪管理技巧。目标应明确、可行，并与幼儿的需要相符。

第四步，实施幼儿心理辅导方案。辅导师根据针对幼儿的评估结果和目标，选择适当的心理辅导技巧和策略。这可能包括情感表达、认知重构、游戏疗法、绘画、故事分享等，以帮助幼儿理解问题，调整情绪和解决困惑。

第五步，建立应对策略。辅导师教授幼儿情绪和困难的应对策略，包括情绪调节技巧、冲突解决方法、积极应对的思维模式等。辅导师还鼓励幼儿练习这些策略，并与他们合作制订应对困难的计划。

第六步，评估和跟进。辅导师定期评估幼儿的进展并提供反馈。根据幼儿的反应和需要，可能需要进行调整和进一步的辅导。辅导师还要与家长、老师和其他关键人员合作，确保幼儿在各个环境中得到支持。

第七步，结束和总结。在达到心理辅导目标之后，辅导师与幼儿一起回顾整个辅导过程，总结收获和成长。这个阶段也是渐进性结束辅导关系的时间，帮助幼儿过渡到更独立和积极的发展。

需要强调的是，幼儿心理辅导过程中的具体步骤根据幼儿的年龄、问题的性质以及辅导师的倾向而有所不同。每个幼儿都是独一无二的个体，辅导师应灵活应对，根据幼儿的需求提供个性化的支持和指导。

二、幼儿心理辅导关系的建立

在幼儿心理辅导中，建立良好的关系是非常重要的。以下是一些关键要素，能帮助建立幼儿心理辅导中的关系。

共情。共情是指能够理解和体会幼儿的感受和情绪。通过倾听和表达理解，让幼儿感受到自己被理解和关心，从而建立起信任和亲近感。

尊重和真诚。尊重幼儿的独特性和感受，以及他们的权利和意愿。同时，表达真诚和真实的情感和意图，让幼儿感受到你的诚意和真心，进而与你建立起真实的关系。

积极关注。给予幼儿积极的关注和关心，赞美他们的努力和优点，让他们感到被重视和认可。通过这种积极反馈，建立起一个积极向上的氛围，增强幼儿的自尊和自信。

具体化。使用幼儿能够理解和感知的具体语言和行为，以帮助幼儿更好地理解并应对自己的情绪和问题。这包括使用简单明了的语言，以及通过绘画、游戏或角色扮演等活动将抽象概念具体化。

即时性。及时回应幼儿的情绪和需要，不要忽视或推迟幼儿的表达。当幼儿需要支持或安慰时，要尽快回应，以建立起幼儿对你的依靠和信任。

通过以上的方法，幼儿心理辅导中的关系建立在理解、尊重和关怀的基础上。这样的关系能够为幼儿提供一个安全并支持他们情感和行为发展的环境。

任务二 幼儿心理辅导过程中的技术

一、会谈的技术

（一）会谈的含义

会谈是两个或两个以上的人之间的信息交流，是心理咨询与辅导的基本形式和手段。会谈的信息交流分两个方面来讨论，其一是信息的性质，其二是信息的传递方式。会谈中的信息主要有两种：认知性信息、情感性信息。认知性信息，主要包括事实、行为、观点意见等，可以称为内容。情感性信息主要包括心理感受、情绪、情感等，其共同特点是体验。信息传递的方式也有两种：言语的和非言语的。咨询与辅导人员在辅导过程中所做的事主要是两方面：一方面是接收、理解来访求助者的认知性信息和情感性信息；另一方面是对此做出反应，即发出言语信息和非言语信息。

会谈不仅是交流信息，还是会谈双方一种具有特殊意义的人际交往和关系。对于心理咨询与辅导人员而言，每一次辅导都是一次会谈，并通过会谈来达到影响和帮助幼儿的目的。有效的会谈是需要技巧的，所以要想提高辅导效果，就必须掌握会谈技术和技巧。会谈的技术一般有倾听的技术、影响的技术和非言语技术等。

（二）会谈的注意事项

心理辅导是生命的流露，是心灵的交流，既是科学，又是艺术。无论是初学者还是专家，都要时刻注意，不断警醒自己，避免一些易犯错误。以下几方面，应引起注意。

1. 避免随意打断

心理辅导谈话不同于一般日常生活中的谈话，它要求辅导老师全神贯注地听对方讲话，努力体验其内心感受，并做出积极的回应。因此，辅导老师切忌在谈话中随意打断幼儿的讲话，加以个人的评论。它会使幼儿思路中断，感情受挫，不能很好地表达自我，并对心理辅导产生厌恶感，这是缺乏共情的突出表现。在共情的交流中，我们不但尝试了解幼儿的内心感受，也协助幼儿进行自我表达、自我探索和自我了解。这种谈话方法会令幼儿感觉很舒服，会促使他在辅导老师面前做进一步的表达和剖白。

2. 避免主观武断

辅导老师帮助来访幼儿排忧解难、出谋划策是建立在充分的共情基础上的。因此，辅导老师在与来访幼儿的交谈过程中，应尽量保持客观、公正的立场，做到不主观武断，不强加于人，借以表达对来访幼儿的尊重与信任，强化其独立决策的信心。罗杰斯提出在心理辅导中，应对来访幼儿表现出无条件的绝对尊重，意在促使来访幼儿发掘个人的潜力，珍惜个人的价值，确信个人有能力去面对生活中的挑战。这种独立、进取意识的培养，要求辅导老师在心理辅导过程中不自以为是、不教训他人，而是针对来访幼儿所面临的困难，展开积极深入的探讨，以共商良策。

因此，心理辅导不应是一个说教的过程，而是一个讨论的过程。辅导老师即使有个人的见解，也应以商量的口吻加以提出，以启发来访幼儿加以积极思考；切忌要求来访幼儿完全接受其个人的意见，那样就失去了“心理辅导助人自助”的意义。

3. 避免以自我为中心

按照自己的既定议题讲话而无视幼儿的情绪变化及其感兴趣的话题的做法，势必给人一种居高临下、强加于人的感觉，令辅导关系无法建立，也无以表现共情与尊重。所以辅导老师要在谈话中灵活变化讨论议题，不要以不变应万变。另外，要防止自我宣扬。在心理辅导过程中，辅导老师常常希望通过讲述个人的以往经历来启发幼儿积极思考、克服困难，但辅导老师过分讲述其个人的生活经历，则会转移心理辅导的注意力，使来访幼儿一味认同辅导老师的行为方式，而忽略其个人独立性的培养。那样做，会使来访学生把辅导老师看成英雄式的人物，一切以老师为榜样。

4. 避免急于求成

心理辅导是人的转变过程，是潜移默化的，切忌急于求成。辅导老师尤其注意不要盼望一两次的谈话即可彻底改变一个人。建立共情需要时间，反省问题需要时间，跟进变化更需要时间，而一个人的变化亦需要经得起时间的考验。所以，心理辅导做得越熟练，就越懂得不急于求成的道理。急于求成的另一表现是，有些辅导人员渴望尽快使幼儿解决其所有问题，其实这是不可能的，也是不必要的。它不但会使辅导老师陷入问题重围之中，难以分清头绪，也会产生挫折感，对心理辅导失去信心。因此，辅导员应学会选择重点。

5. 避免悲天悯人

心理辅导不需要同情，而需要共情。两者的差别在于前者是一种主位式的反应，它包含对幼儿处境的怜悯，是一种居高临下的、恩赐式的反应；而后者则是客位式的，完全从对方的角度看问题，因而是平等的、共鸣的反应。所以，辅导老师在谈话中，切忌流露出悲天悯人的态度。例如，当一个人因遭不幸来寻求心理辅导时，如果辅导老师以“噢，你真不幸”或“你真可怜”之类的话语来作答，则会损伤他的自尊心，使其不愿再说下去。因为幼儿此时此刻需要的不是对方的怜悯，而是理解与鼓励。反之，如果辅导老师以“噢，你一定很不好受”或“你一定感到很压抑”之类的话语来作答，则令幼儿感到被理解，并愿意继续谈下去。当一个人感觉痛苦时，他需要的是共情的理解，而非一般的同情和怜悯。不清楚共情与同情的区别，就不能在咨询过程中，与来访幼儿很好地交流思想和情感。

6. 避免求全责备

初学者的另一个常见问题是，在心理辅导中追求完美，求全责备，苛求自己，将心理辅导的失败看成个人的失败，这是没必要的。心理辅导的一个难题是学会针对不同人的不同特点与需要，采取不同的沟通与处理方式。这对于初学者而言尤为困难，初学者不可因为一时的挫折与失败而丧失对自我的信心，否定自己的心理辅导能力。殊不知，心理辅导也是一个学习过程，失误是不可避免的。关键是要善于总结经验，从危机中看到生机，从而促成个人的成长。

心理辅导不是万能的，辅导老师也不是万能导师。辅导者在来访幼儿面前承认自己的不足与弱点，是坦诚与尊重的表现。辅导者无须不懂装懂，那样势必会矫揉造作，弄巧成拙，甚至铸成大错。作为初学者，更有理由承认自己的经验不足。

二、倾听的技术

倾听并不是简单地听，它是全身心投入，专注地听。辅导员对幼儿的谈话不仅仅是听听，还要借助各种技巧，真正听出幼儿所讲的事实、所体验的情感、所持有的态度。倾听的习惯和态度比倾听的技巧和技术更重要，因为在现实生活中，有很多人愿意说而不愿意听，或者习惯于说而不习惯听。倾听时应注意以下技巧。

（一）充分运用开放性提问

在倾听时，通常使用“什么”“怎样”“为什么”等词语发问，让幼儿对有关问题、事件做出较为详尽的反应，这就是开放性提问。这样的提问会引出当事人对某些问题、思想、情感等详细的说明。在使用开放性提问时，应重视把它建立在良好的辅导关系上，只有幼儿对辅导员信任，他才会在提问时给出更多的回答。另外，要注意问句的方式、语调，不能太生硬或随意。

（二）恰当运用封闭性问题

这类提问的特征是以“是不是”“对不对”“有没有”“行不行”“要不要”等词语发问，让幼儿对有关问题做“是”或“否”的简短回答。辅导员使用这种封闭性的提问来收集信息、澄清事实真相、验证结论与推测、缩小讨论范围、适当中止叙述等。回答这些问题，只需一两个词、字或一个简单的姿势，如点头或摇头等，简单、明了。但过多使用封闭式提问，会令幼儿处于被动的地位，压抑他自我表达的愿望与积极性，产生沉默和压抑感及被审讯的感觉。所以，采用封闭性提问要适度，并与开放性提问结合起来。

（三）善于运用鼓励和重复语句

就是对幼儿所说的话直接重复或仅用某些词语，如“嗯”“讲下去”“还有吗”等，来强化幼儿叙述的内容，并鼓励其进一步讲述。重复幼儿叙述中的某些话语或内容，是鼓励对方的一种主要方法。鼓励与重复能促进会谈继续，也能引导幼儿的谈话朝着一定方向深化。表面上看起来，这是一种很简单的技巧，然而这一简单的技巧使辅导员得以进入当事人的内心精神世界，展现出对幼儿的关注和理解。

（四）准确运用说明

说明又叫释义，就是辅导员把幼儿谈话内容及思想，加以综合整理后，用自己的语言反馈给幼儿。说明最好引用幼儿谈话中最有代表性、最敏感、最重要的词语。说明使得幼儿有机会再次剖析自己的困扰，重新组合那些零散的事件和关系，深化谈话的内容，更清晰准确地作出决定，也有助于辅导员确认一些关键的信息与线索，为会谈的深入打下坚实基础。

（五）有效运用情感反应

情感反应与说明十分接近，区别在于说明是对幼儿谈话内容的反馈，而情感反应则是对幼儿情绪情感反应的反馈，也就是辅导员把幼儿的情感反应进行综合整理后，再反馈给幼儿。如“你对此感到伤心”“这事让你很不愉快”等。情感反应最有效的方式是针对幼儿现时的情感，而不是过去的。如“你现在很痛苦”“你此时的心情比较好”。另外，在运用这一技术时，要及时准确地捕捉幼儿瞬间的情感体验，并及时给予反馈，使幼儿深切体验到被人理解的感觉，这时辅导就能朝着更深入的境界迈进。

（六）避免倾听时容易犯的错误

初学咨询与辅导的人，不愿意倾听，不重视倾听，喜欢不停地说，这是惯常的错误。除此之外，易犯的错误还有：急于下结论；轻视幼儿的问题，不认真听；干扰、转移、中断幼儿的话题；对幼儿话题做道德或是非的评判；不适当地运用参与技巧，如询问过多、概述过多等。

三、影响的技术

会谈时注意倾听的技术对帮助幼儿自我成长十分重要，但仅靠这一方面还不够，因为显得缓慢，缺乏主动性。咨询辅导员积极投身于会谈过程，主动采用影响对方的技术，那么幼儿的改变将会更快，更有效。咨询辅导员运用自身的知识、经验和能力来积极影响当事人并促其成熟，从辅导关系这一角度出发，这时的会谈就真正成为一种人际的相互作用、相互影响。影响的技术有指导、解释、忠告和提供信息、自我开放等。

（一）指导

指导就是直接指示幼儿做什么和说什么，或者如何说、如何做。指导被认为是最具影响力的辅导技术之一。指导的本质在于直接造成行为改变，它明白地指示学习什么、改变什么，以及如何改变、如何学习，所以指导有强烈的行为取向色彩。尽管一些学派不赞成用指导技术，但不同学派的咨询辅导者都或多或少地使用指导。指导方式有这几方面：其一是指导言语的改变，就是指导幼儿改变言语表达，如要求幼儿把“我应该”改为“我希望”；其二是给予特殊的建议和指导，如对考试焦虑的学生建议修改作息时间，每天坚持适量的娱乐和锻炼；其三是自由联想式指导，如对于一位有强迫观念的幼儿，指导他用自由联想的方式回想童年时的经历等；其四是角色指导，是采用角色扮演、角色替代等方法指导幼儿获得新的经验；其五是训练性指导，如松弛训练、脱敏训练、宣泄训练等。

（二）解释

解释是辅导员依据某一理论或个人经验，对幼儿的问题做出合理的说明和分析，使幼儿能够从一个新的角度来认识自己和自己的问题。解释是最重要的影响技术之一，使幼儿的世界观产生认知性的改变。解释有多种多样，来自各种不同的理论，或根据辅导者自身的经验、实践与观察。针对幼儿不同的问题，辅导者创造出各种不同的解释。应该说，解释是影响幼儿技术中最为复杂的一种，也是最有创新性的一种。运用解释时要注意三点：一要注意了解情况，准确地把握问题，根据幼儿特点因人而异，确定解释的理论和依据；二要注意解释不能强加于人，最好在幼儿有足够的思想准备时进行解释；三是解释不能过多，防止幼儿否认辅导员的参照体系。

（三）忠告和提供信息

对幼儿关心的问题提出建议和忠告，给予指导性和参考性的信息，能帮助幼儿思考问题，做出决策。在与幼儿面谈时，提供信息、提出建议、提出劝告都是必要的。但在使用这一技巧时，需注意三点：一要防止这一技术技巧给会谈带来潜在的危害，如幼儿对建议或忠告不以为然，这会妨碍辅导进行；二要注意建议和忠告的话语要含蓄而委婉，例如，“如果我是您，我可能会……”；三是提供的忠告和建议一般不宜太多，过多使用会失效。

（四）自我开放

自我开放也叫自我暴露、自我揭示等，是辅导员公开、开放、暴露自己的某些经历、经验思想、情感等，与幼儿共享。自我开放，有利于建立良好的辅导关系，为幼儿树立好的榜样，以达到影响对方的目的。自我开放有两种形式：一种是向幼儿表明在会谈时对幼儿言行问题的体验，如“我很高兴，你这么信任我”“我和你一样，感到失望”；另一种是告诉幼儿自己过去的有关经历和情绪体验，如“你说的这种情况，我过去也遇到过……”。自我开放需建立在一定的辅导关系之上，而且要适量。过多开放和暴露，就会挤占幼儿的时间，并可能超出其心理准备，认为辅导员心理也不太健康。另外，过度开放，可能给幼儿的心理带来负强化，增加消极影响。

（五）影响性概述

辅导员把自己所叙述的主题、观点、意见等，经过总结、概述后，以简明扼要的形式表达给幼儿，这就是影响性概述。当会谈的某一自然段落完成或一次会谈结束时，使用概述作为一个小结。影响性概述的作用之一是，使会谈富有条理，避免混乱；作用之二是，使双方有机会对刚才的谈话进行一番检查，强调某些重要内容，加深印象；作用之三是为下一步会谈的主题做好准备。运用概述时，要注意条理分明，重点突出，简明扼要，通俗易懂。

四、非言语技术

会谈并非只是说和听、问和答，人们不仅用口头语言说话，还要通过非言语的表情、声调、姿态、手势等进行交流。心理咨询与辅导是言语内容和非言语行为交互作用而达成的，许多时候，非言语行为所表达的信息比言语表达的信息更多、更准确、更真实。

（一）目光注视

在人的面部表情中，眼睛具有十分重要的意义，人们形象地称“眼睛为心灵的窗户”，可见它的意义所在。辅导员与幼儿在会谈时，常会有目光的接触。通常辅导员注视幼儿，表示对他的谈话感兴趣；当辅导员讲话时，与对方视线的接触会少些。一般讲话多的人比听话多的人更少注视对方，如果一方开始说话了，就会先把目光从对方身上移开；说话结束时，又会重新注视对方。视线的接触在会谈时因谈话的内容、气氛、场合、辅助关系等会有不同的反应和表现形式。辅导员应注意自己的目光。东张西望或者目光游移不定，就会妨碍幼儿继续表达。一般情况下，当你倾听对方叙述时，可直接注视着对方的双眼，目光注视的范围以人的面庞为宜。另外，不要总是注视对方。如发现对方有意避开目光接触时，就不要紧盯着对方。

（二）形体动作

人的姿态、手势的运动是极为丰富的，是一种特殊的身体语言。作为辅导员，在幼儿面前，总的原则应是使自己的身体语言融入辅导过程中，以有利于咨询与辅导。比如，会谈时，辅助一些手势能加强言语表达的含义，但会谈不是讲课和演讲，手的动作不宜过大，也不要对幼儿指指点点。另外，在倾听幼儿谈话时，要使自己面对对方，身体稍微倾向幼儿，并用点头示意等表示对对方的注意和肯定。在幼儿面前不必正襟危坐，但也应注意姿态端正，不宜过于随便，身体既要真正表现出自在自如，又要表现出对对方的真切关注。

（三）声音特征

声音特征指说话的音量、音调、语速、语气和节奏等。这些特征的变化，对辅导关系的建立和辅导的效果会产生影响。幼儿在听辅导员讲话时，从声调、语气中，感受到某种情绪和态度，由此诱发出幼儿自身的态度和感情。辅导员说话的声音不要太大，以等于或低于幼儿音量为宜；语速应稍缓，尤其是幼儿激动时语速加快，辅导员的语速应更缓慢，以平和的态度对待幼儿；语调要有些抑扬顿挫，不要太平淡单调；注意使用停顿，以引起幼儿重视，集中注意力，产生领悟和思考等。

（四）距离和角度

会谈时，与幼儿的空间距离和相对角度，也是一种重要的非言语行为。每个人都有一个无形的空间，以保持自己的独立、安全和隐私的需要。辅导中，双方相距太远会使对方产生冷漠、疏远、孤独的感觉；相距太近，又会使对方局促不安。双方距离的适宜性，应视具体情况而定。例如，室内和室外、同性和异性等，就有区别。距离的远近，应以幼儿觉得合适为宜。关于双方位置的角度以互成直角较好，因为完全正面相对，使人产生无法回避的感觉，易导致局促不安。直角使人既可以相向，又可以侧身，能保持视线既不长久对视，又可随时接触，使人感到轻松。

（五）沉默

会谈出现沉默时，辅导员应迅速判断和分析沉默的形式：创造性沉默、自发性沉默和冲突性沉默，同时，还要分析沉默是来自辅导员还是幼儿。在这些问题比较清楚时，应对沉默就会自如了。当幼儿陷入长久的沉默，辅导员适时地问“能告诉我你在想什么吗？”。如果幼儿由于思考而沉默时，辅导员以微笑、目光、微微点头表示自己的关注、理解和鼓励，以等待对方打破沉默。若幼儿沉默时间过久，辅导员要关切地询问以提示对方。总之，沉默并不可怕，表面上看，它可能是辅导中出现的危机，也可能是一种巨大的契机。辅导员对沉默现象应予以高度重视，仔细分析，把握机会，跟踪追击，往往就会有大的突破。

任务三 幼儿心理辅导的基本方法

一、强化法

（一）强化疗法的概念

强化疗法又称操作条件疗法，它是指系统地应用强化手段去增进某些适应性行为，以减弱或消除某些不适应行为的心理治疗方法。强化是指通过施加或呈现一定刺激来加强对某种行为的刺激。如一个小女孩在公开场合唱歌，观众的掌声和赞扬声激发她唱得更欢；一个小孩因撒谎而遭其家长训斥或挨打，使他不敢再撒谎了，这些都是强化的结果。

强化疗法是建立在操作学习理论的基础之上的。操作学习理论认为，个体活动的结果会影响其行为在以后发生的概率。如果行为的结果是积极的——个体获得奖励，那么就会形成条件反射，这种行为在以后还会发生；如果行为的结果是消极的——个体受到惩罚，那么就只会产生消退作用，个人在以后就不会再出现这种行为。因此，施治者通过“操作”这种关系，以达到改变求治者行为的目的。

（二）强化的类型

强化的四种类型见表 6-2。

表 6-2　强化的四种类型

类型	内容
正强化	给予一种好刺激。为了建立一种适应性的行为模式，运用奖励的方式，使这种行为模式重复出现，并保持下来。
负强化	去掉一种坏刺激。为引发所希望的行为的出现而设立。例如，一位幼儿有吸吮手指头的习惯，这种行为一出现就受到指责，但一旦他不再吸吮手指了，就应立即停止对他的指责。
正惩罚	施加一种坏刺激。这是当不适当的行为出现时给予处罚的一种方法。往往是给对方一种使之感到不快的刺激。如随地吐痰，当即罚款。在实行这种惩罚方式时必须注意，意义要明确，时间要适当。
负惩罚	去掉一种好刺激。这种比之正惩罚更为常用。当不适当的行为出现时，不再给予原有的奖励。如小孩放学回家在路上贪玩，回家较迟，则取消他当日看卡通片的“权利”。强化疗法有三个作用：增加适应性行为，提高期望行为发生的可能性，降低过剩行为。

（三）强化疗法的具体实施方法

1. 行为塑造技术

行为塑造是通过强化手段，矫正人的行为，使之逐步接近某种适应性行为模式的强化治疗技术。在行为塑造过程中，多采用正强化的手段，一旦所需的行为出现，就立即给予强化。这是行为疗法中最常用的技术之一。行为塑造技术用于许多行为领域。例如，学生学习社交行为和运动行为，尤其在用于单一行为方式的建立时，则更为有效。

使用行为塑造技术时还要注意以下问题。

可利用的反应类型和持续时间等变量，即观察需要帮助的对象，弄清他经常有什么反应，其前因和后果是什么。

根据观察到的资料，考虑一下需要塑造的最终行为目标，是否能从幼儿现有的行为反应中衍生出来。如果可行，便要考虑朝向最终目标的第一步应该是什么。假如要塑造幼儿的利他行为，最终使幼儿学会关心他人，第一步应做到的是，当幼儿吃他喜欢的东西时，先询问大人要不要吃；第二步做到，真的将东西给大人吃；第三步再扩展到邻居的幼儿。如此下去，才能一步步接近并达到期望的行为目标。

确定达到第一步的评估标准。在确定标准时，将行为反应分为两类：通过的行为和没有通过的行为。若幼儿在第一步时询问了大人，虽然没真的把糖果给大人，也达到了第一步标准，应予以表扬。在第二步时，若他只是问了父母、爷爷奶奶要不要，没真的给时，不要再表扬他。只有他在真的把糖果给大人吃了时，才给予表扬。

改变环境条件，提高幼儿有表现被期望的反应的最大可能性。如果被期望的反应涉及其他人员，在进行行为塑造时应该有他们在场。如上述，幼儿在第三步时，应在幼儿拥有吃或推的东西时，鼓励他参与户外活动，并取得邻里幼儿的配合。

强化那些通过标准的行为反应，不强化那些没有通过标准的行为反应；使用的强化物，对幼儿而言，应该是最强有力的。

不断地改变中间过程的行为目标，使其接近最终的行为目标。如果一个中间行为目标经过反复强化，总也不能通过标准，就应考虑适当降低或修改这个中间行为目标。假如上述幼儿的第四个标准是主动给陌生人以各种帮助，幼儿在经过多次强化后仍不能达到，就将此标准降低为，当陌生人提出要求时，希望他给予帮助。

在行为塑造过程中，应重视使用言语、体态和手势进行指导，以加速学习的进程。

2. 渐隐技术

在瞬息万变的环境中，个体要想适当地调整自己的行为，就需要迅速而准确地抓住那些在此时此刻什么是适当行为的环境线索。例如，看见十字路口的红灯，则停止前进；听见国歌，应起立行注目礼；走进图书馆，应压低话音；见门关着，进之前得敲门等。在社交场合中，更有许多约定俗成的微妙线索指示着我们行动，对年长的、年幼的、同性的、异性的、朋友、领导及陌生人，都要求采用不同的交往方式。有些人由于不能准确抓住这些线索，产生刺激识别缺陷，最终导致行为障碍，或做出了与环境不相适应的举止，或对错误信息线索做出了反应。渐隐技术就是通过利用明显刺激（线索）改变非适应性行为，建立新的适应性行为的方法。

渐隐技术先利用明显线索，帮助形成正确的反应，然后逐渐消退这些线索，使它们达到与自然环境相同的水平，再让行为者利用这些自然线索，做出正确的反应。例如，一个初学钢琴的人在琴键上写上 1，2，3，4 等阿拉伯数字，以帮助他击键正确。在练习过程中，由于手指不断敲击琴键，键上的数字便会慢慢褪去。但由于学习者在练习中熟悉了琴键的位置，数字也就不再需要了，即线索隐去了，但行为仍保留着。

【案例练习】

浩宁是这个学期新来的小朋友，今年四岁了，是一个聪明的孩子，开学时，他的妈妈向老师抱怨，说浩宁淘气、任性，不听话，想要的东西哭闹着要，不到手不罢休；经常和大人“闹独立”，总是力图摆脱大人的约束，抗拒、不服从大人管教。你让他去做的事，他偏不去做；你不让他去做的事，他偏去做，或者表面上答应、内心不服；当大人不在旁边时，就由着自己的性子来。浩宁的妈妈担心，浩宁如此任性，将会严重影响其个人健康成长。可是不知采取什么方法去引导他，让他改掉身上的坏习惯。请结合幼儿心理辅导的相关理论，分析浩宁形成此问题的原因和解决措施。

二、惩罚法

（一）惩罚法的基本概念

惩罚法是依据条件反射原理发展而来的一种行为矫正方法。心理学上，惩罚是指当行为者在一定情景或刺激下产生某一行为后，若及时使之承受厌恶刺激（又叫惩罚物）或撤销正在享用的正强化物，那么其以后在类似情景或刺激下该行为的发生频率就会降低。

根据这一含义，惩罚分为谴责、隔离和体罚三种类型。当学生发生了某一不良行为时，老师常用的方式就是以责备的目光、否定的语言或警告的语句（批评、呵斥等）加以制止，这就是谴责。对于一般的学生犯了错误，通过这一环节的教育，即可使其改正错误。隔离是指谴责无效时暂时剥夺其某项权利（如终止其正进行的活动、关禁闭等）以阻止或消除不良行为。体罚则是施以一种厌恶刺激，包括能激活痛觉感受器的疼痛刺激或使其他感受器产生不舒适感的刺激，如鞭打、电击等，不到万不得已不可用。

惩罚法在控制和消除不良行为方面作用很显著，确实可起到“立竿见影”的效果。因此，在社会方方面面的管理中用得很普遍。但它有许多潜在的缺点和副作用，尤其在对未成年人的教育中，惩罚法的副作用更大。

（二）正惩罚的基本概述

1. 正惩罚的概念

正惩罚是指当幼儿出现不适宜的行为时，家长施加一种坏的刺激，给予幼儿处罚的一种方法。通常惩罚采用的刺激都是幼儿极力避免的刺激，这种刺激一般会令幼儿感到不快，从而使得幼儿改变自己的不适宜行为。

2. 正惩罚的意义

如果要想使一个经常说谎的幼儿慢慢改正他的这一行为，就要在其说谎时，给予严厉的惩罚。使他对说谎这一行为望而生畏，渐渐降低说谎行为的频率，直到消失。另外，对于随地吐痰的人，立即罚款也是惩罚的一个生动的例子。但是这种惩罚必须注意，惩罚的是什么，意义要明确，时间要适当，强度要合适，要记得过犹不及的道理。

（三）负惩罚的基本概述

1. 负惩罚的概念

负惩罚是指幼儿出现不适宜行为时，去掉一种好的刺激，即不给予原有的奖励，以减少幼儿不适宜行为的出现概率。

2. 负惩罚的意义

负惩罚是指去掉一种好的刺激，这种惩罚比正惩罚更为常用。所谓去掉一种好的刺激，就是指当不适当的行为出现时，不再给予其原有的奖励。

（四）惩罚法的运用原则

1. 选择的被惩罚行为，应是具体的不良行为

如某学生课堂上做小动作、发怪声、抄作业和同桌打闹等，这些都是具体的不良行为，老师应针对性地进行教育，不可全盘否定学生的表现或他本人。

2. 选择好惩罚物

对老师而言，要管理好几十名学生很不容易。每个学生有不同的性格特点和喜怒哀乐。有的学生做了错事，老师只要瞪几眼，就可令其改正错误。而有的学生，特别是调皮的男生，对一般的批评根本不当回事儿，这就要选择适合这一类学生的惩罚物。如果不了解学生，不问青红皂白地采用“一刀切”的方法，或许会造成不良后果。

3. 惩罚必须及时

惩罚必须在不良行为发生后立刻进行。如果惩罚和不良行为间隔的时间太长，行为者可能会对惩罚感到莫名其妙或因在这段延缓时间中行为者已做过不少其他的事甚至是好事，这时再惩罚会减弱或失去矫正行为的价值，同时引起行为者的抱怨和委屈。所以，教育要及时，不翻旧账，不算总账。

4. 惩罚时必须保持平静

惩罚是件不愉快的事，不仅被惩罚者感到痛苦、焦虑，施行惩罚者也易产生激动情绪。而情绪的激动和极度的愤怒可能会加重惩罚的强度。因此，教育工作者要时刻提醒自己以清醒的头脑、平静的态度对幼儿进行教育，以免幼儿因情绪激动而造成危害。

5. 惩罚应基于爱和尊重

态度和蔼、满怀真情地实施惩罚效果最佳。同样的错误，行为者最亲密的人或最尊重的老师给予批评指正，行为者往往心悦诚服。而其他人若对其批评就可能引发冲突。常听到这样的说法：老师惩罚学生也是为学生好，那是恨铁不成钢。这里就存在一个问题，就是老师使用惩罚时如何让学生认为老师是出于爱心的。如果教育者与被教育者之间心灵无法沟通，惩罚法不可使用。

此外，惩罚法可以与其他行为矫正方法（如正强化、负强化法、消退法、认知疗法等）结合起来综合运用。

【案例练习】

请结合相关理论，思考“幼儿爱撒谎”的解决措施，并进行情景模拟演练，总结出相关措施的详细过程。

三、消退法

（一）概述

消退法指的是通过撤销促使某些不良行为的强化因素，从而减少这些行为发生的行为矫正方法。简单地说，就是我们对不良行为不予关注，不予理睬，那么，这种行为发生的频率就会下降，甚至消失。

在幼儿常规教育中的消退法，就是指撤销促使幼儿做出某些不符合常规的行为的强化因素，从而减少这些行为发生次数的教育方法。例如，一个备受宠爱的幼儿乱发脾气，啼哭不休，其目的就是想引起成人的注意，以满足某种不合理的欲望。如果成人对这种行为坚决不予理睬，并排除其他人对幼儿的注意，幼儿乱发脾气的坏行为就能完全停止，其过分的要求也因得不到强化而消退。这种有意漠视、不理睬幼儿的不当行为的方法，就是消退法。当幼儿的任何一个行为一连发生多次，都未能带来满意的结果、无法获得想要的强化物时，其行为发生强度会逐渐减弱，最后等于零，不再发生。

（二）注意要点

运用消退法，以减少幼儿特定的不良行为时，要注意以下几点。

1. 了解消退法的适用范围

研究表明，只有当幼儿违反常规的行为主要是为了获得老师的注意或关注时，才可用消退法处理。比如，幼儿的攻击、破坏、说谎、过度反抗、任性、过度活动、不自主排便、厌食、拒绝午睡、在教育活动中打小报告、做鬼脸、用方言与老师讲话、不举手就回答问题等违反常规的行为，均可运用消退法矫正。而那些能够自行满足幼儿需要的行为（如贪食、迷恋电视等）和对幼儿的身体可能有损伤的行为（如打架），则不适合用消退法。

2. 注意防止消退幼儿的良好行为

当幼儿表现出良好的行为时，如果老师不予理睬，这种行为就可能消失。例如，午睡时间到了，亚琴便找到方老师说："方老师，午安！"而方老师正因为一个小朋友不肯上床睡觉而闷闷不乐，没有回应亚琴，亚琴就不知所措地站在那儿。第二天，午睡时间到了，亚琴又去对方老师说："方老师，午安！"结果方老师仍没有回应。从此以后，亚琴再也不对方老师说"午安"了。幼儿的良好表现不应受到冷落，更不应受到打击。作为一位负责任的老师，一定要对幼儿的良好表现给予充分的关注和热情的回应。否则，幼儿的良好行为就可能消失，甚至还会由此而产生其他心理方面的障碍。

3. 消退与表扬、奖励相结合

在消退不良行为的同时，如能对良好行为进行强化，或许会取得较好的消退效果。例如，小玲在幼儿园里上中班，她有个毛病，就是爱哭，小朋友们给她起了个外号叫"爱哭鬼"。她一哭起来，无论老师怎样哄、怎样安慰，都没有用。后来，当她哭闹的时候，黎老师就带领其他小朋友离开她。等她不哭了，老师再走过去注意她并夸奖她。就这样，没过多少天，小玲就变得不爱哭了，小朋友们也不再叫她的外号了。

4. 坚持一致性原则

在幼儿园实施消退法时，也要让父母参与，做到家园一致，千万不要幼儿园在消退，家里却在强化。例如，幼儿园老师想方设法使幼儿养成独立睡觉的习惯，而回到家里父母却天天陪着幼儿睡觉，白白费了老师的一片苦心，其结果可想而知。另外，在实施过程中还要保持前后一致性，不可一时不予理睬，一时又给予关注，这样，就会前功尽弃。

运用消退法矫正幼儿的不良行为一定要有坚持性，因为在开始时，情况可能会更糟，即出现消退爆发现象。比如，幼儿的哭闹会更强烈，但这样也要坚持下去。只要坚持下去，一段时间后，幼儿的不良行为就会消除。

【案例练习】

请结合相关理论，思考"针对特别爱告状的幼儿"的措施，并进行情景模拟演练，总结出相关措施的详细过程。

四、代币法

（一）代币法的概念

代币法是行为疗法中运用最广泛的方法之一，也称表征性奖励制。用奖励强化所期望的行为，用惩罚消除不良行为。代币法就是运用代币并编制一套相应的激励系统来对符合要求的目标行为的表现进行肯定和奖励。代币起着象征的作用，只是一个符号，如小红花、积分卡等，可依据情况灵活运用。

（二）代币法的主要原理

1.“刺激－反应”关系

条件反射的形成和建立，就是条件刺激取代无条件刺激，形成特定的“刺激－反应”关系的获得过程。在斯金纳的操作性条件反射中，控制变量是实验者所设定和控制的实验变量，即第三变量。在斯金纳操作箱里，只要老鼠“压杠杆”（第三变量），就能取得“食物”，而在我们日常生活中，也是将这第三变量与我们的目标行为联系在一起。

2. 强化

这里的强化主要是指阳性强化，也就是鼓励法。强化是指使一个人积极寻求目标行为或活动的原因。每次完成所指定的行为或没有发生规定禁止的行为，就得到相应的奖励。

3. 行为自控

人可以调控自己的行为，不一定被外界左右。一个人的认知会有相应的行为反应。因此心理学家认为，个体既能通过社会学习形成不良行为，也可以通过社会学习形成良好行为。人的主观能动性起了很大的作用。

4. 消退训练

根据条件反射的原理，当某种行为没有得到强化或不被引起重视时，行为就会消退。这种强化是指没有过多地受到重视和批评。如幼儿在调皮捣蛋，若没有受到老师的过多批评和注意，行为就可能会消退。

代币法是结合奖励法、行为塑造法、行为契约法、自我调控于一体的方法，循序渐进，对于提高一个人持之以恒的能力和对某方面的兴趣产生很大的帮助。在共同协商下，制订了行为契约，只有严格按照契约上的规定来执行，在幼儿的自我调控下，才能塑造新的行为，从而得到奖励。这种奖励又继而对行为的改变以及自身的意志力进行强化，从而最终得到目标行为。

（三）代币法的作用

1. 使用代币法，促使某种行为的增强

个人由于种种原因，虽然知道某些事情是必须去完成的，也能明白去完成这项任务的重要性。也许这件事情会伴随自己的学习生涯甚至是一辈子，但每次逼迫着自己去经历这件事情的时候，总有一种厌恶感与反感，并觉得非常疲倦，不一会儿就会去做自己喜欢做的事情去了。此时，可以使用代币法。在一定的自我调控后，预期的行为出现时，给予原先已经规定好了的奖励。因此，这种强化会与事情本身产生联系，从而提高其对事情的兴趣，也锻炼了意志力。最终目的是从外部奖励转化到内部动力。

2. 使用代币法，使某种行为减少或消退

在日常生活中，个人往往会有很多坏习惯的出现。这些习惯都是长期以来慢慢形成的，有些习惯已经根深蒂固，不容易改变，而有些已经在内心里有上瘾的倾向。因此，几次尝试努力去改变，也总会反反复复，这样就会对自己失去信心。使用代币法，寻找出个人比较喜爱的事物，或是生活中必不可少的事情作为代币兑现的内容，从而逐渐减少不良行为的次数甚至消退。

（四）代币法的使用原则

在运用代币奖励时，需要注意以下原则。

1. 民主与适度相结合原则

当幼儿做出一定的行为或付出一定的努力后，家长应给予一定代币作为奖励。这里幼儿行为的难易程度必须与获得代币的数量相当，难度大的目标行为应多给予一些代币，难度低的行为给予较少的代币。行为的难易程度及获得代币的多少，应由家长与幼儿共同商议确定，家长应充分听取幼儿的意见。考虑到幼儿的具体情况，但同时也不要完全听从幼儿的意见，要有适当的原则，要告诉幼儿一定的行为只能获得相应代币的原因，并得到幼儿的认可。如果幼儿没有完成规定的任务或行为时，减少代币的数量以及扣除一定量的代币作为惩罚。惩罚的程度家长，也应与幼儿共同商议决定。

2. 过程与结果相结合原则

家长在奖励的过程中，把握好方向性和教育性是极为重要的。要让幼儿明白对他的奖励绝不是他做的事情本身，而是奖励他做事情时表现出来的态度和思想品质，应让幼儿明白奖励的意义。奖励的教育性是通过奖励使幼儿有光荣的感受，有幸福的体验，从而增强幼儿的自尊心和自信心。强调奖励的过程，而不是结果，让幼儿明白为什么得到奖励。当幼儿完成了既定的行为或任务后，家长不要简单地给予代币，应明确地指出在此次的活动中幼儿的学习态度如何、认真程度如何，以及其他的一些具体的表现如何，让幼儿明确地知道得到奖励的原因，同时还有哪些做得不好的地方。

3. 奖励与惩罚相结合原则

在幼儿没有完成既定的任务和行为时，应根据事先商议的原则给予适当的惩罚，即减少代币数量甚至是扣除一定量的代币。正面的奖励能鼓励幼儿的良好行为，同样负面的惩罚也能让幼儿意识到行为的不良后果，让幼儿为自己的行为承担一定的责任，付出相应的代价，从而达到纠正其不良行为的效果。如果害怕挫伤幼儿的自信心，只是一味满足幼儿的愿望，无论错误程度如何，每次都给予一定量的奖励时，幼儿就认为奖励是他的行为应得的回报，对行为中出现的不足可以忽略不计，使幼儿过分追求形式上的代币，而忽略了对行为本身的约束，这样就失去了代币的真正意义。

4. 规定与变通相结合原则

家长在实行代币奖励的过程中还应注意变通，针对幼儿的一些原则之外的良好行为，也应及时给予肯定和奖励，要看到幼儿行为背后的真正原因和目的。如果一味地追求是否达到了要求，那么奖励就变得无效，造成幼儿一些良好的品质和行为不能及时强化，反而将注意力集中在事先约定好的行为结果上。

运用代币的原因是为了培养幼儿的良好行为习惯，但不是为了行为的结果而奖励。因此，家长应针对幼儿的具体情况进行变通。不要让幼儿认为只有完全达到了父母的要求才能获得代币，只注重行为的结果而非行为的过程和习惯的养成，那么长此以往，行为就只是为了获得代币而做，不能达到奖励的初衷。

（五）代币法要采取的注意措施

1. 与幼儿协商，制定代币系统

（1）细化目标行为

在制定代币系统之前，应要明确所希望产生的目标行为，也称为靶行为。但最重要的是在这个靶行为下，应该要将其细化，而不能笼统地说，坏习惯改掉了或者每天学英语就得到什么相应的物质奖励。就比如，学生经常受到某种刺激而要好好学习，但坚持不了几天，就是因为没有详细规定自己每天应该做什么。

（2）寻找幼儿生活爱好，灵活运用，确定交换系统

所制定的交换系统必定是能反映幼儿日常生活中不可缺少的事物，或者幼儿希望得以实现的事情。也就是说，所规定的代币系统必须对幼儿有吸引力，使幼儿能够为了实现愿望而不断努力。但随着代币值的升高，所交换的物品在幼儿心目中的地位也逐渐升高，幼儿选择用少的代币获取想要的物品；也可以将其积累，以获取自己很想得到的物品。但要避免交换的物品诱惑力过大，以免为将来将行为过渡到自然情境提高难度。有些幼儿可能会为找不到自己的爱好而苦恼，偏好问卷可以帮助幼儿识别自己的爱好和喜爱的活动。在确定代币过程中，可以将强化物分为物质的、想象的、言语的角度，而不是仅限于物质方面。例如，对想要减肥的人而言，通过想象减肥后的身材来做奖赏，或者想象自己减肥后在沙滩上尽情享受阳光来做奖赏。

2. 与幼儿达成约定，督促其行为

在实施代币制过程中，幼儿往往会缺乏毅力，或认为这只是人为的游戏而不会认真对待。因此，要让幼儿明确代币的意义，要得到必须有付出。寻找幼儿身边能代为监督的对象，能提高幼儿实现目标行为的概率，在日常生活中起着监督的作用，并记录幼儿所取得的代币与交换后所剩余的代币。在社会监督下，幼儿也会遵循代币交换系统，但所找的监督对象必须是自己身边的朋友或父母，且能严格要求，督促幼儿行为。

【案例练习】

请结合相关理论，思考“幼儿在上课时总是坐不住，自己跑到教室外面”的措施。并进行情景模拟演练，总结出相关措施的详细过程。

五、行为塑造法

（一）行为塑造法的基本概述

行为塑造法是根据斯金纳的操作条件反射研究结果而设计的培育和养成新反应或行为形

式的一项行为治疗技术，是操作条件作用法强化原则的有力应用之一。许多人从电视上看过动物表演，许多动物的精湛表演令人惊叹不已。例如，海豚钻火圈；鸽子会按观众的要求啄击写有相应文字的木牌；黑猩猩能在电子计算机的面板上回答提问者提出的简单问题，并能用聋哑人的手势语表达自己的要求、判断和情绪体验等。这些复杂的行为反应并不能表明这些动物真正懂得人的语言，更不意味着这些动物生来就有或在其生活中自然形成，而是在特殊环境中经过人的精心训练而习得的。训练这些动物所采用的基本方法便是行为塑造法，或称作“连续逼近法”。

（二）塑造依据

人类具有比动物更强的学习能力。就人类的学习能力而言，许多新行为甚至无须通过复杂的行为塑造过程即可直接掌握。然而具有高度的学习能力，不等于就一定能掌握新的行为形式。关于人类学习的许多研究表明，学习的效果是受许多因素影响的。例如，动机便是一个很重要的因素。即使一个人具有学习能力和适当的动机，也不是想学什么就能学会什么。掌握新的行为形式还需要一定的客观条件，何况人的许多新行为形式的建立往往意味着必须破除旧有的、习惯的行为形式。一个人的习惯行为，作为他的生活方式或风格的一个组成部分，是在长期的生活中逐渐形成的。因此，不良的习惯行为是不容易一下子消除的；新的健康的行为形式也不可能在一夜之间形成，更不可能一经出现便巩固下来，成为个体生活风格的一部分。在临床上，病人的新的健康行为必须在逐渐摆脱不健康行为（疾病行为）的同时，一步步地加以培育和巩固。这就需要采取许多措施以促进这一过程，行为塑造法便是其中的一项重要措施。

（三）行为塑造法的措施

1. 物化奖励

在行为塑造的过程中，非常重要的是选好强化物，才能真正对求助者起到强化作用，促进最终目标的实现。在强化物的选择上既有有形的强化物，也有无形的强化物。所以针对不同的个体给予适当的物化奖励，是决定新行为是否能产生的关键环节。

2. 积极参与

行为塑造法的应用不仅要求病人的积极参与，而且也需要所有有关医务人员和病人家属的密切配合。只有这样，才能使病人的接近或朝着最终目标的变化能得到及时而又适当的强化，并使病人的行为愈来愈逼近最终的目标。关于人和动物的实验研究表明，那些被部分强化的行为比连续得到强化的行为更难以消退。另外，也需要注意避免强化原则的无意误用。

3. 强化原则

行为塑造法主要涉及强化原则的应用，强化原则在新行为习惯的培育中的作用是肯定的。有时候，治疗者可能希望也同时采用惩罚的方法，处理病人在新行为塑造中出现的退步。如果用得适当，这也未尝不可。例如，让病人想象自己臃肿笨拙的样子或并发心脏病将造成的恶果。这样做时，要注意同时给病人以鼓励，防止一退再退。许多研究表明，对于消除病人的不良行为或退步，惩罚的效果是不肯定的。

【案例练习】

请结合相关理论，思考“幼儿不会穿/脱裤子”的解决措施，并进行情景模拟演练，总结出相关措施的详细过程。

六、榜样示范法

（一）榜样示范法的概念

通过呈现学习榜样，促使学生向榜样学习。如通过播放感动中国十大人物的事迹，激起学生对榜样的敬慕之情，进而向榜样学习，做出良好的行为。

把抽象的道德规范和高深的政治思想原理具体化、人格化，以生动具体的典型形象影响学生心理，使教育有很强的吸引力、说服力和感染力。榜样是无声的语言，而这种无声的语言往往比有声的语言更有力量。幼儿学生的可塑性大，模仿性强，有了生动具体的形象作为榜样，便容易具体地领会道德标准和行为规范，容易受到感染，容易随着学、跟着走，这样就有助于他们养成良好的道德品质和行为习惯。

（二）榜样的种类

1. 伟人的典范

历史伟人、民族英雄、革命导师、著名的科学家等各方面杰出的人物是民族的代表、人类的精英，为千万人所瞩目。他们传奇的一生、伟大的思想、卓越的功绩、崇高的品德和光辉的形象对学生有极大的吸引力，容易激起对他们的敬仰之情，以他们为榜样，激励自己积极上进。

2. 老师的示范

老师肩负着培养幼儿的重任，其言行、举止、仪态、作风、为人处世和各方面的表现，都对学生起着示范作用，并产生潜移默化的深远影响。而学生又具有向师性的特点，很自然地将自己的老师作为效法的楷模。

3. 幼儿学生的样板

幼儿学生是正在发展和成长中的人，因此，幼儿学生的样板不可能很完美，也不可能表现得一直很稳定，但他们与全体学生朝夕相处，为大家所亲近和熟悉，容易引起大家的关注和学习。幼儿学生的样板并不是高不可攀，与一般学生相比，有很多相同点，使人感到更真实、更亲切，容易使榜样的力量得到更好的发挥。幼儿学生的样板易激起其他幼儿的上进心；促进幼儿互相学习、你追我赶、共同提高。老师应选择适当的幼儿学生的样板，改正其他幼儿的不良行为。

（三）榜样示范法的注意事项

为了充分有效地发挥榜样的教育作用，宜遵循以下要求。

1. 榜样必须真实可信

任何榜样都是社会集体中的成员，不可能尽善尽美。班主任在宣传榜样的事迹时，不能人为地夸大人物形象，要客观全面地展示其全部的成长过程，如实地反映其真正具有的高尚的思想品德。

2. 要帮助幼儿缩短角色距离

班主任要善于找到榜样和幼儿之间的联结点。要引导幼儿学习榜样的精神并将其转化为实际行动，而不是单纯地从形式上模仿。除此之外，为了缩短幼儿与榜样之间的心理距离，还要在幼儿身边寻找学习的榜样。学习榜样贵在启发自觉，绝不能依赖行政手段强制执行。

3. 要促使榜样成为幼儿自律的力量

榜样不能只是作为一种凌驾于常人之上的、外在的力量来规范人、约束人，榜样也是生活在现实生活条件下的活生生的人，不能把榜样与幼儿人为地隔离开来。因此，在学习榜样时，应着眼于把榜样从一种他律的力量转化为幼儿自律的力量，从外在的约束力转化为内在的动力。为此，班主任要善于激起幼儿对榜样的敬慕之情，还要经常组织幼儿讨论。

【案例练习】

请结合相关理论，思考“幼儿上学总爱迟到”的解决措施，并进行情景模拟演练，总结出相关措施的详细过程。

七、系统脱敏法

（一）系统脱敏法的概念

系统脱敏法又称交互抑制法，是由美国学者沃尔帕创立和发展的。系统脱敏法通过循序渐进的过程逐步消除焦虑、恐怖状态及其他恐惧反应。人不能同时既松弛又紧张，在松弛时本来可引起焦虑的刺激就会失去作用，即对此刺激脱敏了。系统脱敏法通过逐渐加强这种刺激并使之脱敏来解除人的焦虑。

系统脱敏法的基本原则是交互抑制，即在引发焦虑的刺激物出现的同时，让人做出抑制焦虑的反应，这种反应就会削弱、最终切断刺激物与焦虑反应间的联系。

系统脱敏法主要建立在经典条件反射和操作条件反射的基础上，它的治疗原理是对抗条件反射。恐怖症是由于外界刺激而引起的情绪紧张，这种刺激与紧张情绪形成条件反射。因而，患者一想到这只能够刺激情境，就会产生焦虑。通俗地说，通常是以“刺激－放松”反射为适应行为来取代求助者已经形成的“刺激－异常行为反应”反射，继而强化适应行为，再因泛化而使适应行为得到巩固，克服异常行为。

（二）系统脱敏法操作步骤

第一步，建立恐怖或焦虑的等级层次。建立恐怖或焦虑的等级层次，这是进行系统脱敏疗法的依据和主攻方向。

第二步，进行放松训练。放松训练一般需要 6 ～ 10 次练习，每次历时半小时，每天 1 ～ 2 次，以达到全身肌肉迅速进入松弛状态为合格。

第三步，要求幼儿在放松的情况下，按某一恐怖或焦虑的等级层次进行脱敏治疗。前两步也可作为作业由幼儿自己独自去做，但再次治疗时，施治者一定要认真检查，注意等级排列的情况。

【案例练习】

请结合相关理论，思考“幼儿外出惧怕陌生人”的解决措施，并进行情景模拟演练，总结出相关措施的详细过程。

【思考与练习】

1. 简述幼儿心理辅导的过程及各过程的注意事项。
2. 结合实例，简述幼儿心理辅导过程中倾听的技巧。
3. 结合实例，简述幼儿心理辅导的基本方法。

课后拓展活动记录表

班级		姓名		学号	
指导老师		活动时间		活动地点	
活动主题					
课后应用	将本模块所学知识应用在学习和生活中并进行简要记录。				
学习感想	结合教与学两方面，写写自己的心得，并提出自己的建议。（200 ~ 300 字）				
备注					

模块二　指导篇

项目八

幼儿一般行为问题及预防和矫正

◎只有受过一种合适的教育之后，人才能成为一个人。

——夸美纽斯

◎我以为好的先生不是教书，不是教学生，乃是教学生学。

——叶圣陶

【教学目标】

★ **素质目标**

以全面的眼光看待幼儿，以幼儿成长需要，解决其产生的问题。

★ **知识目标**

了解幼儿基本的行为问题和心理障碍的表现及产生的原因。

★ **能力目标**

掌握一般行为问题和心理障碍问题的措施。

【引言】

当前社会，发展迅速，幼儿的身心发展受到多方面的影响，这也导致幼儿的心理健康问题较以前更显著和突出。因此，要想顺利进行幼儿心理辅导工作，就必须科学全面地看待幼儿以及幼儿发展过程中产生的行为问题和心理障碍问题。要以多方视角深入了解其性质、类型、现状及成因，具体分析每种心理问题的表现、原因及预防与矫治策略等。只有这样，幼儿心理辅导工作才能顺利有效地进行，才能真正促进幼儿心理健康成长和发展。

【案例导入】

操场上，老师和小朋友们讨论晨间锻炼的规则，而弘弘的眼睛直勾勾地盯着“大球”。选择运动器械的音乐一响起，弘弘撒开腿，朝大球飞奔过去。这时，场地上的大球只剩下一个了，弘弘和新迪同时摸到这个大球。于是，两个人争抢起来。弘弘大喊：“是我先拿到的。”新迪说：“不对，你是跑过来的，是我先拿到的。”弘弘仍大叫：“我要玩。”老师对他们说：“你们俩商量一下，想个办法。否则，这样下去谁也玩不起来。”于是新迪用商量的口气对弘弘说：“我先玩，等会儿交换时再给你玩，好吗？”听了新迪的话，弘弘松开拿着大球的手，我以为他同意了新迪的方法，正想表扬他；没想到他猛地抓起新迪的胳膊，狠狠地咬了一口。新迪疼得立刻松开了手，哭了起来。弘弘见状，立即拿着大球玩了起来。

任务一 攻击性行为

一、攻击性行为的表现

攻击性行为是指以直接或间接的方式，有意通过攻击、威胁、辱骂等行为伤害他人的心理、肌体，引起他人痛苦、厌恶等反应的行为。

幼儿打人、骂人、故意损坏他人物品等，都属于攻击行为。幼儿的攻击性行为多见于男孩，学龄前幼儿发生率最高，学龄期逐渐减少；至青春期形成第二个高峰，青春期以后逐渐减少。幼儿攻击性行为主要有以下几类。

（一）取乐性攻击行为

取乐性攻击行为主要指的是以言语、身体或工具直接或间接地向他人施以攻击，以取得心理快乐、精神愉悦。虽然这种攻击性行为的动机仅仅是为了取乐，但结果会给他人的心理、精神、肉体增加痛苦。比如，有的幼儿抓住他人生理上的缺陷，施以攻击；看见其他幼儿戴眼镜，就称其为“四只眼”等。这样的行为给他人增加了心理痛苦，如不加以控制，任其发展，有可能导致严重后果。

（二）习惯性攻击行为

个别幼儿由于多次发生攻击性行为而又没有得到有效控制，因而养成某种习惯，频频发生，成为习惯性攻击行为。这种行为的动机或意图往往是不明确的，情绪低落、心情不愉快时可能发生，情绪高涨、精神亢奋时也可能发生，其表现形式是多种多样的。

（三）迁怒性攻击行为

有的幼儿犯错了，却误以为是老师和家长有意与自己过不去，就会将心中的怒气发泄到其他对象身上，从而产生迁怒性攻击行为。

（四）报复性攻击行为

有些幼儿受了气或吃了亏，采取“以眼还眼，以牙还牙”的方法，向对方施以更加严厉的报复，从而引发报复性攻击行为，这种行为的动机就是报复。

（五）模仿性攻击行为

模仿别人的攻击性行为向他人施以攻击，称为模仿性攻击行为。在幼儿学生中，最主要的模仿对象是电视、电影等媒体中的暴力行为和攻击性行为。

二、攻击性行为产生的原因

（一）生物学因素

生物学因素为幼儿攻击行为的产生提供了重要的生物学前提。有学者认为，攻击行为是人类思维的一种特殊形式，是在大脑两半球处于非均衡和变异状态下所产生的行为。研究表明，频发攻击行为的幼儿，其大脑两半球的均衡性发展较正常幼儿低，且左半球抗干扰能力较差，右半球完形认知能力较差。另外，男女之间攻击行为的显著差异，在很大程度上受性激素水平差异的影响。高水平的男性荷尔蒙和睾丸激素与攻击行为存在高度相关性，这部分地解释了为什么通常情况下，男孩比女孩更具有攻击性。一般而言，激素水平高的男孩比激素水平低的男孩更具有攻击性。

（二）社会环境因素

学前教育机构、同伴群体及大众传媒等社会环境因素，对幼儿攻击行为的发生，也存在着不容忽视的影响。家庭在幼儿行为社会化的过程中起着关键作用。研究表明，缺乏温暖的家庭、不良的家庭管教方式及对幼儿缺乏明确的行为指导和活动监督，都可能造成幼儿的高攻击性。学前教育机构在幼儿行为社会化的过程中起着主导作用。不同学前教育机构的准则和氛围会不同程度地影响幼儿的攻击行为，老师对幼儿攻击行为的态度和处理方式对幼儿的攻击行为产生重要影响。同伴群体也是影响幼儿攻击行为的重要因素。同伴群体的感染作用、去个性化作用等，会导致幼儿相互模仿，减少攻击他人产生的负罪感，从而增加幼儿的攻击性。除此之外，大众传媒中的暴力传播会负面地增加幼儿的攻击性。当今，部分影视作品中含有大量暴力情节且对相关情节的描述越来越细致，幼儿模仿影视情节的犯罪时有发生。可见，传媒中的暴力渲染也是导致幼儿攻击性增加的一个重要因素。

（三）人格特点因素

幼儿的攻击行为与幼儿个体的某种人格结构的稳定性有关。首先，有攻击行为倾向的幼儿有一定的急躁易怒的情绪特点与攻击行为模式。其次，幼儿的社交技能水平也对其攻击行为产生着影响。研究发现，与受欢迎的幼儿相比，攻击性强的幼儿对冲突性社会情境的解决办法较少，并且其解决争端的办法往往比攻击性较弱幼儿所提出的办法效果更差。最后，幼儿个体固有的经验也影响其攻击行为的产生。社会学习理论认为，幼儿遭受身体虐待与以后的攻击行为发展之间存在着逻辑理论关系，即身体遭虐待的经历教会幼儿攻击行为，并且使幼儿把攻击行为作为亲密关系的一种规范。

三、攻击性行为的预防和矫正

（一）及时干预

心理学家班杜拉的社会学习理论认为，攻击行为是习得的，但也可以通过学习过程予以消除。幼儿的攻击行为如果得不到及时干预，幼儿在偶尔几次攻击他人并成功后，会逐渐变得专横起来，其攻击行为会日趋严重。因此，在幼儿攻击行为发生后，家长和老师应该及时干预，对其耐心地进行说服教育，使其意识到攻击行为不恰当，对行为规则有清晰准确的认识。对于那些产生了严重攻击行为的幼儿，应给予适当惩罚，不能迁就。

（二）鼓励亲社会行为

幼儿的亲社会行为是在家长、老师和同伴的教育影响下，通过模仿、认同、内化等心理机制，在个体社会化的过程中逐渐形成的。鼓励幼儿的亲社会行为是从积极的角度防范和矫治幼儿攻击行为的有效办法。在一项研究中，心理学家让学前教育机构的老师对幼儿的一般性攻击行为有意予以忽略和不加惩罚，只奖励那些分享玩具、合作游戏等亲社会行为。两周之后，这种方法有效地减少了幼儿的攻击行为，几周后的继续实施，又进一步降低了攻击行为发生的频率。由此可见，鼓励亲社会行为是对幼儿适当行为的正强化，从另一面防范和矫治了其不适当的攻击行为。

（三）发展情绪智力

情绪智力是指个体识别与理解自己和他人的情绪状态，并利用这些信息来解决问题和调节行为的能力。研究发现，情绪智力与攻击行为之间存在负相关，即情绪智力越高，攻击性越低。情绪智力高的幼儿能够更加深刻地意识到自己和他人的情绪和情感，自我内部体验的积极方面和消极方面更加开放。这种意识促使他们能对自己和他人的情绪做出积极的调控，从而维持自己良好的身心状态，与他人保持和谐的人际关系。在学前期就开始注重对幼儿情绪智力的培养，能帮助幼儿学会准确识别、评价与表达自己和他人的情绪，适应性地调节和控制自己的情绪，并恰当利用情绪信息，有计划、创造性地激励积极行为，减少攻击行为的发生。

（四）创设和谐环境，远离不良诱因

首先，过分拥挤的环境容易增加幼儿的攻击行为。因此，为了消除不良环境因素对幼儿行为的影响，应尽量使幼儿在比较宽敞的空间活动。其次，家长和老师应该注意尽量避免幼儿接触那些容易诱发暴力的仿真手枪、刀具等玩具。最后，观察学习、相互模仿是幼儿行为形成的重要途径。因此，要特别关注传媒对幼儿心理的各种积极和消极影响。家长应对幼儿所看的视频要加以甄别和控制，避免幼儿遭受暴力、凶杀和色情画面的毒害，从而净化幼儿的成长环境。

案例人物： 小红，5岁女孩。

问题表现： 小红在幼儿园里经常无故打骂其他小朋友，也会故意抢夺或损坏他人玩具。

案例描述

小红入园后表现出较强的攻击倾向，她喜欢与其他小朋友发生争端，经常无故打骂别的小朋友，把别的小朋友弄哭。有时在玩玩具时，她会故意抢走或损坏其他小朋友的玩具以取乐。被小朋友告状后，小红也不承认错误。园长和老师发现小红存在攻击行为后，采取了以下措施。

一是向小红的父母了解家庭教育情况，发现小红在家中也经常无故打弟弟。

二是每当小红产生攻击行为时，老师会第一时间制止，告诉她打人是不对的，不允许出现下一次。

三是对小红的攻击行为不再采取体罚，而是独自思过，并道歉，和受害的小朋友握手言和。

四是每天让小红评选一位“好朋友奖”，她需要观察同伴的友好行为，鼓励她关注他人的积极一面。

五是老师增加与小红的个别交流时间，培养她表达情绪的能力，并逐步引导她学会控制冲动。

六是园长与小红的父母进行了沟通，提出家庭也要重视矫正小红的攻击倾向，提供家校合作方案。

效果：在老师和家长的共同努力下，小红逐渐意识到自己攻击行为的不当，学习到了更好的情绪表达方式和其他小朋友友好相处的方法。她的攻击行为频率明显降低，和其他小朋友的关系也越来越融洽。

任务二 撒谎行为

一、撒谎行为的表现

说谎主要是指故意说假话、故意隐瞒事实的一种外显活动。幼儿说谎行为分为两大类：无意说谎和有意说谎。无意说谎是幼儿期出现的一种独特行为，是一种不存在说谎的主动动机，没有觉察到自身说谎的说谎行为。有意说谎是指幼儿为了达到个人的某种愿望，有意地欺骗成人、隐瞒事实或嫁祸于人的举动。

幼儿说谎是一种较为普遍的现象，是幼儿心理发展过程中的一个特殊阶段。几乎每个幼儿都有说谎的经历，但并不是所有的说谎行为都说明幼儿存在严重的问题。另外，不同的心理学家和教育学家对幼儿说谎的看法不一。英国著名的教育家洛克认为，说谎是一种恶劣的品质，是许多不良德行的温床和庇护所。德国教育学家施鲁克教授则认为，幼儿第一次有意义地说假话，标志着幼儿有了想象力，表明他们在用开创性的行为与周围环境打交道，是成长过程中的一个重大进步。瑞士心理学家皮亚杰则认为，说谎是由于认知发展水平而导致的。可见，说谎是幼儿认知水平发展到一定阶段以后表现出来的行为特点，成人不必惊慌失措，但也不能听之任之。若不加引导，说谎或许会发展为严重的问题行为。

一般而言，3 岁幼儿已有说谎的经验，但三四岁幼儿的说谎行为基本是无意识的、不自觉的，属于无意说谎，常表现为满足愿望的心理、理解性心理错觉和自信心萌动等。有意说谎在幼儿 5 岁时开始萌芽，此时成人要注意对幼儿进行教育和引导。

二、撒谎行为产生的原因

（一）无意说谎的成因分析

幼儿的无意说谎现象，多由其认知发展水平和语言能力的限制而引起。

1. 因想象与现实相混淆而说谎

4 岁左右的幼儿常常把想象和现实混淆起来，把想象的内容当作现实中已经发生的事进行描述，把幻想的语句作为对未能实现的愿望的补偿，以克制和掩饰自己失望的心理。当幼儿把这种夸大的并不现实的想象当作真实的东西说出来时，小朋友会听得入迷，而大人听来就成了说谎。例如，丽丽想吃奶油蛋糕，妈妈因她咳嗽而没有买，但丽丽太想吃奶油蛋糕了，就在幼儿园对李老师说妈妈用烤箱给她烤了饼干和奶油蛋糕。这就是想象与现实混淆导致的说谎。

2. 因记忆的精确性较差而说谎

低龄幼儿记忆不精确，在回忆已经发生的事情时往往出现歪曲事实的现象，由此导致说谎。如幼儿园老师请东东把新买的遥控汽车玩具带来给大家看看，东东回家却非要妈妈再给他买一个遥控汽车，他要带到幼儿园，还跟妈妈说是老师让这么做的。其实是东东对老师的要求记忆不精确，在回忆老师说的话时出现了偏差。

3. 因知识匮乏、认知能力低下而说谎

幼儿年龄小，知识经验贫乏，认识能力低下，往往对事物缺乏正确的判断力和理解力，也易导致与事实不符的“瞎说”。如 3 岁的丹丹对妈妈说：“我今天在幼儿园吃了 5 碗米饭。”妈妈大吃一惊。实际上，丹丹只吃了两碗，她还未能形成精确的数概念。再如，一位父亲让幼儿去厨房看看炉上的水烧开了没有，幼儿回来说：“水开了。”可当这位父亲来到厨房时，发现水并没有开。其实，丹丹并非有意说谎，而是不知道水什么时候才算开了这一生活常识。

4. 因自信心萌动而导致说谎

幼儿理解问题简单化和不善于分辨想象与现实，往往不切实际地说“大话”、夸“海口”。如在运动会前挑选小运动员时，老师会问：“哪个小朋友拍球拍得最多？”全班的小朋友都举手说：“我拍得最多！”这是由于幼儿自信心萌动但又无法对自己进行客观评价而导致的说谎。

5. 因成人的暗示而说谎

这类幼儿产生说谎的现象往往由成人的语言暗示引起。如家长发现孩子从幼儿园回来后额头上肿了个大包，便询问孩子是怎么回事，孩子却说不知道。于是家长问：“是不是老师打的？”孩子居然点了点头。这位妈妈十分生气，想去幼儿园讨要说法。幸好孩子爸爸回来后澄清了事实：孩子额头上的包是早上去幼儿园经过小区的灌木丛时，被蚊子叮的，不知为何，一天也没消退。

部分成人遇到问题时，不能冷静地公正客观地从事实出发进行推理和判断，所以容易对发生于幼儿身上的问题，进行不正确、过于武断或直觉式的归因。而幼儿由于认知水平有限、道德观念模糊、生活经验匮乏、记忆精确性差等原因，极易因受到成人的语言暗示而说谎。

（二）有意说谎的成因分析

幼儿为了达到某种目的而有意说谎，这类说谎与品行有关，反映了幼儿品德发展中存在的问题。具体而言，这类说谎往往由以下 7 种原因引起。

1. 因害怕受到批评或惩罚而说谎

幼儿犯了错误将要受到惩罚时，会产生恐惧心理。为了逃避或减轻来自老师、家长的惩罚，他们就通过说谎来为自己开脱责任。这也是幼儿有意说谎中最常见的一种情况。这种说谎现象在表现程度上又分为三个层次：为减轻错误分量，只承认一部分错误；全部否认错误；嫁祸于人。其中，嫁祸于人最为严重，不仅不承认是自己做的，还要把责任全推给别人，这种行为说明幼儿的品行已经开始恶化。不过，这种情况在幼儿身上非常少见。

其实，幼儿在犯错后选择说谎来逃避惩罚，究其根源还是在于成人不当的教育方法。有些家长或老师，在幼儿做错事承认自己的错误后，对幼儿采取的是粗暴的打骂，并非耐心的说理教育；而幼儿最初偶尔的说谎反而使他免受责罚，蒙混过关。两者对比之下，幼儿选择说谎也是情理之中的事了。

2. 为了获得他人的赞扬或奖励而说谎

有些家长或老师在鼓励幼儿时，简单地采用物质奖励手段，过多地看重幼儿获得的称号而忽略其实际表现，就容易导致幼儿为了获得成人的赞扬或奖励而说谎。如班里开展“评比好幼儿”的活动，凡是被评上的幼儿都得到一张小贴纸作为奖励。辰辰没有拿到贴纸，但回去后却对妈妈说自己被评上了“好幼儿”，并要求妈妈兑现给他买奥特曼玩具的承诺。辰辰是为了得到妈妈的赞扬或奖励而选择了说谎。

3. 为了满足自己的虚荣心而说谎

有些家长因对幼儿教育方法不当，导致幼儿虚荣心强，凡事爱与他人攀比。在实际条件无法与别人相比时，就采用骗人的方式。如有的幼儿看到别的幼儿有变形金刚玩具而自己没有，很是羡慕，便说：“我爸爸也给我买变形金刚了，比你这个好多了！”

4. 为了取乐而说谎

有的幼儿通过说谎来捉弄别人，以获得快感，并因此而自鸣得意。经典故事《狼来了》中，小男孩的多次有意说谎行为就属于此类型。

5. 为了达到某种不正当的目的而说谎

有些幼儿为了满足自己的某些欲望或达到某种不正当的目的，故意夸大、歪曲事实，甚至编造事实，就属于这种类型的说谎。如龙龙在桌上看到一串玉珠手链，很喜欢，于是就把它剪断，将小珠子放进自己的口袋。后来，丢失手链的老师过来寻找，龙龙就拿出几颗给老师，但谎称是其他小朋友给他的。在有意说谎的几种类型中，这是最为严重的，多发于 5 岁以上幼儿。成人一旦发现幼儿存在这种说谎现象，一定要高度重视，积极引导，切不可忽视。

6. 因模仿成人而说谎

有些家长自己在日常生活中就常常有说谎和欺骗行为。如对幼儿说过的话不兑现；带幼儿外出坐公交车为了逃票，让幼儿配合弯着腰；幼儿忘记完成老师布置的任务，家长帮幼儿在老师面前编造谎言等。家长这些说谎或欺骗行为是造成幼儿说谎的重要原因。某些老师对幼儿说的话不兑现，也给幼儿做出了负面榜样。家长和老师都是幼儿心目中的权威，“权威”都在说谎，就会使幼儿产生“说谎不是错”的错误认知，甚至为自己说谎成功感到得意。

7. 为帮助同伴逃避惩罚而说谎

这类说谎现象往往发生于 5 岁以上的幼儿。5 岁以上的幼儿非常重视同伴间的友谊，有的幼儿在好友做了错事时，会主动站出来替好友认错、掩护，说是自己做的，愿意为好友造成的不良后果承担责任，由此而说谎。

三、撒谎行为的预防和矫正

针对幼儿的说谎行为，老师与家长应先根据动机与原因区分说谎行为的性质，再“对症下药”，采取有针对性的纠正措施。

（一）针对幼儿无意说谎的矫正措施

幼儿出现无意说谎现象，老师与家长不必惊慌失措，因为这类说谎由幼儿认知水平较低引起，随着幼儿年龄的增长，认知水平尤其是记忆思维能力的提高和生活经验的丰富，会逐渐自然消失。当然，成人也不能放任不管、听之任之，而应给予幼儿耐心的引导，帮他们顺利度过这一阶段。例如，对于跟老师说妈妈给她烤饼干和蛋糕的丽丽，应帮助其区分想象和现实；对于“信口开河”说自己吃了五碗米饭的丹丹，老师与家长应帮她弄清事实，并注意促进其数概念的发展；对于把“老师让他将新买的玩具汽车带到幼儿园来给小朋友看看”，理解为“老师让他再另买一辆新的玩具汽车带到幼儿园来”的东东，老师与家长要坦诚沟通，并帮助东东提高语言理解和表达能力。

（二）针对幼儿有意说谎的矫正措施

1. 创设民主和谐的成长环境

不同的精神环境会对幼儿的成长和发展带来不同的影响。在民主和谐的成长环境中，幼儿时时处处感受到的是理解、尊重和关爱。在这种宽松舒适的精神氛围中，幼儿的愿望和要求通过亲子之间或师幼之间的良好沟通获得解决，而不必借助说谎去实现。幼儿犯了错也会被家长和老师理性地接纳，他们也就无须产生害怕、恐惧情绪，更不用通过说谎掩饰自己的错误；或者即使幼儿真的说谎了，成人也会在关心、尊重幼儿的基础上，倾听幼儿内心的想法，并通过幼儿能够接受的方式让他们认识到说谎是不对的行为，从而产生良好的引导效果。

2. 以身作则，为幼儿树立良好的榜样

英国著名教育理论家洛克曾说：“说谎在形形色色的人群里很盛行，要使幼儿不看到、不听到别人说谎是很困难的。幼儿经常看到、听到别人说谎，又怎么会不学呢？”这就要求老师和家长注意自己的一言一行，要为幼儿树立良好的榜样。要求幼儿诚实守信，成人自己首先应做言而有信的人，对幼儿说真话，做实事，绝不能为了达到某种暂时的目的而对幼儿撒谎，欺骗他们；对幼儿做出的承诺一定要尽力兑现。若确实因为某些原因无法兑现，也不能不了了之，而应向幼儿说明原因并真诚道歉，这也是尊重幼儿人格尊严的表现。

3. 从幼儿说谎现象，反观自身的教育问题

当幼儿出现说谎现象时，成人首先要做的不是责怪幼儿，万不可乱发脾气甚至打骂，因为这只能让幼儿的说谎行为更加频繁和老练。成人应认真地反省自己：是不是幼儿有合理的要求却不敢直说？是不是平时对幼儿的一些合理要求没有给予满足？是不是常常粗暴简单地拒绝幼儿那些不合理的要求而没有耐心解释为什么？等。如果是，应及时调整自己的教育行为。同时要告诉幼儿说谎是不对的，并耐心地和幼儿谈谈自己的想法和认识。

4. 采用适当的方式，帮助幼儿认识到说谎行为导致的严重后果

老师和家长采用讲道理、讲故事及讨论生活中的事例的方式，帮助幼儿认识说谎行为所导致的后果。

讲道理。老师和家长若发现幼儿说谎，要耐心地给幼儿摆事实、讲道理，让幼儿明白说谎有时的确能成功地蒙骗别人，达到自己的目的，但这样得到的所谓“快乐”只是自欺欺人的短暂快乐，失去的却是人身上最宝贵的品质——诚实。经常说谎的幼儿，会失去父母、老师和小伙伴的尊重与信任。

讲故事。利用故事教学，帮助幼儿认识到说谎导致的严重后果。在幼儿熟悉故事情节后，老师或家长可结合使用提问法、讨论法、角色扮演法、移情训练法等，帮助幼儿深刻理解故事所传达的深意。

讨论生活中的事例。老师和家长利用电视、网络或生活中的相关事例，与幼儿展开讨论，让幼儿通过这些真实的案例体会说谎、欺骗行为所带来的危害。当然，讨论时要注意形象生动，避免生硬地说教，而要尽量调动幼儿的主动性，引导幼儿说出自己的感受。

5. 适当运用奖励与惩罚

（1）奖励幼儿的诚实行为

心理学家称，在矫正幼儿的说谎行为时，奖励诚实行为比惩罚说谎行为更有效。所以，老师与家长要善于发现幼儿身上的闪光之处，多关注幼儿的诚实之美并给予积极的表扬甚至奖励，让幼儿体会诚实比说谎更有好处。

（2）适度惩罚幼儿的说谎行为

如果幼儿犯了错误还说谎，老师与家长应给予严厉的批评，让幼儿认识到每个人都应勇于承担责任，不掩饰自己的错误，才能赢得他人的尊敬。如果幼儿犯错之后勇于承认，老师与家长应首先表扬幼儿主动承认错误、勇于承担责任的品德和胆量，让幼儿体会来自成人接纳、赞赏的态度后，再指出幼儿的错误和改进方向，幼儿将更容易接受。

总之，幼儿的说谎行为原因多样，不能一概而论。老师与家长应通力合作、冷静分析、耐心教育，营造包容、接纳、尊重、自主的生活环境，才能培养幼儿诚实守信的良好品质，促使其健康快乐地成长。

案例人物： 小明，5 岁男孩。

问题表现： 小明最近在幼儿园里经常撒谎，主要表现为无意识地混淆想象和现实，以及有意撒谎来逃避惩罚或获取奖励。

案例描述

小明爱幻想，经常把自己想象中的事当成真的跟老师和小朋友说。比如，他说自己家里养了一只大象，大象带他飞到了天上；说自己游到海底看到美人鱼。老师了解这是小明还分不清想象和现实的表现，没有过多纠正，只是耐心地告诉他哪些是真的，哪些只是他想象的。

最近，小明在幼儿园里还表现出另一种撒谎行为。绘画课上，小明不小心打翻了一盒颜料，弄脏了衣服和桌子。老师问是谁做的，小明害怕受罚，就说是同桌小红打翻的。还有一次，老师夸小明的同桌小刚画的画漂亮，给小刚一枚贴纸作为奖励。小明烦躁地说："我的画更好看，我也要贴纸。"但小明的画并不出色。

对小明的这些撒谎行为，老师采取了以下措施。

一是和小明的父母沟通情况，请他们在家里也注意观察。

二是针对小明混淆想象和现实的无意撒谎，老师在日常生活中多设计一些活动，帮助小明区分虚假和真实。例如，读完故事后讨论哪些内容是真的，哪些是想象的。

三是当小明撒谎害怕惩罚时，老师表扬他事后主动承认错误的勇气，并告诉他勇于承担责任是每个小朋友的优秀品质；以后再犯错也不必害怕，老师会理解他。

四是当小明为获取奖励撒谎时，老师耐心地告诉他，只有真正做好的人才配得奖励，通过撒谎取得的奖励是不光彩的。以后，老师会注意表扬他的进步。

五是在日常学习生活中，老师多关注小明的诚实行为，并给予表扬和鼓励。

效果： 通过老师的倾听、关心和悉心引导，小明的撒谎行为逐渐减少。他也能够更好地判断想象和现实，不再因为无心撒谎而苦恼；同时，他也意识到撒谎逃避惩罚或获取奖励是不正确的。小明逐渐养成了诚实守信的好习惯。

任务三 偷窃行为

一、偷窃行为的表现

偷窃是指未经过他人准许，把他人的东西占为己有的一种不良行为。在教学实践中，我们经常发现个别幼儿将自己喜爱的幼儿园的玩具带回家；或将别的小朋友从家里带来的玩具"顺手牵羊”带走；或在随大人走亲戚时，悄悄把自己喜欢吃的东西装在口袋里带回家；或私自拿了家里的钱去花等。这是一种为满足自己的好奇心而产生的“独占心理”和自然行为，如不及时疏导和纠正，不利于幼儿的身心健康发展，应引起我们足够的重视。

偷窃成为习惯后就会造成幼儿品行上的问题，甚至发展为违法犯罪的行为。偷窃行为在幼儿中并非少见，但情节轻重不同，轻者严格地说不算偷，重者已形成偷窃恶习。“小时偷针，长大偷金”，幼儿若是在小时候养成偷窃习惯，没有得到及时纠正，长大后可能会变本加厉。偷窃是较为严重的行为问题，父母和老师必须给予重视。

二、偷窃行为产生的原因

（一）在好奇心驱使下产生的一种占有欲望

“好奇”是幼儿的天性。当一个小朋友看见其他小朋友手中有好玩的玩具或者比较新颖的物品时，常常会情不自禁地说：“那玩具真好玩，那东西真漂亮。”“我如果有那玩具该多好呀”“那漂亮的东西是什么呀”。于是，有时他们就会情不自禁地把小朋友的东西拿回家自己玩。此时，他并不知道，拿别人的东西是一种什么行为，只是在好奇心的驱使下产生的一种个人占有欲望而“顺手牵羊”。

（二）不清楚“所有权”概念而形成的一种自然行为

幼儿年龄小，处于很强的以自我为中心的时期，对物品的所有权概念还不清楚，不能很好地将自己的所有物同别人的所有物加以区分，因此产生了拿别人东西的自然行为。因为幼儿没有偷窃意识，人们看到的只是偷窃行为本身，而没有看到行为背后的诱因。

（三）企图取得别人的关注或注意

有的幼儿在家里缺乏足够的情感关注和温暖。当幼儿向父母提出要买某些玩具而得不到满足时，就会采取从家里“偷”钱或拿别人的东西等形式，以引起父母对其多加关心和爱护。或者，把“偷”来的东西送给朋友，以显示自己有多么好的玩具送人，以换取他人的情感。其实，幼儿私拿别人的东西并不是他真正需要这件东西，而是想通过这种行为，力求得到别人的关注或注意。

（四）受到委屈而产生的一种反应

有些幼儿“偷”东西是受到了不公平待遇而引起的反抗。例如，有的幼儿老师偏爱某些幼儿，当两个幼儿因抢玩具而发生争执时，老师总是偏袒，把玩具给他喜欢的幼儿，而批评他不喜欢的幼儿。这样，后者感到不公平而产生反抗，干脆偷偷地把玩具拿回家据为己有。

三、偷窃行为的预防和矫正

（一）使幼儿明了“所有权”的意义

也许人们会说“自私”是人的本能，幼儿从牙牙学语开始就“自私”。但我们对幼儿的教育也必须从这时开始，帮助幼儿形成正确的自我意识和客体意识。具体而言，我们可以给幼儿创造条件，将某个人物品写上名字或做上记号，并规定一个存放他自己物品的地方，以培养幼儿对物品的所有观念，让幼儿慢慢地了解自己的东西与别人东西的区别。然后，耐心地同幼儿说明，别人的东西不管有多么好玩，自己有多么喜欢，也不能不告诉人家就拿回来据为己有。

（二）消除“偷窃”行为的诱因

幼儿有很强的可塑性，他们的行为习惯、道德品行主要是在环境的刺激和影响下，经过接受、模仿、改造和适应而形成的。因此，如果他们生活在一个良好、健康的环境里，一般不会形成不良的行为习惯。在家庭中，父母注意把钱放好，幼儿一般不会养成顺手“拿”钱的坏习惯。条件允许的，适当给幼儿买些他喜欢的玩具，以消除他“人家有，我没有，你不给买，我就拿别人的”不平衡心理。同样，幼儿园老师要充分调动幼儿的积极性，将各种玩具采取包干负责的方法交给幼儿保管，每次游戏活动结束时，将玩具进行清理，幼儿也就不能随便把玩具“拿”走了。

（三）注重教育方法

对幼儿的管教不能过分娇惯，也不能太严，应在充分了解幼儿心理的基础上，适当满足幼儿的要求和期望，让幼儿感到温暖和亲切。对幼儿提出的一些不切实际的要求，要耐心解释与劝说，指出为什么不能给他买某件东西或做某件事情，并使他明白，任何人不可能得到自己希望得到的一切东西或满足一切欲望。与此同时，幼教工作者要注意自身的素质与修养，对幼儿的教育不要存在亲疏关系。要公正平等地对待和处理幼儿之间发生的事情，给幼儿一个良好的教育环境。

（四）家园教育配合一致

对幼儿的“私拿”行为，幼儿园应与家庭取得联系，争取家长的配合教育，使之能淡化和削弱幼儿的“私拿”行为意识。由于家长育儿水平的差异，对幼儿私拿行为的态度是千差万别的。有的家长对此看得过重，认为幼儿自小就爱贪小便宜，长大了可能成为盗窃犯，于是就棍棒相加，严厉惩治。而有的家长则认为幼儿小，一味地迁就。这两种做法都有偏见，不利于幼儿行为的纠正。幼儿园老师应给家长提供行为纠正的方法，重在疏导，以正面鼓励为主；因为错误的教育态度不能纠正幼儿的不良行为，反而可能使他们幼小的心灵受到伤害。

教育案例：幼儿偷窃行为的疏导。

案例背景：小明，3 岁，就读于某幼儿园，近期被发现多次将幼儿园的玩具带回家。家长对此感到困惑，并希望幼儿园能够提供帮助。

问题分析：小明的偷窃行为源自多方面原因。首先，他可能受到了好奇心的驱使，想要探索和拥有新奇的玩具。其次，他可能对“所有权”概念还不十分清楚，无法准确区分自己的东西和他人的东西。最后，家庭可能存在一些情感关系不足的问题，导致小明试图通过偷窃行为来引起家人的关注和关心。

辅导策略

（1）明确“所有权”的概念

针对幼儿的年龄特点，用亲切的语言向小明解释“所有权”的概念，让他明白每个东西都有主人，不能随意拿走。

（2）消除诱因

鼓励家长在家中创造一个有序的环境，将贵重物品妥善放置，以避免小明受到诱惑。同时，适时地给予小明一些适当的奖励和玩具，满足他的需求。

（3）建立积极的家庭教育氛围

与家长建立紧密联系，提供正确的教育方法，引导家长在日常生活中，注重培养小明的品德和道德观念，共同努力创造一个健康、积极的家庭教育氛围。

（4）加强幼儿间的交流与合作

在幼儿园中组织一些小组活动，让小明与其他幼儿共同参与，分享玩具和经历，培养他的合作精神和分享意识，从而减少偷窃行为的发生。

实施与效果评估：通过以上辅导策略的实施，逐步引导小明理解“所有权”的概念，并培养他正确的行为习惯。定期与家长交流，了解小明在家中的表现，并根据情况进行调整和改进。随着时间的推移，预计小明的偷窃行为将会逐渐减少，同时也能在家庭和幼儿园中建立积极的教育氛围。

任务四 抽动行为

一、抽动行为的表现

抽动行为又称习惯性抽动，是指一种突发、快速、重复或交替出现、仅限于局部肌群的不随意运动，男孩多于女孩。抽动的部位及形式多种多样，常有眨眼、皱额、努嘴、点头、摇头、吞咽、敲打手臂等表现。这些症状，可单独出现或数种症状联合发生。注意力分散时，症状减轻；在精神紧张、人多的场合或注意力集中于症状时，则加重。此外，还常伴有遗尿、夜惊或口吃等症状。以上形式的抽动障碍多被老师、家长认为是“坏毛病”，常用批评指责、体罚等方法纠正，却很难奏效；也有不少家长带幼儿到眼科及耳鼻喉科就诊。

二、抽动行为的发生原因

抽动症的病因很多。首先是个性因素，这类幼儿多有敏感、羞怯、不合群、易兴奋和激动等特点。其次是疾病和习惯因素。如患眼结膜炎引起眨眼、皱眉等习惯，衣领过紧造成摇头、扭颈等习惯。再次，抽动行为与模仿有关。模仿别人的动作或在受到惊吓等紧张情况下，抽动行为得到强化。最后，抽动行为可能与情绪有关。特别是焦虑情绪常常是幼儿对于某些心理上的矛盾在运动系统方面的反应。还有人认为与幼儿曾有行为活动遭受限制的历史有关。比如，父母对幼儿安全的过分担心或者幼儿早年某些疾病的影响可能限制了幼儿的发展，导致幼儿抽动行为。

三、抽动行为的预防和矫正

习惯性抽动如果症状很轻，一般不需要找医生治疗，关键是消除各种紧张因素。家长要注意教育方式，避免对幼儿的过分注意和责骂。对幼儿而言，应该告诉他们，抽动是能自然好转的，以消除幼儿的紧张心理，帮助他们树立信心。如果幼儿有躯体疾病，应把躯体疾病治好。家长和幼儿都不要把注意力过分地集中在“抽动”上，一般过几个星期或几个月，症状就会慢慢好转。但也有持续数年才好的例子。另外，还要科学安排幼儿的作息时间，消除限制幼儿活动的环境因素，鼓励幼儿参加有益的文娱活动。也可采用行为矫正的方法，然后找医生治疗。

辅导案例：帮助幼儿处理抽动行为。

案例背景：小红是一个6岁的女孩，表现出习惯性抽动行为。她经常眨眼、皱眉和点头，这给她的学习和日常生活带来了一些困扰。她的父母希望能够找到适当的方法来帮助她减轻抽动行为，提高她的自我控制能力。

辅导目标

（1）帮助小红认识和理解自己的抽动行为，接受自己的特点。

（2）提供行为管理策略，帮助她减轻抽动行为并提高自我控制能力。

（3）培养小红的情绪管理能力，减轻焦虑和紧张情绪。

（4）支持小红的自信心和自尊心，帮助她建立积极的心态。

辅导步骤

第一步，建立信任关系。与小红建立良好的关系，让她感到被理解和支持。尊重她的感受和经历，鼓励她分享自己的困扰和目标。

第二步，了解抽动行为。与小红一起讨论抽动行为的特点和表现，帮助她认识自己的抽动行为，并明确其对学习和日常生活的影响。解释抽动行为并不代表她有问题，只是她的身体反应方式与其他人有所不同。

第二步，采取行为管理策略。介绍一些行为管理策略，帮助小红减轻抽动行为和提高自我控制能力。例如，建立规律的作息时间表，确保充足的睡眠和休息，有助于减轻焦虑和疲劳；提供一个安静、舒适的学习环境，减少外界干扰，并提供足够的休息时间；引导她进行深呼吸和放松练习，帮助她在焦虑和紧张时放松身心；鼓励她参与体育运动或艺术活动，以释放多余的能量和紧张情绪；提供适当的行为替代方法，如咬、咀嚼或搓等，以减少抽动行为的发生。

第四步，进行情绪管理和自信心培养。帮助小红学习情绪管理技巧，如积极思考、表达情感和寻求支持，鼓励她关注自己的优点和成就，培养积极的自我形象和自尊心。

第五步，给予家庭支持和合作。与小红的父母密切合作，分享她的进步和困扰，制定一致的行为管理策略，并提供互相支持和反馈。家庭成员的理解和支持对小红的发展至关重要。

第六步，持续支持和评估。持续关注小红的进展，鼓励她坚持使用学到的技巧和策略。定期评估她的行为和情绪管理成果，并与她和她的家人一起讨论和调整辅导计划。请注意，上述辅导案例仅供参考，具体的辅导方法和策略应根据实际情况和专业意见进行调整和制定。建议在面对类似问题时，寻求专业心理咨询师或医生的帮助，以获得更具体和个性化的指导和支持。

任务五 多动行为

一、多动行为的表现

此处的多动行为专指幼儿多动综合征、多动症，又称轻微脑功能障碍，主要表现为活动过多、注意力分散和冲动行为等。这类幼儿还常伴有各种不良行为表现，如打架、违抗、恃强欺弱和乱发脾气等。由于幼儿不能安静下来，做事没有计划，再加上注意力不集中，所以常表现出学习方面的困难，尤其是解决问题的效率很低。但患多动症的幼儿，其智力正常或接近正常，甚至还比较聪颖，也没有其他明显的心理异常。一般情况下，以下特点和表现多于 8 种的，方能被初步诊断为多动症。

1. 难于静坐。
2. 手或脚常常动个不停或在座位上扭动。
3. 难以安静地玩耍。
4. 经常话多。
5. 常常一件事未做完又做另一件事。
6. 难以保持对功课或游戏活动的注意力。
7. 难以按别人的话去做事（不是由于故意违抗或未能理解所致）。
8. 容易受外界刺激而分散注意力。
9. 常常打断或干扰他人活动。如干扰其他幼儿的游戏。
10. 常常别人问话未完即脱口回答。
11. 在游戏或集体活动中，不能耐心等待轮换上场。

12. 常常参与危及躯体的活动而不考虑可能的后果（不是为了寻求刺激）。如不看看四周就跑到街中心去。

13. 常常弄得满屋凌乱或衣着邋遢。

14. 常常把学习、活动要用的必需品（如玩具、铅笔、书、作业本）丢失在学校或家中。

15. 常常对别人的讲话似听非听。

二、多动行为产生的原因

幼儿多动症是遗传因素、环境因素和心理因素多种因素综合作用的结果。其一是遗传因素。目前许多专家认为，遗传因素在本病中有相当大的作用。有人认为此症可能与人的内分泌有关，内分泌的不平衡是此症的主要原因。其二是不良的家庭环境是多动症的诱因。破裂家庭、家庭过分贫困、住房过于拥挤、父母性格不好或有其他心理障碍，或长期寄养于不良条件的家庭等，均可构成此病的诱因。研究表明，此症与不良的社会、家庭、学校环境有密切关系。其三是铅中毒以及食品添加剂的过量使用，可能会诱发多动症。研究表明，严重的铅中毒会产生致命的中毒性脑病、痴呆等。也有研究认为，多种食物添加剂，如食用色素、多种饮料、糖果等，可能是导致多动的原因，但这种结论还需进一步证实。其四是神经系统损伤，幼儿在发育过程中因母体患病或分娩过程异常，导致神经系统受到损伤。其五是不当的教育方法。教育方法不当使幼儿压力过大，注意力不集中。

三、多动行为的预防和矫正

（一）心理治疗

第一，家长和老师应以同情的态度对待患多动症的幼儿，帮助他们树立信心。家长应消除家庭中的不良刺激或引起精神紧张的因素，努力协调家庭关系，缓和家庭气氛，改善教育方法，以便取得家庭治疗的良好效果。老师也应积极帮助幼儿，上课时尽可能地安排他们坐在第一排，以利于督促和指导；对幼儿不厌弃，不歧视，对其微小的进步也应给予肯定和鼓励，这样有助于增强他们的自信心。

第二，培养良好的生活习惯，安排合理的作息时间，注意动静结合，既不放纵，也不过分限制其活动，这样对他们的行为矫正有积极意义。老师应鼓励他们多参加有益的集体活动和文娱活动，在活动中改善他们的动作协调性，发泄过剩精力。最后，利用强化理论，即奖励和惩罚相结合的方式，治疗多动症幼儿的行为障碍。当他们出现不恰当的行为时，则加以漠视，或给予某种“惩罚”。如暂时剥夺其看电视或游戏的权利等。

（二）药物治疗

多动明显影响学习和集体活动者，应由医生给予药物治疗。另外，幼儿多动症的实质是阴阳失调，中医治疗的总原则是“调整阴阳，使其平衡”，通过“损其有余，补其不足”的方法，使患儿建立新的阴阳平衡关系。

（三）饮食疗法

近年来，有研究表明，大量进食有酪氨酸、水杨酸盐食物和加入调味品、人工色素、受铅污染的食物，都会使原来具有多动症遗传素质的幼儿发生多动症或使患者加重症状，而限制这些食物的摄入，多动症则明显减轻。

辅导案例： 帮助幼儿处理多动行为。

案例背景： 小哲是一个5岁的男孩，被诊断为多动综合征。他在学校和家庭中表现出明显的多动行为，缺乏注意力和冲动。这给他的学习和社交带来了一些困扰。他的父母和老师都希望能够找到适当的方法来帮助他控制多动行为，提高专注力和自我控制能力。

辅导目标

（1）帮助小哲认识和理解自己的多动行为，接受自己的特点。

（2）提供行为管理策略，帮助他控制多动行为和提高专注力。

（3）培养小哲的自我观察和自我调节能力。

（4）支持小哲的情绪管理，培养积极的社交技巧。

辅导步骤

第一步，建立信任关系。与小哲建立良好的关系，让他感到被理解和支持。尊重他的感受和经历，鼓励他分享自己的困扰和目标。

第二步，了解多动行为。与小哲一起讨论多动症的特点和表现，帮助他认识自己的多动行为，并明确其对学习和社交的影响；向小哲解释多动症不代表他有问题，只是他的大脑工作方式与其他人有所不同。

第三步，行为管理策略。介绍一些行为管理策略，帮助小哲控制多动行为和提高专注力。例如，制定有规律的作息时间表，确保充足的睡眠和休息，有助于提高专注力；使用提醒事项和计划表，帮助他组织任务和活动；提供一个安静、整洁的学习环境，减少外界干扰；使用定向注意力练习。如让他专注于某个任务或游戏一段时间，并逐渐增加时间长度；鼓励他使用手势或其他身体方式来释放多余的能量，如在户外玩耍、运动或进行艺术创作。

第四步，进行自我观察和调节。教导小哲如何观察和记录自己的行为，以便更好地了解多动行为的触发因素和影响。帮助他认识到自己在不同情境下的行为变化，并提供相应的调节策略。

第五步，进行情绪管理，传授社交技巧。培养小哲的情绪管理能力，教导他使用放松技巧，如深呼吸和积极想象，以减轻焦虑和冲动。同时，提供社交技巧的培训，如倾听他人、与他人分享和合作，以帮助他更好地与他人互动。

第六步，家庭和学校合作。与小哲的家长和老师密切合作，分享他的进步和困扰，制定一致的行为管理策略，并提供互相支持和反馈。

第七步，持续支持和评估。持续关注小哲的进展，鼓励他坚持使用学到的技巧和策略。定期评估他的行为和学习成果，并与他和他的家长、老师一起讨论和调整辅导计划。根据他的需求和进展，适时提供额外的支持和资源。

这是一个基本的辅导方案，针对小哲的多动行为进行介入和支持。每个幼儿都是独特的，可能需要个性化的辅导方法和策略。在实施过程中，及时调整和灵活应对是非常重要的。同时，家长和教育者的支持和合作也是帮助幼儿克服多动行为的关键因素。

任务六　幼儿心理压力

一、幼儿心理压力的表现

（一）生理上的反应

比如，心跳加快、呼吸急促、肌肉紧张、脖子僵硬、体温增高、口干、手心出汗、双膝颤抖、胃疼、头疼、没胃口、失眠等。

（二）行为上的反常

逃避性行为。如不出声，很少与其他的小朋友说话；独来独往，不与其他的小朋友玩；不想上幼儿园；沉默不语，暗自掉泪；哇哇大哭等。

破坏性行为。如不服气，不听大人解释；仇视，用眼睛瞪人；上课不听讲，故意捣乱；破坏玩具，抢别人的玩具；骂人、打人等。

倒退性行为。如咬指甲、口吃、健忘、尿床或尿裤子等。

（三）情绪上的变化

一整天不高兴，闷闷不乐；不开心，一个人赌气；消沉，很安静，没有幼儿应有的活泼；丧失信心，感觉大祸临头等。

（四）性格上的改变

脾气很坏，易暴怒；不听劝告，爱钻牛角尖；自卑，退缩；孤僻，不合群等。

二、幼儿心理压力产生的原因

（一）父母方面

例如，父母不合、争吵、打架；父母离婚，父母脾气太坏；父母对幼儿的期望太高、要求过多；父母忙于工作，忽略了与幼儿的沟通；父母打骂幼儿等。

（二）老师方面

例如，老师对幼儿态度不好，批评幼儿，惩罚、责骂幼儿，冷落幼儿，不公正，偏心，吝于表扬，无意的伤害和忽略等。

（三）环境适应方面

例如，新到幼儿园，转班、跳班，不习惯幼儿园的生活和各种规章制度等。

（四）同伴关系方面

例如，某个小朋友不跟自己玩；受到其他的小朋友的欺负和嘲笑；小朋友之间争吵、打架等。

（五）功课学习方面

例如，要学的东西太多，消化不了；作业做不完，功课不会做；学习跟不上等。

（六）其他方面

例如，生病、尿床或尿裤子，看到电视上的暴力或恐怖镜头等。另外，在会使幼儿产生心理压力的生活事件中，老师和家长一致认为最重要的事件有：父母离婚；父母经常争吵、打架；父母脾气暴躁，动不动就发火；父母打骂幼儿；老师态度不好，惩罚、责骂幼儿；受到小朋友的嘲笑、孤立等。而父母对幼儿期望过大、要求过高，增加幼儿的额外负担，给幼儿造成无形的心理压力这一点，不少老师认识到了，大多数家长却不认为重要。还有，就是访谈中幼儿们对举手没被老师叫到、其他小朋友得到了老师的表扬自己却没有这样的事也很在意，但很多老师和家长并没有意识到这些。

三、幼儿心理压力的预防和矫正

（一）以幼儿为本，尊重幼儿权利

在幼儿园里，老师每天要面临很多的选择，课间玩什么游戏、集体学习活动学些什么、午间散步去哪里、午睡前听什么故事。幼儿也渴望能够自己做选择，而且会认真对待自己选择的活动。幼儿在选择的过程中，将体会到独立自主长大成人的感觉，并能激发其责任意识。在幼儿园里，幼儿能成为老师的得力助手。幼儿们总是特别乐意做老师吩咐的事情。例如，搬桌子椅子、收拾玩具等，有些老师只是很简单直接地告诉幼儿要帮忙做什么，却很少告诉幼儿为什么要这样做，导致幼儿认为这只是在帮老师做事。笔者认为，老师在叫幼儿帮忙时，尝试换一种方式或语气，让幼儿们意识到自己不是在帮老师做事，而是在帮自己做事。因为保持干净整洁的环境是每个幼儿的责任，这样的话，让幼儿会更有责任感和成就感。让幼儿做有限的选择和让幼儿做些力所能及的事情，都会让他们有强烈的价值感，有利于幼儿形成合理的自尊。

（二）以游戏为主，支持幼儿自由自发的游戏

在幼儿园的活动中，应多鼓励幼儿进行自由自发的游戏，如身体活动的游戏（如运动游戏等）、社会性游戏（如社会假装游戏、社会戏剧游戏和规则游戏等）、玩物游戏（如物体探索游戏和玩玩具等）。在自由自发的游戏中，幼儿自由选择，尽情释放压力。幼儿可以独自游戏，也

可以组成三三两两的游戏小组合作游戏，这样让幼儿的主动性得到了充分的发挥。幼儿生来就会游戏，在游戏中探索世界、了解世界，学习人际交往技巧，提高解决问题的能力，自发地成长。

（三）关注幼儿心理健康，帮助幼儿应对心理压力

在实际生活中开展心理健康教育，能帮助幼儿应对心理压力。

一要通过鼓励、关心和温暖的个人问候等增强幼儿的自尊感，鼓励幼儿发展特殊的兴趣和技能。

二要未雨绸缪，采取前提性干预措施。在活动前给幼儿充足的时间。例如，使用言语、音乐或控制灯光的明暗度等信号，让幼儿在吃饭前有序地把玩具放好。

三要让幼儿认识到，对他人或自己爆发消极和发泄性的行为都会产生严重后果。

四要鼓励幼儿用玩偶或其他戏剧游戏表演形式，应对压力。

辅导案例：幼儿心理压力辅导。

案例背景：小芳，6 岁，表现出明显的心理压力，特别是在学习和社交方面。她经常感到紧张和焦虑，对于要求自己达到高标准的任务感到压力。在社交场合中，她常常感到不自信和害怕被别人嘲笑。

辅导方法

（1）建立安全和信任的关系

建立与小芳的辅导员之间安全和信任的关系至关重要。辅导员与小芳的家长合作，了解她的背景和家庭环境，以便更好地了解问题的来源和影响。

（2）情绪认知和表达

辅导员帮助小芳认识和理解自己的情绪压力。通过绘本、绘画、角色扮演等互动方式，辅导员鼓励小芳表达自己的情感，并提供情感支持。辅导员还教授小芳一些情绪调节技巧。如放松训练、积极思考和问题解决策略，以帮助她应对心理压力。

（3）学习技能和时间管理

针对小芳在学习方面的压力，辅导员帮助她发展学习技能和时间管理能力；教授小芳有效的学习方法。如分解任务、制订学习计划和提高注意力集中的策略；鼓励小芳根据自己的能力和兴趣设定合理的目标，并逐步提高学习的难度，以增强她的自信心。

（4）社交技巧的提高和自尊的建立

针对小芳在社交方面的压力，辅导员帮助她提高社交技巧和建立自尊。辅导员与小芳一起进行角色扮演和模拟社交情境，教授她与他人交流、建立友谊和解决冲突的方法；鼓励小芳发展自己的兴趣爱好，并参与团队活动和社区活动，以增加她的社交经验和自尊感。

（5）家庭支持和合作

在辅导过程中，辅导员与小芳的家长保持密切的沟通和合作。家长被鼓励提供情感支

持和理解，同时使用辅导员教授的技巧和策略来帮助小芳应对心理压力。家庭环境中的支持和合作，对于小芳的恢复也起到了促进作用。

需要强调的是，每个幼儿的情况是独特的，辅导方法应根据幼儿的个体差异和需求进行调整和个性化设计。在进行幼儿心理压力辅导时，专业的心理咨询师或临床心理学家应该参与其中，与家长密切合作，以确保幼儿得到最合适的支持和治疗。

【思考与练习】

一、名词解释

1. 幼儿个体间差异
2. 智力落后
3. 适应性行为

二、简答题

1. 简述幼儿攻击性行为的表现及产生的原因和防治措施。
2. 简述幼儿多动症的原因。
3. 简述常见的焦虑障碍。
4. 简述幼儿恐怖症的表现及产生的原因和矫正措施。

课后拓展活动记录表

班级		姓名		学号	
指导老师		活动时间		活动地点	
活动主题					
课后应用	将本模块所学知识应用在学习和生活中并进行简要记录。				
学习感想	结合教与学两方面，写写自己的心得，并提出自己的建议。（200 ~ 300 字）				
备注					

模块二　指导篇

项目九

幼儿常见心理障碍及其预防和矫正

◎教育中要防止两种不同的倾向：一种是将教与学的界限完全泯除，否定了老师主导作用的错误倾向；另一种是只管教，不问学生兴趣，不注重学生所提出问题的错误倾向。前一种倾向必然是无计划，随着生活打滚；后一种倾向必然把学生灌输成烧鸭。

——陶行知

◎硬塞知识的办法经常引起人对书籍的厌恶，这样就无法使人得到合理的教育所培养的那种自学能力，反而会使这种能力不断地退步。

——斯宾塞

【教学目标】

★ 素质目标

正确认识自我，提高心理素质。

★ 知识目标

了解幼儿常见心理障碍的基本内容及其产生原因。

★ 能力目标

掌握幼儿常见心理障碍的矫治方法。

【引言】

幼儿在心理发育过程中受到各种因素的影响，主要有自身的素质、家庭环境、幼儿园和学校环境、社会环境；幼儿大脑发育尚不成熟，心理状态很不稳定，很容易受这些因素的影响，尤其是遗传的易感素质在不良的环境因素作用下，往往会出现各种心理问题。幼儿心理健康教育是幼儿教育的重要组成部分，有助于幼儿学到心理健康的基本知识和技能，纠正其不良情绪和态度，形成有利于心理健康的行为习惯；预防和矫治心理障碍和行为异常，从而保证幼儿心理健康发展，提升其幸福感。

【案例导入】

梓豪在小班一个很调皮的男孩，平时他的表现就很“突出”，非常好动。如果老师批评他，他偶尔会停下动作，但过一会儿老毛病就又犯了。经常有小朋友来告他的状，因此有一些小朋友就不喜欢跟他一起玩。

事件一：在学习新早操的时候，每个小朋友都在跟着老师的动作练习。只有梓豪一个人满教室到处跑，一会儿滚地，一会儿玩音乐室里的乐器。

事件二：吃饭的时候，小朋友们都在喝汤，唯独梓豪一个人拿着调羹在敲饭碗，把调羹还摔到地上。

事件三：梓豪是爷爷奶奶带大的，家里的药箱都放在高柜子上的，而梓豪曾经爬上柜子拿过爷爷的治高血压的药吃了10多粒，导致要到医院洗胃。

事件四：有个小朋友准备要坐在座位上，凳子被梓豪拉开了，为此，这个小朋友的屁股被摔成了瘀青。被小朋友的家长投诉后，梓豪并没有一丝悔意，只是没有表情地站着。

请结合相关知识，分析案例中梓豪产生此问题的原因及矫治方法。

任务一　焦虑

一、焦虑的表现

焦虑是幼儿期较常见的一种情绪障碍，以女孩多见。焦虑的表现主要有三种：主观的焦虑体验、外显的不安行为和生理反应等。患儿对外界事物反应过度敏感、多疑、缺乏自信心，因细微小事而过度焦虑，烦躁不安，担心害怕，甚至哭闹；在陌生的环境中，对待不熟悉的事物更容易出现焦虑反应、惶恐不安等。焦虑患儿多伴有睡眠障碍，做噩梦、讲梦话，出现恶心、呕吐、腹痛、心跳加速、多汗、尿频、便秘、头昏和乏力等症状。焦虑会对幼儿行为、智力和人格造成一些影响，使患儿过度顺从、拒绝上学、过分敏感、依赖他人、抑郁消极、恐惧害怕等。焦虑分为以下三类。

（一）分离性焦虑

分离性焦虑是指婴幼儿与亲属，尤其是父母分离时，会出现明显焦虑情绪。患儿对分离深感不安，害怕想象中的危险和意外事故会突然降临到自己与亲人身上；对家庭过分怀念，不愿离家；害怕独自一人留在家中，怕一个人睡，不愿入园或上学；诉说头痛、胃痛、恶心呕吐，但检查又无异常体征。

（二）境遇性焦虑

境遇性焦虑是指由于境遇变化而出现的轻度焦虑，如生活中遭受严重刺激、父母死亡、意外灾害与事故、家庭学校教育不当、考试紧张等。对这类焦虑，只要适当调整环境，就会自然消失，不需要特殊治疗。

（三）素质性焦虑

素质性焦虑是指由于神经脆弱等素质因素，加上父母焦虑的长期不良影响，患儿的焦虑迁延不愈。父母与幼儿的焦虑相互影响，恶性循环，使患儿症状加重，少数可延至成人期。

焦虑的病因有很多，先天素质、不良环境、不恰当的教育方法、存在心理应激源等均引起发病。

二、焦虑产生的原因

（一）环境因素

环境因素包括家庭内部环境因素及社会外部环境因素。婴幼儿时期接触最多的是自己的亲人，亲人的性格特征及处事方式会对幼儿造成影响。在一个家庭中，如果父母的性格较为急躁，遇事容易着急，那么时间长了，幼儿遇到事情时容易产生过激的情绪反应。久而久之，会变得急躁、焦虑，这不利于他们对各种突发事件的正确认识和处理。

（二）父母教育问题

有些父母溺爱幼儿，甚至一味地只注重幼儿的物质需求，忽略了他们的情感需要。在这种环境下长大的幼儿，往往比较任性、自私，情绪极易不稳，并且在情感方面有些许缺失。进入幼儿园后，以往的中心地位丧失，会在心理上产生一定的落差感。面对几十个年龄相仿的同伴，他们渴望得到他人的特别关注，而集体生活的开始就意味着对个人关注的减少。因此，这也是令幼儿产生焦虑情绪的原因之一。

（三）情绪自控力差

学龄前幼儿年龄小，控制力差，遇到一些不顺心的事情时，情绪出现波动属于正常现象。例如，在小班的一堂美术课上，老师为每一个小组都准备好了创作需要的桌布、画笔、颜料等。一个小朋友在走动的过程中不小心蹭到了桌布，导致颜料洒了出来，弄脏了画纸。小朋友看着桌上的一片狼藉，愣了一会儿，难过地不说话。这时，老师走到了他边上，批评道："你今天不要画画了！"小朋友开始放声大哭，并且发脾气，导致教学活动无法正常进行。因此，当幼儿因为一些小事情而产生不太开心的情绪时，成人需要格外注意自己的应对态度。

三、焦虑的预防和矫正

（一）家长及老师管理好自己的情绪起到表率作用

家长和老师作为幼儿日常接触最多的成年人，起着重要的榜样作用。在生活或工作中，当家长遇到一些困难的、棘手的、不顺心的事情时，首先告诉自己要冷静地解决事情，遇事不能急躁。即使需要情绪宣泄，也要选择回避幼儿的地方，不让幼儿被自己的过激情绪所感染。当老师在工作中遇到个别幼儿犯了小错误时，也要先了解清楚事情的起因，然后用温和的方式来解决。一味批评只会让幼儿感到恐惧和无助，加重焦虑情绪。

（二）面对幼儿情绪的波动采取正确的应对态度

当幼儿犯了所谓的小错误或是出现一些情绪波动时，家长和老师首先要体谅幼儿，要做到不被幼儿的糟糕情绪所触怒，提醒自己：小孩子并不是有意让你生气的。其次是弄清真相，了解和分析幼儿表现出这样糟糕情绪的原因。最后，循循善诱，通过谈话、游戏、榜样示范等方式进行正面引导，从而逐渐帮助幼儿平复心情。

（三）注意幼儿情绪波动的爆发模式

不同性格的幼儿对事物的承受能力以及在发生事情后情绪爆发的模式，也是不一样的。有些幼儿性格外向，遇到不顺心的事情时会采取哭闹、发脾气等方式来宣泄自己的不满；有些幼儿性格内向，不善于表达。当遇到不顺心的事情时，他们不会哭闹，而是默默地躲在角落里流眼泪。针对不同的表现形式，家长和老师需要采取不同的方式来处理。

辅导案例：幼儿焦虑心理辅导。

案例背景：轩轩，5岁，表现出明显的焦虑情绪。特别是在分离和社交情境中，他常常害怕与陌生人交流，不愿离开父母，甚至出现身体不适的症状，如头痛和腹痛。

辅导方法

（1）建立安全和信任的关系

建立与轩轩的辅导员之间的安全和信任的关系至关重要。辅导员通过友善和理解的态度，与轩轩建立起积极的互动和情感连接。辅导员与轩轩的家长合作，了解轩轩的成长背景和家庭环境，以便更好地了解问题的来源和影响。

（2）情绪认知和表达

辅导员帮助轩轩认识和理解自己的焦虑情绪。通过绘本、绘画、角色扮演等互动方式，辅导员鼓励轩轩表达自己的情感，并提供情感支持。辅导员还教授轩轩一些情绪调节技巧。如深呼吸、放松肌肉和积极思考，以帮助他缓解焦虑。

（3）分离训练和逐步暴露

针对轩轩害怕离开父母的焦虑，辅导员采用逐步暴露的方法。他们与轩轩一起制订一个渐进式计划，从最容易的离别情境开始，逐渐延长离别的时间。辅导员鼓励轩轩与父母共同制定分离仪式，如亲吻、拥抱或给予特殊物品，以增强他的安全感。

（4）社交技巧和互动训练

针对轩轩害怕与陌生人交流的焦虑，辅导员帮助他提高社交技巧和自信心。辅导员与轩轩一起进行角色扮演和模拟社交情境，教授他与其他人交流和建立友谊的方法。同时，辅导员鼓励轩轩参与团队活动和社区活动，以增强他的社交经验和互动能力。

（5）家庭支持和合作

在辅导过程中，辅导员与轩轩的家长保持着密切的沟通和合作。家长被鼓励提供情感支持和理解，同时使用辅导员教授的技巧和策略来帮助轩轩应对焦虑。家庭环境中的支持和合作对于轩轩的恢复起到重要的促进作用。

任务二 抑郁

一、抑郁的表现

幼儿抑郁症主要有情绪波动大、经常情绪低落、自卑、经常哭闹及行为改变等。幼儿抑郁症是幼儿时期以情绪低落为特点的一类精神障碍性疾病。主要有以下表现。

（一）情绪波动大

患儿较易发脾气，经常无故哭闹，且持续时间较长，部分患儿还会出现拒绝去幼儿园的表现。

（二）情绪障碍

患儿较易出现情绪低落等表现，具体表现为对玩具等失去兴趣，看到同龄人喜欢的食物也没有任何愉快感，整日愁眉苦脸。

（三）思维缓慢及自我评价降低

表现为思考能力下降，感觉脑子不好用，各方面能力下降并伴有内疚、自责，明明学习很好，却对自己事事不满，将自己的小缺点夸大。

（四）精神运动迟缓

表现为联想减少、言语减少、语音低沉、行动缓慢、喜欢独处、淡漠亲情；不动、不语、不吃及不喝等。当出现上述表现时，请家长带幼儿及时就医。

二、抑郁产生的原因

（一）外因

抑郁情绪的出现，一般都有一些心理或精神的激发因素。如幼儿的父母死亡或离异、父母对幼儿采取排斥或漠不关心的态度；早年曾有严重的不幸经历，青春期后又碰到精神上的创伤，以及失恋、身患疾病、人际关系不协调、学习成绩不良或其他负性生活事件等，均易于诱发抑郁情绪。

（二）内因

性格内向、文静、不爱交际、不喜欢抛头露面、孤僻、多疑、常常注意事物消极面或遭受意外挫折的人，容易陷入抑郁状态。另外，急性抑郁发作的幼儿，病前个性多倔强、执拗，或有被动攻击的特点。慢性抑郁的幼儿病前多表现出无能、被动、好纠缠、依赖和孤独的特点。

（三）遗传

研究表明，家族遗传性因素对幼儿抑郁起着一定的作用。约 50% 抑郁幼儿的父母中，至少有一人曾患抑郁症。对双生子的研究也发现，同卵双生子的同病率高达 70% 以上，而异卵双生子的同病率仅为 19%。

（四）季节变化

冬季是幼儿抑郁症的一个高发季节，其发病原因主要与患儿冬季室外活动较少，接受阳光照射较少而导致松果体的功能变化有关。松果体是人体的一种腺体，在天气暖和、阳光较为充足的时候，松果体的分泌功能会受到抑制，使分泌物减少；在天气寒冷，且光线较为昏暗或阴雨天气，松果体分泌的荷尔蒙就会增多，而甲状腺素的浓度又相对降低，以致细胞极不活跃，引发机体出现抑郁情绪。所以，季节变化是导致幼儿抑郁症的一个主要原因。在天气转冷后，即使幼儿的室外活动受限，也要在室内使其多接受阳光照射，这能有效预防幼儿抑郁症，纠正幼儿因生理因素导致的情绪波动。

（五）家庭关怀

家庭环境变化或父母给予的关注不够，是导致幼儿抑郁症的另一原因。给幼儿营造一个温馨的生活氛围，并多与其沟通，及时疏导其不良情绪，是预防幼儿抑郁症的重点。

三、抑郁的预防和矫正

首先，抑郁症和大脑中的神经递质失调有关，所以预防抑郁症首先是保持大脑的基础健康，做法是吃好、睡好、运动好。饮食方面要营养均衡，要注意幼儿的蔬菜和水果摄入充足。睡眠方面，幼儿、初中生、高中生每日的平均睡眠不少于 10 小时、9 小时和 8 小时。运动方面，建议中幼儿每周至少有三次户外运动，每次维持 40 ～ 60 分钟。如果能做到吃好、睡好、运动好，就会为大脑的健康提供最基础的保护。

其次，要关注幼儿日常遇到的压力，主要源于三方面。一是学业，二是人际关系，三是家庭关系。学业方面，有些幼儿会有注意缺陷、多动障碍等困扰，上课时很难注意集中，也不容易坐得住。如果有这样的困扰，一定要及时就医。此外，还有很多幼儿由于自己对成绩上的要求较高，也会有长期的压力。如果有这种情况，家长要注意启发幼儿，让幼儿在学习中更多地感受到学习知识的快乐，而不是被竞争压迫。在人际关系方面，很多时候，家长们或许会更关注幼儿的学业，甚至为了成绩会建议幼儿减少这方面的交际。但事实上，从心理角度而言，学习如何与同龄人建立和维持朋友关系是非常重要的一项能力，是需要学习的。所以家长日常要关注倾听并接纳幼儿在社交方面的困扰，正面引导幼儿学习社交技能，这样才能促进幼儿健康成长。在家庭关系方面，鼓励营造和谐的家庭关系氛围，才能让幼儿在家有避风港的感觉。如果双方父母是分开的，父母也要以合作的方式去关爱和养育幼儿，避免幼儿感受到家庭的压力。

再次，要从小培养幼儿的心理弹性。我们大脑中关于表达和调控情绪的脑区，到了成人期才会成熟，这意味着幼儿在很长一段时间内会感到压力情绪，但没有能力表达或调节情绪。因此，当父母看到幼儿处于糟糕的情绪状态时，要帮助幼儿用语言表达清楚，是难过、悲伤、委屈、愤怒、生气，还是其他感受，也要教幼儿怎么在情绪中冷静，或者在运动、绘画、音乐中去调控自己的情绪。

最后，从幼儿小时候起，家庭中要增加一些快乐的亲子时光，增强幼儿的安全感，提高幼儿的心理免疫能力。此外，还要培养幼儿的正向积极思维，不要仅仅要求幼儿积极、乐观，而是从家长养育的角度，做出正向的示范。例如，家长不要只批评幼儿哪儿做得不够好，而是要多看幼儿做得不错的地方，提出具体的鼓励和表扬，让幼儿相信自己。这样的养育方法会让幼儿有更多的正向积极思维，鼓励幼儿克服困难。

辅导案例：幼儿抑郁心理辅导。

案例背景：小杰，5岁，表现出明显的情绪低落和社交退缩，经常感到无助、悲伤，并对平时喜欢的活动失去兴趣。这种行为已经影响了他的日常生活和学习，他经常独自一个人，不愿与他人交流。

辅导方法

（1）建立安全和信任的关系

建立与小杰的辅导员之间的安全和信任的关系至关重要。辅导员通过支持和理解的态度，与小杰建立起积极的互动和情感连接。辅导员与小杰的家长合作，了解小杰的背景和家庭环境，以便更好地了解问题的来源和影响。

（2）情绪认知和表达

辅导员帮助小杰认识和理解自己的情绪。通过绘本、绘画、角色扮演等互动方式，辅导员鼓励小杰表达自己的情感，并提供情感支持。同时，辅导员教授小杰一些情绪调节技巧，如深呼吸、放松肌肉和积极思考，以帮助他疏解负面情绪。

（3）兴趣培养和积极活动

辅导员鼓励小杰重新培养兴趣，并参与积极的活动。他们一起探索新的爱好、游戏和运动，以帮助小杰重新找回快乐和兴趣。辅导员还与小杰一起制订计划，逐步提高他参与活动的频率。

（4）社交技巧和互动训练

辅导员帮助小杰提高社交技巧和增强互动能力；可以进行角色扮演和模拟社交情境，教授小杰适当的沟通方式和表达自己的需要；鼓励小杰与同龄的幼儿互动，参与团队活动和社区活动，以提高他的社交能力和自信心。

（5）家庭支持和合作

在辅导过程中，辅导员与小杰的家长保持着密切的沟通和合作。家长被鼓励提供情感支持和理解，同时使用辅导员教授的技巧和策略来帮助小杰应对抑郁。家庭环境中的支持和合作对于小杰的恢复起到重要的促进作用。

任务三 强迫症

一、强迫症的表现

强迫症是一种以强迫观念和强迫动作为特征的神经症，是指患者主观上感到有某种不可抗拒的、不能自行克制的观念、意向和行为的存在。幼儿强迫症的发病年龄以 10 岁以下较为多见，既有自我强迫，又有自我反强迫，是一种典型的心理冲突疾病。

有些患儿不仅自我强迫，还摆布其父母参与。他们的愿望如果得不到满足，他们就会暴躁不安，甚至冲动伤人，迫使父母就范，以配合其强迫动作。

强迫症还表现为反复回忆、考虑某一问题，害怕丧失自控能力等，至于干扰正常学习。有些患儿即使知道这些行为和想法是没有意义的，但仍克制不住自己去做、去想。在受干扰时，会产生焦虑情绪甚至发脾气。这类患儿的智力水平一般都正常或较高，富于幻想。

幼儿强迫症主要表现有以下几点。

一是反复计数，如走路时反复数电线杆、过桥时反复数栏杆、上下楼梯时数阶梯，一遍又一遍地数课本或其他图书上的人或物的数目等。

二是反复洗手。有的患儿一天可能洗手几十次，一次持续十几分钟。

三是反复玩弄手指，反复摇头。

四是反复进行自我检查，如反复核对作业、检查书包里的东西等。

二、强迫症产生的原因

引起幼儿强迫症的原因有如下几点。

一是精神因素。在生活中碰到重大变故，如父母离异、亲人丧亡等精神刺激，引起恐惧，使幼儿忧心忡忡、胆战心惊，这是强迫症的主要诱发因素。

二是性格因素。这类幼儿的性格大多内向、胆小拘谨、待人特别有礼貌、优柔寡断、行动较古板。

三是家庭因素。父母性格内向，有洁癖、强迫行为，也会给幼儿带来影响。

三、强迫症的预防与矫治

首先，帮助幼儿树立克服障碍的信心，鼓励其多参加集体活动和体育锻炼，多交开朗、活泼、上进的伙伴，养成良好的性格特征。

其次，把幼儿强迫行为的情境从轻到重逐一列出，据此对照监督，阻止幼儿强迫行为的出现。经过两周，一般能起到较明显的效果。

最后，指导家长正确对待幼儿，不过分焦虑、不体罚、不唠叨，又要丝毫不放松地监督幼儿，防止其强迫行为的出现。

辅导案例：幼儿强迫症心理辅导。

案例背景：小娟，6 岁，表现出强迫性洗手和整理行为。她经常要求反复洗手，并花费大量时间整理她的玩具和书籍。这种行为已经影响到她的日常生活和社交关系，她经常感到焦虑和不安。

辅导方法

（1）建立安全和信任的关系

建立与小娟的辅导员之间的安全和信任的关系至关重要。辅导员通过友善和理解的态度，与小娟建立起积极的互动和情感连接。与小娟的家长合作，了解小娟的背景和家庭环境，以便更好地了解问题的来源和影响。

（2）教育和认知重构

辅导员向小娟解释强迫症的概念，帮助她理解这种行为并非必要且可能导致焦虑；使用绘本、图片和角色扮演等互动方式，以友好的方式传达信息；帮助小娟学习正面的思维方式，如挑战和替代强迫性想法，逐渐改变小娟对洗手和整理的认知。

（3）渐进式暴露和反应阻断

采用渐进式暴露和反应阻断是帮助小娟减少强迫性行为的关键。辅导员与小娟一起制订一个渐进式暴露计划，从最不具有焦虑的行为开始，逐步引导小娟减少洗手和整理的频率和时间。同时，辅导员使用反应阻断技巧。例如，提醒小娟停止洗手或整理，并提供情感支持和安全感。

（4）情绪调节技巧

辅导员教授小娟一些情绪调节技巧，如深呼吸、放松肌肉和转移注意力等。这些技巧帮助小娟在强迫性想法和行为出现时保持冷静，并减少焦虑和困扰的程度。

（5）家庭支持和合作

在辅导过程中，辅导员与小娟的家长保持着密切的沟通和合作。家长被鼓励提供情感支持和理解，同时使用辅导员教授的技巧和策略来帮助小娟应对强迫症。

任务四 恐怖症

一、恐怖症的表现

幼儿恐怖症，是指幼儿对日常生活一般客观事物和情境产生过分的恐惧、焦虑，达到异常程度。一般而言，恐惧与幼儿的身体形态大小和应付能力有关，也反映了幼儿的智力发展水平。恐惧的内容反映了幼儿所处的环境特点及年龄发展阶段的特点。许多恐惧不经任何处理，随着年龄增长均会自行消失。

幼儿恐怖症的形式是多种多样的，按其内容，分为以下几种。

动物恐惧。害怕猫、狗、蛇，有的甚至到精神失常的程度。

社交恐惧。害怕与父母分离、怕生人、怕当众讲话、怕拥挤、怕上幼儿园和学校、怕考试。

损伤恐惧。怕出血、怕鬼怪、怕流氓、怕传染病、怕生病、怕死。

对自然事物和现象的恐惧。怕黑、怕闪电雷击、怕独自关闭室内、怕高。

恐怖症患儿惧怕的内容比较稳定，不会泛化，持续的时间较长，不易随环境年龄的变化而消失。患儿会由于恐惧产生回避或退缩行为，任何劝慰、说服、解释都显得无济于事，严重影响幼儿的正常生活和学习。

二、恐怖症产生的原因

幼儿恐怖症主要是环境、教育造成的，而其中又以父母的行为方式、教育方法的不当为主。父母对幼儿溺爱，过于保护、限制幼儿的许多行动，或者用吓唬、威胁的方法对待幼儿的不听话、不乖顺；当着幼儿的面毫无顾忌，绘声绘色地讲述一些可怕的事情。父母要求过高，家庭成员关系不和睦，或对幼儿缺乏一致性、一贯性的教育，也会诱发幼儿恐怖症。

三、恐怖症的预防和矫正

对恐怖症患儿的治疗，首先要了解发病的原因，然后有针对性地进行治疗。

恐怖症是幼儿在日常生活中通过条件反射的作用不断习得的，因此，可利用对抗性条件反射原理，循序渐进地消除其恐惧心理。一般的做法是：先用轻微的较弱的刺激，然后逐渐增强刺激的强度，让其逐渐适应，最后达到消除恐怖症的目的。

防治幼儿恐怖症，关键在于教育。家长要采用讲科学、讲事实、讲道理的教育方法，绝不可用关电灯、讲鬼怪故事来吓唬幼儿；幼儿亦不应看恐怖的电影电视，尤其对胆小、敏感的幼儿，更是如此。对于已出现恐怖症的幼儿，家长要了解其发病原因，消除诱发此症的不良因素；教育幼儿正确对待恐惧，帮助他们克服恐惧。家长应鼓励幼儿多参加集体活动，注意丰富幼儿的知识，还可以利用游戏方法，让他们逐渐去接近他们害怕的动物，以培养其勇敢精神。家长还要指导幼儿有效地应对各种紧张情境和事件，有意识地增强幼儿的应变能力。

对于这类幼儿，如果家长在心理医生指导下采用“系统脱敏疗法”进行矫治，疗效甚佳。学习心理学认为，人类神经过敏不是先天的，而是后天习得的，是每个人在生活中经过模仿、暗示等学习而形成的。“过敏”是习得的。消除它、摆脱它，是系统脱敏疗法的理论基础。

具体做法是：先用轻微的刺激，然后逐渐增加刺激强度，使有行为异常的幼儿在没有焦虑不安反应的情况下逐渐适应，最后达到矫正异常行为的目的。比如，玲玲非常害怕小狗，连看都不敢看一眼。此时，先陪玲玲玩一只带毛的玩具狗。在对玩具狗没有恐惧感之后，再让玲玲从远处观望小狗，最后让她逐渐靠近小狗，并且试探抚摸小狗。过不了多久，玲玲就会把小狗抱在怀里。经过系统的行为治疗步骤后，玲玲怕狗的异常行为得到矫正。

幼儿恐怖症一般不需用药物治疗，但对于伴有焦虑情绪的患儿，可给予抗焦虑药物，如佳静安定、舒乐安定等进行治疗。对于已经出现焦虑症状的患儿，严重的病例，要进行心理治疗，如支持性心理治疗、行为治疗等。有的患儿还要在医生的指导下配合药物治疗。对于轻症患儿，先要弄清楚幼儿发生焦虑反应的原因，取得他的信任与合作。凡属于客观原因的，应尽量给予解决；属于主观原因的，要帮助患儿正确认识这些原因与发病的关系，逐渐引导患儿从主观上努力克服焦虑。当症状逐渐消失后，要引导幼儿多参加一些集体活动，消除过去那种紧张的心理，磨炼克服困难的意志，培养其开朗的性格，防止症状复发。

辅导案例： 幼儿恐怖症心理辅导。

案例背景： 小刚，5岁，对黑暗和噪声表现出过度的恐惧。在夜晚或在不熟悉的环境中，他会变得非常焦虑和害怕，拒绝独自入睡或去陌生的地方。这种恐惧已经影响到他的日常生活和家庭关系。

辅导方法

（1）建立安全和信任的关系

首先，辅导员与小刚建立起安全和信任的关系是至关重要的。通过友善和理解的态度，与小刚建立起积极的互动和情感连接；与小刚的家长合作，了解小刚的背景和家庭环境，以便更好地了解问题的来源和影响。

（2）教育和认知重构

辅导员通过简单的语言和适合幼儿理解的方式，向小刚解释恐怖症的概念；使用绘本、图片和角色扮演等互动方式，帮助小刚理解恐怖症是一种过度害怕的情绪反应，并非真实威胁；帮助小刚学习正面的思维方式，如积极的自我对话和替换恐惧的想法。

（3）渐进式暴露疗法

采用渐进式暴露疗法是帮助小刚逐渐克服恐惧的关键步骤。首先，辅导员与小刚一起制订一个恐惧层级，将恐怖症引发的事物或情境分为不同的级别，从最不具恐惧性的开始，逐步引导小刚暴露于这些触发物，逐渐增加其难度和紧张程度。辅导员会提供情感支持和安全感，确保小刚逐渐适应和克服恐惧。

（4）情绪调节技巧

辅导员会教授小刚一些简单的情绪调节技巧，如深呼吸、想象愉快的事物、放松肌肉等。这些技巧可以帮助小刚在恐惧情境中保持冷静和放松，并减少焦虑和恐惧的程度。

（5）家庭支持和合作

在辅导过程中，辅导员与小刚的家长保持着密切的沟通和合作。家长被鼓励提供情感支持和理解，同时使用辅导员教授的技巧和策略来帮助小刚应对恐惧。

模块三　操作篇

项目十

幼儿心理健康教育活动课程的设计与课例

◎健康的心理比健康的身体更重要。

——约翰·洛克

◎播种行为，收获习惯；播种习惯，收获性格；播种性格，收获命运。

——威廉·詹姆斯

【教学目标】

★ 素质目标

培养幼儿积极向上、乐观开朗的性格。

培养幼儿自信、独立、勇于探索的精神。

培养幼儿友爱、合作、乐于分享的品质。

培养幼儿情绪稳定、善于自我调节的能力。

培养幼儿面对挫折的韧性和解决问题的能力。

★ 知识目标

了解自我，认识自己的特点、喜好和能力。

理解情绪，识别不同的情绪状态，并了解情绪产生的原因。

学习基本的社交技能，包括沟通、合作、分享、解决冲突等。

掌握情绪管理的方法，包括深呼吸、放松训练、积极思考等。

了解应对挫折和困难的方法，包括寻求帮助、坚持努力、调整目标等。

★ 能力目标

能够表达自己的想法和感受，与他人有效沟通。

能够与同伴友好相处，建立良好的人际关系。

能够控制自己的情绪，情绪表达适当。

能够面对挫折和困难，并积极寻求解决问题的方法。

能够进行自我反思，并不断提升自我。

【引言】

幼儿时期是人生发展的关键阶段，也是心理健康发展的奠基时期。良好的心理健康是幼儿全面发展的基础，对幼儿的学习、生活和未来发展都具有重要的影响。因此，开展幼儿心理健康教育活动课程，对于促进幼儿身心健康发展具有重要的意义。

【案例导入】

小明是一个活泼好动的小男孩，但他经常在幼儿园里与其他小朋友发生冲突。例如，他喜欢抢别人的玩具，不遵守游戏规则，还经常说一些伤害别人的话。小明的行为让老师和家长都很头疼，也影响了其他小朋友的情绪和游戏体验。

请问：

小明为什么会产生这样的行为？

我们可以采取哪些措施来帮助小明改善他的行为？

如何在幼儿园开展心理健康教育活动课程，帮助幼儿建立良好的心理素质？

通过学习本项目，我们将一起探讨幼儿心理健康教育活动课程的设计与实施，帮助幼儿建立积极向上的人生态度，培养良好的心理素质，为幼儿的健康成长奠定坚实的基础。

任务一 幼儿心理健康教育课程设计的指导思想和目标

心理健康教育课程是以培养个体良好的心理素质为目的的专门课程，是学校心理健康教育工作的一个重要途径。与其他形式的心理健康教育相比，心理健康教育课程具有系统性、连续性和目的明确性等特点，是心理健康教育最重要和最直接的形式。那么，如何在幼儿园进行心理健康教育课程的教学呢？我们曾在广州的一个幼儿园大班进行了幼儿心理健康教育课程的实验研究，下面以此为例，介绍一下幼儿心理健康教育课程的设计和教学方法。

一、幼儿心理健康教育课程设计的指导思想

幼儿园教育是培养幼儿健康成长的重要阶段，课程设计是实现这一目标的基础和保障。下文将从多个方面详细阐述幼儿园课程设计的指导思想。

（一）培养幼儿心理健康为根本任务

在幼儿园教育中，培养幼儿的心理健康是根本任务。我们认识到，幼儿阶段是心理发展的关键时期，心理健康的培养将影响幼儿的整体成长。因此，我们将心理健康作为课程设计的根本目标，通过创设良好的教育环境和合适的教学方法，引导幼儿树立积极的人生态度，建立健康的心理素质。

（二）立足幼儿身心发展规律

幼儿的身心发展具有一定的规律性，了解并尊重这些规律是课程设计的基础。我们根据幼儿在认知、情感、社交等方面的特点，科学地安排课程内容和教学活动，以促进幼儿的全面发展。同时，我们也注重发挥幼儿的主体性和积极性，鼓励他们在探索和发现中体验成就感。

（三）立足幼儿园教育实际，强调理论联系实际

课程设计要贴近幼儿园教育实际，紧密结合幼儿的日常生活和成长需求。我们注重将理论知识与实际活动相结合，通过丰富多彩的游戏、手工、绘画等教学活动，让幼儿在实践中获得知识和技能的提升，真正做到理论联系实际，使课程设计更具可操作性和实效性。

（四）因材施教，注重个性化教育

每个幼儿都是独一无二的个体，他们在认知水平、兴趣爱好、学习方式等方面存在差异。我们强调因材施教，根据幼儿的个体差异，灵活调整教学方法和内容，保证每个幼儿都能在适合自己的学习环境中得到发展。

（五）积极化教育，注重情感体验和互动

我们提倡积极化教育，鼓励幼儿积极参与课堂活动。通过情感交流和互动，让幼儿在参与中体验快乐，培养积极的学习态度。同时，我们也注重培养幼儿的情感表达能力，引导他们学会用言行表达自己的情感，促进良好的人际关系建立。

二、幼儿心理健康教育课程设置总体目标

为了全面促进幼儿的健康成长，我们制定了相应的课程设置总体目标，旨在培养幼儿积极向上的人生态度、乐观豁达的心态，独立自信、主动乐观的品格，友善合作的人际关系，以及控制情绪、处理压力的能力。

（一）培养幼儿积极向上的人生态度和乐观豁达的心态

幼儿时期是心理建构的重要时期，我们希望通过课程设置，引导幼儿树立积极向上的人生态度，培养他们对生活充满信心和热情。在课程中，我们将通过启发性问题、情景模拟等方式，让幼儿在愉快的氛围中感受到学习的乐趣，培养他们勇于探索、积极向前的品质。

（二）培养幼儿独立自信、主动乐观的品格

独立自信是幼儿个性发展的基石，也是未来成功的重要因素。我们将通过生活技能训练、小组活动等方式，鼓励幼儿主动参与，培养他们解决问题的能力，增强自信心。同时，在情感教育方面，我们将引导幼儿积极面对困难和挫折，培养他们乐观豁达的心态，形成积极的心理品质。

（三）培养幼儿友善合作的人际关系

人际关系是幼儿社会交往的重要组成部分，也是幼儿园教育的重点之一。我们将通过小组合作、情感沟通等方式，引导幼儿学会尊重他人、倾听他人的意见，培养他们友善合作的态度。同时，我们也将通过故事、游戏等形式，教育幼儿如何处理人际关系中的矛盾和冲突，培养他们良好的交往技能。

（四）培养幼儿控制情绪、处理压力的能力

情绪管理是幼儿发展的重要组成部分，也是他们健康成长的保障。我们将通过情绪识别、情绪调节等活动，引导幼儿了解自己的情感，并学会适当地表达和释放。同时，我们也将通过放松训练、情感宣泄等方式，教育幼儿如何处理压力和缓解紧张情绪，培养他们健康的心理素质。

通过以上课程设置总体目标的制定，我们将为每一个幼儿提供一个有益于他们身心健康成长的教育环境，让他们在幼儿园度过愉快、充实的时光，为未来的学习和生活奠定坚实的基础。同时，也将为他们成为积极向上、自信独立、友善合作、情感稳定的人才打下坚实的基础。在实施这些目标时，我们将结合具体的教育活动和课程内容，制定详细的教育规划，确保每个目标都能够得到充分的体验和培养。我们将积极借鉴教育心理学和发展心理学的研究成果，运用科学的教育方法，使幼儿在快乐学习的同时，逐步发展出上述目标所需要的素质和技能。

总之，我们坚信通过全面培养幼儿的心理健康，培养他们积极向上的人生态度、乐观豁达的心态，独立自信、主动乐观的品格，友善合作的人际关系，以及控制情绪、处理压力的能力，将

为他们的未来健康成长和成功学习奠定坚实的基础。这也将是我们幼儿园教育工作的不懈追求和不断努力的目标。

任务二 幼儿心理健康教育课程的内容

一、认识自我，建立自信

（一）我是谁：我的特点、我的长处

1. 通过游戏“我是谁”，了解自己的特点

组织幼儿玩游戏“我是谁”。老师准备不同动物的图片，每个幼儿选择一张动物图片，然后用动作和语言表现出该动物的特点，其他幼儿猜测它是什么动物。在游戏过程中，引导幼儿认识自己选择的动物形象的特点，理解每个人都有不同的特点。

2. 制作我的照片，认识自己的外表特征

提供镜子和颜色笔，引导幼儿观察手镜中的自己，讲述自己的外表特征，包括头发颜色、眼睛、身高等方面。然后在纸上绘制自己的样子。完成后，让幼儿讲述自己画中的外表特征。通过这个活动，加深幼儿对自身外表特征的认识。

3. 说出我的喜好兴趣

组织幼儿坐在一起，老师提出“我喜欢 / 我不喜欢”的句子，让幼儿谈自己的喜好，如“我喜欢吃苹果”“我不喜欢胡萝卜”。鼓励幼儿说出三个喜好。通过此活动，启发幼儿表达自己的喜好。

4. 我的优点“宝宝”

提供色纸和其他造型材料，让幼儿选择材料并创作出代表自己优点的“宝宝”。完成后，每个幼儿向大家介绍自己的“宝宝”，通过创作认识自己的优点。

（二）我会什么：我会做的事、我努力的事

1. 表演我会做的事

组织表演活动“我会做”。每位幼儿上台表演一项自己会做的事。如跳舞、唱歌等，让其他幼儿猜他在表演什么。通过表演活动，启发幼儿认识自己会做的事。

2. 我的努力书

引导幼儿用画画的方式制作一本“我的努力书”，画出自己努力做过的事。如穿鞋子、拧开水瓶等；鼓励幼儿画出三件自己努力做过的事情，分享自己努力的过程和结果。

3. 我的奖章

提供奖章图案，让幼儿选取自己努力取得的“奖章”，如“别出心裁奖”“勤奋奖”等；并讲述获得这个奖章的经历和自己的努力，使幼儿认识到努力会得到好的结果。

（三）我的小伙伴：大家都有不同的长处

1. 看图说朋友的特长

准备不同小朋友的图像，每张图片标注他的特长，如“唱歌特长”“跳舞特长”；请幼儿选择一张图片，说说这位朋友的特长，理解每个人都有不同的特长。

2. 互相表扬表演活动

老师提前让幼儿准备一个节目，并轮流上台表演。表演结束后，让其他小朋友表扬朋友的节目表现。通过表扬活动，让幼儿认识到每个人都有不同的长处。

3. 制作朋友特长印章

每个幼儿拟定一个朋友的特长，如“唱歌好听”“画画很好看”。然后，在黏土或橡皮图章上刻写这个特长，印上自己的手印，把特长印章送给朋友，让朋友也为自己制作特长印章。

二、体会友爱，学会合作

（一）我们都是朋友：友好相处的道理

1. 讨论如何与玩伴友好相处

提出“如何和小伙伴友好相处”这一主题，组织幼儿讨论玩要时应注重友好，不抢玩具、不打架等。理解友好相处的重要性。

2. 模拟友好相处的情境

设置模拟情境，如两个小朋友一起玩积木，老师指导其中一人抢走另一人的积木，观察另一人的反应。并示范友好沟通的方式：“借我几块积木玩，好吗？”，让幼儿模仿练习友好沟通的情境。

3. 说说“友谊的小船”

用积木、椅子等搭建成小船的造型，并放上小人玩偶。让幼儿聊一聊“友谊的小船”里应该有什么样的品质，如“在小船上大家要友好相处，不能吵架”等观点。

（二）我们一起玩：合作游戏带来的乐趣

1. 合作过河游戏

在地上放两块垫子作为“石头”，让数个幼儿站在一块“石头”上，他们需要协作移动石头，使所有人都能过到对岸；在游戏中，体会团队合作的重要性。

2. 传球游戏

让幼儿站成一个圆圈，扔一个软球在圆圈里轮流传递。并增加难度，让大家闭上眼睛，通过语言提示，找到要传球的小伙伴；在游戏中，练习友好沟通与合作。

3. 一起演唱歌曲

选择一首简单的儿歌，先教会幼儿。然后，分成两组合唱，一组演唱歌曲，另一组打节拍配合，合作表演整首歌曲；通过合作演唱，让幼儿体会协作的快乐。

（三）我们一起做：合作完成事情的好处

1. 讨论合作的好处

提出“大家能一起合作做事有什么好处”这一问题，组织幼儿进行讨论；让幼儿体会到团结合作更容易完成任务，也会增加乐趣。

2. 两人三脚游戏

将两位小朋友的小腿一前一后绑在一起，双方必须协调配合才能前进，让幼儿体会合作完成任务的重要性；游戏后，讨论体会。

3. 小手拉大手义务劳动

组织小朋友进行简单的劳动活动，如清扫教室，让幼儿们手拉手完成；完成后，讨论合作劳动的感受。

三、面对困难，建立勇气

（一）我不怕错误：错误帮助我们进步

1. 讨论错误的启示

提出“你们在玩游戏或做手工时，曾经有过什么错误吗？我们从错误中学到什么？”；让幼儿讨论自己的错误经历，理解错误也能让我们获得启发。

2. 错误乐高城堡

提供乐高玩具，提示幼儿在搭建城堡时尽量出现各种各样的错误，如接错块、形状不同等。完成后找出错误，修改正确；理解错误，也是学习的一部分。

3. “错误奖”表演活动

组织表演活动，演员需要在表演中故意出现错误，如数数时说错数字、唱歌忘词等。观众需要指出错误，最后给演员颁发“错误奖”；理解错误会帮助我们进步。

（二）我不怕失败：失败使我们变得更强大

1. 讨论不成功的经历

请幼儿说说自己生活中的一些不成功或失败的经历，如打翻牛奶、积木搭建倒塌等；讨论失败后的感受和教训。

2. 故事分享：不会飞的小鸟

老师讲述故事《不会飞的小鸟》。小鸟跌倒后，继续努力学习飞翔，最后成功飞上天空；启发幼儿不要因为失败和挫折而放弃。

3. “励志印章”创意设计

提供印章齿轮等材料，让幼儿设计制作代表“励志”“自强不息”的印章，并在纸上印出图像；增强幼儿面对失败时的自信心。

（三）我敢面对困难：勇敢面对，积极解决

1. 模拟面对困难的情境

设置角色扮演情境。一位幼儿的彩笔掉在地上摔断了，老师指导他表现出害怕的样子，群体讨论应该如何勇敢面对困难。

2. 讲故事，培养勇气

讲述有关勇敢面对困难的故事，如陈洁瑜的《我要上学》，启发幼儿在面对困难时要勇敢。

3. “勇气徽章”颁奖仪式

每位幼儿都能获得一个“勇气徽章”，代表他们要勇于面对困难，不退缩；进行领奖仪式，让幼儿佩戴徽章，增强面对困难的勇气。

四、控制情绪，面对压力

（一）我的多种情绪：快乐、难过、生气等正常情绪

1. 情绪图片识别

准备代表不同情绪的表情卡片，让幼儿识别各种表情所表达的情绪，理解人都会有各种不同的情绪。

2. 情绪体验游戏

老师设置情境，引导幼儿先表现出不同的情绪，如开心、生气等，然后转换到其他情绪，感受情绪的改变。

3. 创作“情绪色彩”

提供多种颜色的颜料，让幼儿根据不同情绪选择颜色进行创作，如蓝色代表快乐、红色代表生气等，让幼儿了解自己的多种情绪。

（二）情绪宣泄：适当表达不良情绪

1. 情绪说说乐

提供情绪图片和话筒道具，让幼儿选择一张图片，拿着话筒对同伴“说说”这种情绪的感受，以文字或动作表达。

2. 情绪袋

准备印有不同情绪图片的小布袋，让幼儿选择一个情绪袋，把生气、伤心等情绪，“扔”进袋子里，以宣泄不良情绪。

3. 情绪互动游戏

老师与幼儿面对面坐着，双方用表情及动作来表达和传达情绪，以非语言方式进行情绪交流与宣泄。

（三）压力来源：应对困难或不确定性的压力

1. 绘本分享压力经历

通过诸如《小猪不爱洗澡》等绘本，启发幼儿讨论故事人物面临的困难与压力。

2. 手印压力图

在纸上印上自己的手印，让幼儿在手印周围画出或写出自己的压力来源，分享自己面临的困难。

3. 模拟压力情景

设置模拟情景。一个幼儿的作业找不到了，表现出很焦虑的样子；讨论在这种情况下的压力感受。

（四）舒缓压力：深呼吸、聆听音乐等放松方式

1. 深呼吸练习

教授幼儿深呼吸放松的方法，用竖起的手指追踪呼吸，指导幼儿做深呼吸运动，理解深呼吸可以舒缓压力。

2. 聆听静音乐

播放轻快欢快的儿歌、自然音乐等，让幼儿在舒适的环境中静静聆听，以音乐放松心情。

3. 按摩放松

两人一组，给小伙伴轻轻按摩肩颈，然后互相交换按摩肩颈，感受按摩放松的效果。

五、面对挫折，培养韧性

（一）我不怕犯错：错误是学习的阶梯

1. “错误探险”游戏

在活动中设置一些“错误”的环节，如错漏的图案、错误的颜色匹配等，让幼儿通过游戏找到错误，并给出修改意见。

2. “错误奖”表演活动

组织表演活动。让演员在表演中故意出现错误，提示观众指出错误并为表演者颁奖。让幼儿了解，错误是学习过程中的必然。

3. 讨论错误的启示

引导幼儿讨论在游戏或手工活动中曾犯过的错误，了解错误也能给我们提供学习机会。

（二）我不怕失败：失败是成功的妈妈

1. 失败心得分享

让幼儿说说自己在生活中失败或不成功的经历，如积木建筑倒塌，并说说自己的感受和获得的启发。

2. 讲故事《不会飞的小鸟》

讲述小鸟学习飞翔的故事，通过重复失败最终成功，启发幼儿不因为失败而气馁。

3. “自强不息”的手印画

让幼儿在纸上印上手印，用颜色笔画出不断自强的图像，如爬上山的小人等，增强幼儿面对失败的自信心。

（三）我敢面对困难：勇气出于内心

1．“勇气之心”绘画

引导幼儿绘制心形，并在上面绘制代表勇气的元素，如圆圈手印等，表达勇气源自内心。

2．模拟面对困难的情景

设置困难情境，如修玩具失败，让幼儿讨论面对困难要内心强大。

3．讲故事《勇敢的小绵羊》

通过讲故事，启发幼儿在面对困难时，要激发内心的勇气。

任务三 幼儿心理健康教育课程的教学方法

心理健康教育课程主要是通过老师与学生共同活动来进行的，因此我们把这些共同活动的方式看成心理健康教育课程的教学方法。以下是一个案例，详细描述了如何应用适合幼儿的教学方法教授幼儿情绪管理的技巧。

教学主题：情绪管理。

教学方法

（1）情境教学法

老师设计一个模拟情境，让幼儿在其中体验和感受情绪管理的重要性。例如，老师设置一个角色扮演的情境。在游戏中，幼儿扮演不同的角色，面对各种情绪激发的场景。例如，生气、害怕或伤心。通过模拟情境，让幼儿更好地理解情绪的表达和管理。

（2）互动体验教学法

老师组织互动游戏活动，让幼儿通过体验性的学习形成直观认识。例如，老师组织一个情绪表达的游戏，让幼儿们轮流扮演不同的情绪表情，并让其他幼儿猜测这些情绪表情所表达的情绪，并提供适当的反应和解决方法。通过这样的互动体验，幼儿们学会识别和理解自己和他人的情绪，还能有效地应对情绪问题。

（3）讨论教学法

老师针对情绪管理的主题组织讨论，引导幼儿分享感受并启发思考。例如，老师提出问题，让幼儿们讨论什么是积极的情绪，如何应对消极情绪，并分享他们在日常生活中遇到的情绪困扰和应对方法。通过讨论，幼儿们互相学习和借鉴，形成积极的情绪管理策略。

（4）绘本教学法

老师使用情绪管理相关的绘本故事，引起幼儿们的兴趣，通过生动形象的角色和情节，启发幼儿的情感和态度。例如，老师选择一本关于情绪表达和调节的绘本，读给幼儿听，并与他们一起讨论书中的故事和角色所面临的情绪问题，以及他们是如何解决这些问题的。通过阅读绘本，幼儿通过故事中的情节和人物经历，更好地了解情绪管理的重要性。

（5）行为示范教学法

老师通过情境模拟示范正确的情绪管理方式，让幼儿观察并模仿实践。例如，老师演示在面对挫折或困难时保持冷静和寻求帮助的正确行为，让幼儿观察并尝试在生活中模仿和应用这些情绪管理技巧。

（6）亲身体验教学法

老师组织一系列直接的亲身体验活动，让幼儿亲自参与并感受情绪管理的重要性。例如，老师可以设置一个合作游戏，要求幼儿在游戏过程中合作解决问题，同时控制自己的情绪。通过亲身体验，幼儿会意识到情绪管理对于团队合作和解决问题的重要性。

（7）表演教学法

老师组织幼儿参与表演活动，加深他们对情绪管理知识的理解和巩固。例如，老师指导幼儿编写小短剧，表演不同情绪状态下的角色，并展示正确的情绪表达和管理方式。通过表演，幼儿积极参与并将所学的情绪管理技巧应用到实际情境中。

（8）手工活动教学法

老师通过手工活动来巩固幼儿对情绪管理的理解和体会。例如，老师引导幼儿制作一个情绪管理卡片，并在上面写上不同的情绪表达和调节方法。幼儿根据自己的理解和经历，创作自己的卡片，并在日常生活中使用这些卡片来提醒自己正确应对情绪。

（9）音乐教学法

老师运用音乐元素，帮助幼儿在轻松愉悦的氛围中，体会情绪管理的知识和技巧。例如，老师选择一些具有积极情绪的音乐，与幼儿一起欣赏并讨论音乐中所表达的情感，并引导幼儿思考如何将这种积极情绪运用到自己的生活中。

（10）问答教学法

老师与幼儿进行问答互动，以加深对情绪管理知识的认识。例如，老师提出一系列问题，要求幼儿回答如何应对不同情绪状态下的挑战和困扰。通过问答，幼儿思考和分享自己的想法，并从其他幼儿和老师的回答中获得启发和建议。

通过以上教学方法的综合运用，幼儿在情境体验、互动参与、启发思维和活动体验中，学习情绪管理的知识和方法。这样的教学方法，旨在培养幼儿积极健康的心理素质，并帮助他们更好地理解和应对自己的情绪，促进心理健康的发展。

任务四 幼儿心理健康教育课程的评估

幼儿心理健康教育课程评价是指对幼儿心理健康教育课程进行综合性的评估和分析。评价的目的是通过系统地收集、整理和分析相关数据和信息，对课程的设计、实施和效果进行客观、全面的评判和判断。评价的结果和结论用于评估课程的质量、有效性和可持续性，为课程改进和优化提供依据和建议。

一、幼儿心理健康教育课程评价的内容

幼儿心理健康教育课程评价通常包括以下方面的内容。

课程目标评价：评估课程目标的合理性、可行性和针对性，确定课程设计的核心目标和关键要素。

课程内容评价：评估课程内容的科学性、适宜性和有效性，检查课程是否涵盖了幼儿心理健康的各个方面，并与幼儿的发展需求相匹配。

教学方法评价：评估教学方法的适用性和有效性，检查老师在课堂上采用的教学策略、教学资源和教学环境是否有助于幼儿的学习和发展。

评估工具评价：评估评估工具的科学性和可靠性，确定评估工具是否能够准确地测量幼儿心理健康的各个方面，并提供可比较的数据。

老师评价：评估老师对课程的理解、掌握和应用情况，检查老师的专业能力、教学态度和教学效果。

幼儿评价：评估幼儿对课程的接受程度、学习效果和心理健康水平的变化，了解幼儿对课程的反馈和意见。

家长评价：评估家长对课程的认知、支持和参与程度，了解家长对课程效果的观察和评价。

综合以上评价内容，可以得出对幼儿心理健康教育课程的综合评价，包括课程的优点和不足之处，以及改进和发展的建议。评价的结果对于提高课程的质量、适应幼儿的需求和促进幼儿心理健康发展具有重要的指导意义。

二、幼儿心理健康教育课程评价的方式

（一）观察幼儿课堂表现和活动情况

观察是了解幼儿学习情况的直接而有效的方式。老师在课堂上对幼儿的表现和活动情况，从以下几个方面进行观察。

幼儿的课堂表现：包括幼儿的精神面貌、参与情况、完成任务的能力等，如幼儿是否专注听课、是否能积极参与活动、是否能够正确完成课堂任务。

幼儿的情绪反应：观察幼儿在课堂学习中的情绪反应，如面对课堂情况时是否出现焦虑、抗拒等负面情绪，以及是否表现出自信、愉悦等积极情绪。

幼儿的社交互动：观察幼儿与同伴、老师的社交互动情况，如是否能与小伙伴友好合作、积极互助，是否能与老师进行有效沟通。

知识、能力的运用：观察幼儿是否能够运用课堂学到的知识和能力，如在日常学习生活中是否能自我调节情绪、是否会采用合作友爱的方式与人互动等。

老师采用观察记录表、做简单符号标记、拍照录像等方式记录观察情况，并在课后系统汇总、分析，以评估课程的学习效果。

（二）调查问卷、访谈了解家长反馈

家长作为幼儿的第一任老师，能够提供有关幼儿在家中的表现和行为变化的重要反馈。课程评估时，通过以下方式收集家长反馈。

设计问卷调查：设计心理健康课程效果的家长反馈问卷，采用纸质或网络的方式进行问卷调查。内容包括幼儿情绪调节、社交互动、面对困难等方面的变化情况。

A. 课堂气氛记录表（老师用）

年　　月　　日

主题内容：

课堂气氛：

学生间的相互反应：

偶发事件及处理：

教学效果评价：

教学建议：

老师签名：

B. 幼儿课堂行为评量表（表 10-1）

说明：第一，在姓名栏上填写所有学生的姓名；第二，观察每一位学生每项行为出现的次数，在格子上画记号，并计出总数，作为课堂教学效果的具体依据；第三，在“检讨与建议”一栏写下总评、注意事项与处理方法，供下次活动参考。

表 10-1　幼儿课堂行为评价量表

幼儿课堂行为评价量表													
行为		编号										总计	检讨与建议
		1	2	3	4	5	6	7	8	9	10		
抗拒行为	1. 独裁敌对												
	2. 沉默退缩												
	3. 缺席												

表 10-1（续）

幼儿课堂行为评价量表													
行为		编号										总计	检讨与建议
		1	2	3	4	5	6	7	8	9	10		
抗拒行为	4. 自以为是、自大												
	5. 吵闹不守秩序												
	6. 开玩笑												
	7. 管家婆												
操纵行为	8. 爱讲些无关话												
	9. 成为指责批评目标												
	10. 依赖、屈从别人												
	11. 批评、语言攻击												
协助行为	12. 倾听												
	13. 遵照指示活动												
	14. 领导												
	15. 自我开放												
情绪行为	16. 保守秘密												
	17. 发泄否定行为												
	18. 肢体攻击												
	19. 哭泣												
	20. 情绪激动												
动作化行为													
检讨与建议													

进行家长访谈：老师针对几位家长进行面对面或电话的访谈。在访谈中，提出开放性问题，邀请家长谈谈幼儿心理健康方面的进步。

线上反馈渠道：开设线上反馈渠道，如微信群、论坛等，方便家长及时反馈幼儿在家的表现情况。

家长反馈能更全面地评估课程的效果，是改进课程的重要依据之一。

（三）分析幼儿作品和心理测试结果

1. 分析幼儿作品

在课程学习中，幼儿会制作如情绪绘画、心理印章等创意作品。老师分析作品的内容和质量，以评估幼儿的理解和体会。

2. 进行心理素质测试

使用适合幼儿年龄的心理素质量表，对照课程前后结果，查看幼儿在自信、抗压、合作等心理素质的变化。

3. 采用情绪和行为评量表

采用情绪和行为评定量表，让老师、家长对幼儿的情绪状态、社交行为等做出评定，并对比分析评估课程效果。

（四）老师组织评议，检讨教学效果

老师是课程的实施者与评估者。老师组织评议活动，集体讨论课程效果，内容包括：课程内容设置是否合理，活动设计是否有效；幼儿对课程内容的接受程度和参与效果如何；教学方法的运用是否得当；教学过程中存在哪些问题和需要改进之处。最后，老师汇总各方面的评价结果，综合检讨课程效果，以持续优化课程设计，提高教学质量。

任务五 幼儿心理健康教育活动课程和课例

一、幼儿智力开发

（一）理论依据

1. 幼儿智力发展理论

基于幼儿发展的理论，如皮亚杰认知发展理论和维果茨基社会文化理论，了解幼儿智力发展的特点和阶段性特征以及智力发展与心理健康的关系。

2. 心理健康教育原则

基于心理学和教育学的原理，如促进积极心理状态、培养自尊和自信、鼓励探索和创造力、提供支持和关怀等，以促进幼儿的心理健康发展。

（二）设计思路

了解幼儿智力发展阶段性特征：根据幼儿智力发展的不同阶段，设计相应的教学内容和活动，使其与幼儿的认知水平和发展需求相匹配。

提供多样化的学习体验：通过丰富多样的教学活动，如游戏、探索、实践等，创造有趣的学习环境，激发幼儿的好奇心和学习兴趣，促进他们的智力开发。

强调主动参与和自主学习：鼓励幼儿积极参与课堂活动，提供学习机会和自主决策的空间，培养幼儿的问题解决能力、创造力和批判性思维。

培养合作与交流能力：通过小组合作活动和交流讨论，培养幼儿的社交技能和合作精神，促进他们的社交情绪发展和人际关系建立。

关注个体差异和多元发展：针对每个幼儿的个体差异，提供差异化的学习支持和引导，鼓励他们发挥优势、克服困难，实现个体化的智力发展和心理健康成长。

强调家庭与学校的合作：与家长密切合作，提供家庭支持和指导，加强家校互动，共同关注幼儿的智力发展和心理健康，形成有利于幼儿全面发展的教育环境。

通过以上的理论依据和设计思路，设计出结合幼儿智力开发和心理健康教育的综合课程，旨在促进幼儿的智力发展和心理健康成长，提升他们的认知能力、创造力和自信心。

（三）设计内容

1. 感知与观察能力的培养

教学内容：感官刺激、观察技巧、形状与颜色等。

教学活动：触摸盲盒游戏，观察和描述不同物体的特征，制作手工艺品。

2. 语言与沟通能力的培养

教学内容：词汇扩展、语言表达、听力理解。

教学活动：故事讲解与讨论、角色扮演、歌曲与韵律活动。

3. 逻辑思维与问题解决能力的培养

教学内容：分类与排序、推理与解决问题。

教学活动：拼图游戏、逻辑谜题、解决实际问题的小组活动。

4. 创造力与想象力的培养

教学内容：艺术创作、想象力培养、故事创作。

教学活动：绘画、手工制作、角色扮演、创作故事书。

5. 自我意识与情绪管理能力的培养

教学内容：情绪认知、情绪表达、情绪调节。

教学活动：情绪表情游戏、情绪绘画、情绪角色扮演、情绪调节练习。

6. 合作与社交技能的培养

教学内容：合作意识、分享与倾听、解决冲突。

教学活动：团队游戏、合作拼图、角色扮演冲突解决。

这只是一个示例的课程设计，实际设计时还应根据具体的年龄段、课时安排和教学资源进行调整和完善。老师还应根据幼儿的实际需求和兴趣进行个性化的教学活动和辅导，以最大限度地促进幼儿的智力开发和心理健康成长。

（四）课例

感受“声音的美妙”（大班）

整体目标

通过本次活动，培养幼儿对声音的感知能力，激发他们对声音美妙的认知和欣赏，促进心理健康的全面发展。

具体目标

（1）培养幼儿对不同声音的辨别能力。

（2）提高幼儿对美妙声音的欣赏能力。

（3）培养幼儿对声音与情感的联系的认知。

材料准备

（1）音响设备和音乐播放器。

（2）多种乐器（如小提琴、钢琴、手鼓等）。

（3）多样化的声音资源（如自然声音、动物叫声等）。

（4）适量的绘画纸、彩色笔。

环境准备

（1）安静、舒适的活动场地，保证幼儿能够集中精力聆听声音。

（2）提前测试音响设备，保证音效清晰。

活动过程之第一阶段：探索各种声音（20 分钟）

（1）活动名称：声音猜猜猜

活动内容：播放各种不同的声音，让幼儿猜测声音的来源。

活动目的：培养幼儿的观察能力和对声音的辨别能力。

（2）活动名称：音乐之旅

活动内容：播放不同类型的音乐，让幼儿闭眼聆听，尝试用心感受音乐传递的情感。

活动目的：提升幼儿对音乐美感的体验能力。

活动过程之第二阶段：感受乐器之美（30 分钟）

（1）活动名称：乐器小展示

活动内容：老师介绍不同乐器的特点，然后请专业老师为幼儿演奏。

活动目的：让幼儿亲身感受各种乐器的美妙声音。

（2）活动名称：动手尝试

活动内容：为幼儿准备简单的乐器（如手鼓、小木琴等），让他们自由发挥，感受自己制造的美妙声音。

活动目的：激发幼儿对音乐的兴趣，培养动手能力。

活动过程之第三阶段：绘声绘色（30 分钟）

（1）活动名称：画出你心中的声音

活动内容：播放不同音乐，让幼儿用绘画表达他们内心感受到的画面或情感。

活动目的：培养幼儿的想象力和创造力，将声音与视觉相结合。

（2）活动名称：声音的故事

活动内容：幼儿根据自己的画面，编写与之相关的小故事。

活动目的：锻炼幼儿的逻辑思维和故事表达能力。

评析

通过本次活动，幼儿在参与感受声音的美妙的过程中，不仅培养了他们对声音的敏感度和欣赏能力，也促进了他们的感性认知和情感体验。同时，通过触摸乐器、发声唱歌等方式，促进了幼儿的身体协调和音乐表达能力的发展。

在活动准备阶段，我们为幼儿准备了各种不同的乐器，如小提琴、钢琴、小鼓等；以及一些具有特殊声音的物品，如风铃、沙锤等。我们还准备了一些简单易学的儿歌和节奏游戏，以便引导幼儿参与到活动中来。

在活动过程中，我们首先向幼儿介绍了不同乐器和物品的名称，并让他们自由地触摸和试玩。随后，我们播放了一些具有美妙声音的音乐，引导幼儿聆听并表达他们的感受。接着，我们组织了一些简单的唱歌和击打节奏的游戏，让幼儿们在欢声笑语中感受音乐的魅力。

在活动评析阶段，我们发现幼儿们在活动中表现出色，积极参与，表达了他们对声音的热爱和喜悦之情。同时，一些幼儿也展现出了特别突出的音乐天赋，这让我们对今后开展更多音乐类活动充满了信心。

总体而言，通过本次活动，幼儿们在感受“声音的美妙”过程中，不仅获得了音乐方面的知识和技能，也增强了他们的情感体验和社交能力。这次活动的成功举办，为今后的心理健康教育课程设计提供了宝贵的经验和参考。

二、幼儿创造力培养

课程设计的理论依据和设计思路，应结合幼儿创造力培养和心理健康教育的原则。

（一）理论依据

创造力理论：了解创造力的概念和特点，如托里斯认为的创造力的四个方面，即原创性、适应性、评价性和发展性。同时，结合其他心理学理论，如高尔夫心理学、维果茨基社会文化理论等，深入了解创造力的培养和发展。

心理健康教育原则：基于心理学和教育学的原理，如鼓励积极心态、培养自尊和自信、提供支持和关怀等，以促进幼儿的心理健康发展。

（二）设计思路

创造性思维的培养：通过创造性思维的训练，激发幼儿的想象力和创造力，培养他们独立思考、解决问题和提出新思维的能力。

提供多样化的学习体验：通过丰富多样的教学活动，如艺术创作、角色扮演、故事创作等，创造有趣的学习环境，激发幼儿的创造力和表达能力。

鼓励自由探索和自主学习：给予幼儿自由探索和发现的机会，提供适当的指导和支持，鼓励他们独立思考、尝试新的方法。

培养批判性思维和问题解决能力：通过引导幼儿提出问题、寻找解决方案、评估和调整方法，培养他们的批判性思维和问题解决能力。

鼓励合作与交流：通过小组合作活动和交流讨论，培养幼儿的合作技能和团队合作精神，促进他们在创造性任务中的合作与交流。

促进自信心和情绪管理：通过肯定和鼓励幼儿的努力和成就，提升他们的自信心和自尊心。同时，教授情绪管理技巧，帮助幼儿处理挫折和困难，保持积极的情绪状态。

家校合作与亲子互动：与家长密切合作，提供家庭支持和指导，加强家校互动，共同关注幼儿的创造力培养和心理健康，形成有利于幼儿全面发展的教育环境。

（三）设计内容

1. 创造力的认识与理解

教学内容：介绍创造力的概念和特点，了解创造力在幼儿发展中的作用。

教学活动：观看创意作品或故事，引导幼儿讨论和分享自己的观点。

2. 想象力的培养

教学内容：激发幼儿的想象力，培养他们的故事编排和角色扮演能力。

教学活动：通过故事绘本阅读，鼓励幼儿参与故事创作和角色扮演，展示他们的想象力。

3. 创造性思维的培养

教学内容：引导幼儿运用创造性思维解决问题，培养他们的批判性思考和创新思维。

教学活动：提出有趣的问题或挑战，鼓励幼儿提出多种解决方案，并讨论各自的想法和方法。

4. 表达能力的培养

教学内容：培养幼儿的表达能力，包括语言表达、绘画和手工艺等形式。

教学活动：通过绘画和手工制作活动，鼓励幼儿描述和展示自己的作品，分享创意和感受。

5. 合作与交流能力的培养

教学内容：培养幼儿的合作与交流能力，促进团队合作和社交技能的发展。

教学活动：小组合作活动，如团队拼图、角色扮演等，鼓励幼儿共同合作完成任务，并学会倾听和尊重他人的意见。

6. 自信心和自尊心的培养

教学内容：通过肯定和鼓励，培养幼儿的自信心和自尊心，促进他们敢于展示和分享自己的创意。

教学活动：赞赏和分享环节，鼓励幼儿相互欣赏和肯定彼此的创意和努力。

（四）课例

感受“铅笔还能做什么”

活动目标

本次课程的活动目标旨在通过感受“铅笔还能做什么”，培养幼儿的创造性思维和动手能力。

具体目标

（1）培养幼儿的想象力和创造力，拓展他们对铅笔的认知和应用。

（2）提升幼儿的动手能力，通过实际操作将创意付诸实践。

（3）促进幼儿在合作中学会分享、交流和倾听。

活动准备

（1）准备材料：铅笔、剪刀、胶水、胶棒、彩纸、装饰用品（如贴纸、彩绘笔等）、A4 纸。

（2）设置活动环境：确保活动场地宽敞明亮，保证每位幼儿有足够的操作空间；将所需材料摆放整齐，方便幼儿取用；设置小组合作区，让幼儿在团队合作中发挥创造力。

活动过程之第一阶段：启动想象力（约 15 分钟）

（1）热身活动：引导幼儿围绕“铅笔”的关键词展开讨论，如颜色、形状、用途等。

（2）启发思考：提出问题，如“除了写字，你们认为铅笔还能用来做什么”，鼓励幼儿分享自己的想法。

（3）示范创意：展示一个利用铅笔制作的小手工作品，激发幼儿的兴趣。

活动过程之第二阶段：动手实践（约 30 分钟）

（1）自由创作：提供各种材料，让幼儿自由发挥，制作自己想要的铅笔创意作品。

（2）小组合作：将幼儿分成小组，鼓励他们共同合作完成一项创意任务。

活动过程之第三阶段：成果展示与分享（约 15 分钟）

（1）成果展示：让每位幼儿展示自己的作品，分享制作过程和创意灵感。

（2）互动讨论：引导幼儿互相欣赏、提出建议，促进交流和分享。

评析

本次活动通过感受“铅笔还能做什么”，成功地引发了幼儿们的创造性思维和动手能力。许多幼儿展现出了丰富的想象力，制作了各具特色的铅笔创意作品。在小组合作中，幼儿学会了互相倾听、协商和分享，培养了团队合作意识。然而，也有一些幼儿可能需要更多的引导和鼓励才能发挥自己的创意。在未来的活动中，给予更多的启示和示范，帮助每个幼儿发现自己的创造力。

总体而言，本次课程设计取得了良好的效果，为培养幼儿的创造性思维奠定了基础，也为未来的心理健康教育课程提供了有益的经验。

三、幼儿自信心培养

课程设计的理论依据和设计思路，应结合幼儿自信心培养和心理健康教育的原则。以下是一个课程设计的理论依据和设计思路的例子。

（一）理论依据

自尊理论：了解自尊的概念和构成要素，如自我接受、自我价值感和自我效能感等。了解自尊对幼儿心理健康和发展的重要性。

心理健康教育原则：基于心理学和教育学的原理，如提供支持和关怀、鼓励积极心态、培养自尊和自信等，以促进幼儿的心理健康发展。

（二）设计思路

自我认知与自我接受：帮助幼儿认识自己的个性特点、优点和兴趣爱好，培养对自己的正面认知和接纳。

成就感与目标设定：鼓励幼儿设定可行的目标，并提供适当的挑战和支持，使他们能够通过努力取得成就感，增强自信心。

肯定与鼓励：通过积极的反馈和肯定，鼓励幼儿展示和发挥他们的能力和才华，增强他们的自信心。

情绪管理与积极心态：教授幼儿情绪管理技巧，帮助他们处理挫折和困难，培养积极的心态，提升自信心。

合作与合理竞争：通过小组合作活动和游戏，培养幼儿的合作与交流能力，同时在适当的情境中引导合理竞争，促进自信心的培养。

家校合作与亲子互动：与家长密切合作，提供家庭支持和指导，加强家校互动，共同关注幼儿的自信心培养和心理健康，形成有利于幼儿全面发展的教育环境。

通过以上的理论依据和设计思路，设计出针对幼儿自信心培养和心理健康教育的综合课程，旨在帮助幼儿认识自我、建立自信心，培养积极的心态和情绪管理能力，从而促进他们的心理健康发展。

（三）内容和教学活动

1. 自我认知与自我接纳

教学内容：引导幼儿认识自己的个性特点、优点和兴趣爱好，了解每个人都是独特而有价值的。

教学活动：绘画或手工制作活动，让幼儿画出自己喜欢的事物，并介绍给其他同学，让他们互相了解和接纳。

2. 成就感与目标设定

教学内容：鼓励幼儿设定可行的目标，并提供适当的挑战和支持，使他们能够通过努力取得成就感。

教学活动：设立小组或个人目标。例如，完成一个拼图、解决一个难题，通过完成目标来获得成就感和自信心。

3. 肯定与鼓励

教学内容：通过积极的反馈和肯定，鼓励幼儿展示和发挥他们的能力和才华，增强他们的自信心。

教学活动：角色扮演活动，让每个幼儿扮演自己擅长的角色，并在展示后互相表扬和鼓励。

4. 情绪管理与积极心态

教学内容：教授幼儿情绪管理技巧，帮助他们处理挫折和困难，培养积极的心态，提升自信心。

教学活动：情绪表达绘画活动，让幼儿通过绘画表达自己的情绪，并鼓励他们积极面对困难和寻找解决办法。

5. 合作与合理竞争

教学内容：通过小组合作活动和游戏，培养幼儿的合作与交流能力，同时在适当的情境中引导合理竞争，促进自信心的培养。

教学活动：团队合作游戏，如建造一个大楼或解决一个难题，鼓励幼儿共同合作，互相支持和鼓励。

6. 家校合作与亲子互动

教学内容：与家长密切合作，提供家庭支持和指导，加强家校互动，共同关注幼儿的自信心培养和心理健康。

教学活动：家庭作业或家庭活动，鼓励家长与幼儿一起完成任务，互相表扬和鼓励，增强幼儿的自信心。

（四）课例

感受“认识自己”

活动目标

本次课程的活动目标，旨在通过感受“认识自己”，培养幼儿的自信心和自我认知能力。

具体目标

（1）帮助幼儿了解自己的优点、特长和价值。

（2）提升幼儿的自信心和自尊心。

（3）培养幼儿积极面对自己的缺点和不足。

活动准备

（1）准备材料：大幅的白纸和彩色笔、颜料等绘画工具；一份简单的自我认知问卷，内容包括自己认为的优点、特长以及希望提升的方面。

（2）设置活动环境：确保活动场地安静、温馨，有足够的绘画空间；将所需材料摆放整齐，方便幼儿取用；设置舒适的小组合作区，让幼儿在团队合作中学会分享、交流。

活动过程之第一阶段：认识自我（约 15 分钟）

（1）热身活动：通过小游戏或谈话，引导幼儿分享自己认为的优点和特长。

（2）自我认知问卷：让幼儿填写简单的自我认知问卷，帮助幼儿思考自己的优点和需要提升的方面。

活动过程之第二阶段：绘制“我的自画像”（约 30 分钟）

（1）绘画时间：提供足够的时间，让幼儿根据自己的认知，用绘画表达自己的形象。

（2）分享与交流：鼓励幼儿分享自己的作品，让他们用自己的眼光看待自己。

活动过程之第三阶段：自我表达与肯定（约 15 分钟）

（1）自我表达：鼓励每位幼儿用简短的话语描述自己的作品，表达对自己的认知。

（2）群体肯定：鼓励其他幼儿对同学的作品给予积极肯定和鼓励，促进积极正向的互动。

评析

本次活动通过感受“认识自己”，成功地引导了幼儿思考自己的优点和特长，培养了他们的自信心和自尊心。许多幼儿在绘制“我的自画像”时表现出色，通过作品展现了对自己的积极认知。然而，也有一些幼儿可能需要更多的鼓励才能打开心扉，表达自己的认知。在未来的活动中，给予更多的启示和引导，帮助每位幼儿建立积极的自我认知。

总体而言，本次课程设计取得了良好的效果，为培养幼儿的自信心和自我认知能力奠定了基础，也为未来的心理健康教育课程提供了有益的经验。

四、幼儿的情感教育

课程设计的理论依据和设计思路，应结合幼儿情感教育和心理健康教育的原则。

（一）理论依据

情绪发展理论：了解幼儿情感发展的阶段和特点，如情绪认知、情绪表达和情绪调节等。了解情感对幼儿心理健康和社交能力的重要性。

情感教育原则：基于心理学和教育学的原理，如情感认知、情感表达、情感调节和情感管理等，以培养幼儿的情感素养和情绪健康。

（二）设计思路

情感认知与情感表达：帮助幼儿认识不同的情感，如喜怒哀乐等；学习适当的情感表达方式，如通过语言、绘画和角色扮演等。

情感调节与情感管理：教授幼儿情感调节技巧，如深呼吸、冷静思考和积极转移注意力等，以帮助他们有效管理和调节情感，遇到挫折和困难时保持情绪稳定。

情感识别与同理心：培养幼儿识别他人情感的能力，如观察面部表情和身体语言等，同时引导他们表达关心和同理心，促进良好的人际关系和情感交流。

情感解决与冲突管理：教授幼儿解决情感问题和处理情感冲突的策略，如有效沟通、寻求妥协和尊重他人等，培养他们的解决问题和解决冲突的能力。

家校合作与情感支持：与家长密切合作，提供家庭支持和指导，加强家校互动，共同关注幼儿的情感教育和心理健康，形成有利于幼儿全面发展的教育环境。

通过以上的理论依据和设计思路，设计出针对幼儿情感教育的心理健康教育课程，旨在帮助幼儿认识和理解情感，学会适当表达和调节情感，培养情感识别和解决问题的能力，从而促进他们的情感发展和心理健康。在设计课程时，应充分考虑幼儿的年龄特点和发展水平，采用多样化的教学活动和方法，以提高幼儿的参与度和学习效果。同时，老师应该为幼儿提供个别指导和支持，关注每个幼儿的情感需求和发展进程，以确保他们能够从课程中获得最大的收益。

（三）教学内容和教学活动

1. 情感认知与表达

教学内容：介绍不同的情感，如喜悦、愤怒、悲伤等，帮助幼儿认识和理解自己的情感，并学习适当的情感表达方式。

教学活动：情感表情游戏，让幼儿模仿不同情感的表情，并描述表情所对应的情感。

2. 情感调节与冲突管理

教学内容：教授幼儿情感调节技巧，如深呼吸、寻找解决问题的方法，以帮助他们有效管理和调节情感。同时，引导幼儿探讨和解决情感冲突的方式。

教学活动：情感调节冥想活动，让幼儿通过深呼吸和冥想来平静自己的情绪。

3. 同理心与情感识别

教学内容：培养幼儿的同理心，让他们学会关注他人的情感需求，并引导幼儿识别他人的情感表达。

教学活动：情感故事分享，让幼儿了解他人的情感经历，并讨论他们对故事中人物情感的理解和感受。

4. 情感解决与合作

教学内容：教授幼儿解决情感问题和处理情感冲突的策略，如沟通、妥协和尊重他人等。同时，鼓励幼儿通过合作来解决情感困境。

教学活动：情感角色扮演活动，让幼儿扮演不同情感场景中的角色，并通过合作解决情感问题。

5. 情感支持与情感环境

教学内容：强调情感支持的重要性，鼓励幼儿互相关心和支持。同时，营造积极的情感环境，让幼儿感受到安全、尊重和接纳。

教学活动：情感墙贴纸活动，让幼儿互相赠送贴纸，表达对他人的赞扬和支持。

通过以上的教学内容和教学活动，帮助幼儿认识和理解自己的情感，学会适当表达和调节情感，培养同理心和情感识别能力，同时提供解决情感问题和处理情感冲突的策略。在设计课程时，应充分考虑幼儿的年龄特点和发展水平，采用互动性强、趣味性高的教学活动，以促进幼儿的参与度和学习效果。同时，老师应根据幼儿的实际情况提供个别指导和支持，关注每个幼儿的情感需求和发展进程，以确保他们能够从课程中获得最大的收益。

（四）课例

感受“快乐和烦恼”

活动目标

本次课程的活动目标，在于帮助幼儿认识到快乐和烦恼是正常生活中的情绪体验，同时引导他们学会有效地处理这些情绪，以促进心理健康的发展。

具体目标

（1）帮助幼儿了解快乐和烦恼的含义和特点。

（2）鼓励幼儿分享自己的快乐和烦恼，增强情感表达能力。

（3）引导幼儿学会有效的情绪管理方式，提升心理健康水平。

活动准备

（1）准备材料：图书或图片，以展示不同情绪状态；大幅的白纸、彩色笔和颜料，用于绘画活动；简单的游戏或活动道具，用于热身活动。

（2）设置活动环境：确保活动场地安静、温馨，有足够的绘画和活动空间；将所需材料摆放整齐，方便幼儿取用。

活动过程之第一阶段：认识快乐和烦恼（约 15 分钟）

（1）热身活动：通过小游戏或活动，让幼儿参与其中，调动情绪，为后续活动做准备。

（2）情绪认知：通过图片或图书，引导幼儿认识不同情绪状态，特别是快乐和烦恼，并讨论这些情绪的原因。

活动过程之第二阶段：绘制“我的快乐和烦恼”（约 30 分钟）

（1）绘画时间：提供足够的时间，让幼儿用绘画表达他们理解的快乐和烦恼的场景。

（2）分享与交流：鼓励幼儿分享自己的作品，并让他们讲述作品背后的故事，表达情感。

活动过程之第三阶段：情绪管理与表达（约 20 分钟）

（1）情绪管理游戏：设计简单的游戏或活动，让幼儿在玩乐中学会有效地处理情绪，如模拟情境角色扮演。

（2）情感表达：鼓励幼儿用简单的话语描述自己的快乐和烦恼，培养他们的情感表达能力。

评析

这次课程设计的目标是通过感受“快乐和烦恼”，引导幼儿认知与情感表达。活动的设计考虑到了幼儿的年龄特点，通过互动游戏和绘画等形式，使幼儿在活动中愉快地参与。

活动准备方面，首先明确了活动的主题和目标，然后选择了适合幼儿的游戏和绘画材料。活动中还设立了小组互动环节，让幼儿在小组中共同分享快乐和烦恼的经历，增强了彼此之间的交流与理解。

在活动过程中，幼儿积极参与，通过游戏和绘画等方式，表达了内心的情感体验。在小组分享环节中，幼儿们能够倾听他人的故事，也勇敢地分享了自己的快乐和烦恼。这不仅培养了幼儿的情感表达和管理能力，也促进了彼此之间的交流与理解，还培养了幼儿的倾听与理解能力，让幼儿认识到快乐和烦恼是正常的情感体验，学会了用积极的态度去面对情感。

总体而言，本次课程设计在心理健康教育方面取得了积极的效果，为培养幼儿的心理健康奠定了基础。同时也反映出了活动设计的合理性，以及教育者对幼儿心理发展规律的理解和应用能力。在今后的心理健康教育中，借鉴这次活动的经验，进一步提升教育质量。

模块四　实训篇

项目十一

幼儿行为训练

◎读书无疑者，须教有疑，有疑者，却要无疑，到这里方是长进。

——朱熹

◎使教育过程成为一种艺术的事业。

——赫尔巴特

【教学目标】

★ 素质目标

正确看待幼儿的行为，合理进行行为训练。

★ 知识目标

了解幼儿行为训练的基本内容。

★ 能力目标

掌握幼儿行为训练的基本方法。

【引言】

良好行为习惯的培养是幼儿教育的重要任务之一，是幼儿品德教育的重点。对幼儿进行良好行为习惯的培养，要遵循幼儿的身心发展规律，运用专业的方法和策略。

【案例导入】

苗苗是一名幼儿园老师，主要对 5 岁和 6 岁的幼儿进行行为习惯训练。她的辅导小组一共有 16 名学生，其中一名学生叫琦琦，不顺从是他最主要的挑战性行为。

一个寒冷的冬天，苗苗让幼儿去操场活动之前把外套穿上，琦琦喊道：“我不想穿外套。”

“你可以不穿外套，琦琦，但是，只有穿了外套的小朋友才允许出去玩。”苗苗回答道，并指着她的助手说，“丽丽姐姐将会和不想穿外套出去玩的小朋友一起待在教室里。”然后，她就带着已经穿上外套的幼儿们去操场了。琦琦立刻开始发脾气，并大喊大叫，但苗苗和丽丽都不理他。

当琦琦的妈妈来接琦琦回去的时候，苗苗跟琦琦妈妈讲述了白天发生的事情。琦琦妈妈说：“我们让他穿上外套，他根本不听，所以，我们只能让他自己决定要不要穿。”

苗苗回应：“但那不是在教室里，学校的规定是冬天学生外出之前必须穿好外套，不遵守规定的人就只能留在教室里。”

第二天，当苗苗老师宣布到了出去活动的时间时，小朋友们都穿上了外套，琦琦也迅速地穿上外套。

此后，琦琦很少在幼儿园表现出不顺从的行为，但是他妈妈却经常抱怨他在家的一些不良行为。请结合相关知识，分析琦琦的行为。

任务一 幼儿意志力训练

一、目标导向法

指导和帮助幼儿制定短暂和长远的目标，使幼儿有努力方向。幼儿心中有了目标，有了“盼头”，他就会为实现目标而去努力，表现出坚毅、顽强和勇气。但目标一定要恰当，应该使幼儿明白这目标不经过努力是达不到的，但稍经努力便能达到。太难或太易达到的目标，都不能使幼儿的意志得到锻炼。另外，目标如果是合理的，那就要求幼儿坚决执行，直到实现为止。不可迁就，更不能半途而废。

二、独立活动法

应尽可能让幼儿独立活动，如让幼儿自己穿衣、自己收拾玩具、自己完成作业。幼儿在进行这些活动时，要克服外部困难和内部障碍，意志得到锻炼。倘若幼儿不能完成这些活动，老师和家长也不必急忙去帮助，“先等一会儿”，让幼儿自己克服困难。当幼儿战胜了困难，达到了目的，会获得满足感，克服困难的勇气和信心也随之增强。

三、克服障碍法

坚强的意志是磨炼出来的，越是在困难的环境中越能锻炼人的意志力。家长应该有意识地给幼儿设置点障碍，为他们提供克服困难的机会，使他们在生活的道路上有点小小的坡度。倘若把幼儿前进道路上的障碍全部清扫干净，他现在可能平平安安，日后他就会逐步失去走坎坷道路的能力。

四、自我控制法

幼儿的意志品质是在成人严格要求下养成的，也是他们在日常生活中经常自我控制的结果。家长应经常启发幼儿加强自我控制。自我鼓励、自我禁止、自我命令以及自我暗示等都是意志锻炼的好形式。比如，当幼儿感到很难开始行动时，让他自己数“三”，或自己给自己下命令：“大胆些”“不要怕”“再坚持一下”等。

五、表扬法

赞扬、鼓励能鼓舞勇气，提高信心，有利于意志的锻炼。对幼儿在活动中表现出来的意志努力和取得的点滴进步，家长要适时适度地给予肯定和赞许。在让幼儿完不成计划时，家长要具体分析，切不可说“我就知道你完不成任务”“我早就说你没常性”等丧气话。否则，只能使幼儿一次次增加挫折感，而最终失去自信心。

人的意志品质与性格特征有着一定的关系。因此，在培养幼儿意志力时，还应该充分考虑幼儿的不同心理特点。对性格内向的幼儿，应加强果断性和灵活性的锻炼，培养他大胆、勇敢、坚毅的意志的品质；对外向型的幼儿，则应加强培养他们的自制力，有意识地培养他们的忍耐、沉着、克制的品质。

辅导案例：幼儿意志力训练。

案例背景：小乐是一个5岁的男孩，他在日常生活中经常表现出缺乏意志力和坚持性的问题。他经常因为完成任务困难而放弃，容易分心和失去动力。他的父母希望能够帮助他培养坚持和克服困难的意志力。

辅导方法

根据幼儿意志力训练的方法，小乐的父母决定采取以下措施。

（1）目标导向法

与小乐一起制定一个短期目标，即每天完成一项简单的家务活动。例如，整理书架或摆放玩具。这个目标对小乐而言，具有挑战性，但又不是过于困难的任务。

（2）独立活动法

鼓励小乐在日常生活中承担更多的独立任务。例如，自己穿衣和整理自己的书包。在完成这些任务时，父母给予他适当的时间和空间，让他克服困难并获得成功的满足感。

（3）克服障碍法

有意设置一些小的障碍。例如，在玩具堆中放置一些障碍物，要求小乐清理玩具时克服这些障碍。这样的练习有助于他培养克服困难和挫折的能力。

（4）自我控制法

教给小乐一些自我控制的方法。例如，在开始任务之前深呼吸并告诉自己要坚持下去。当小乐遇到困难时，他们鼓励小乐使用积极的自我暗示，如“我自己做到”和“我相信自己”。

（5）表扬法

在小乐成功完成任务时，及时给予肯定和赞扬，鼓励他继续努力。他们注重具体的表扬，指出小乐的努力和进步，以增强他的自信心。

通过这些训练方法，小乐逐渐开始培养坚持和克服困难的意志力。他发现自己能完成任务并获得满足感，逐渐建立起对自己能力的信心。小乐的父母在训练过程中持续关注他的进展，根据他的个性特点和发展水平进行调整和支持，为他提供一个积极、支持和鼓励的环境。随着时间的推移，小乐的意志力将得到进一步的巩固和发展。

任务二　幼儿交往行为训练

一、移情训练

移情是对他人情绪情感状态的识别和接受。在移情反应中，幼儿不仅察觉出他人的情感，而且能够设身处地地为他人着想，产生与他人相同的心情。因此，幼儿与社会性行为的发展有密切的关系。通过移情，幼儿能体验他人的情感，感受他人的需要，想象某一行为给他人带来的后果，从而更有效地促发友爱行为，并抑制可能对别人造成伤害的攻击性行为。移情训练的目的，就是在幼儿与生俱来的基本移情能力的基础上，提高幼儿体察他人情绪，理解他人感受和进一步产生相应感受的能力。

训练的方法有听故事、引导理解、续编故事、角色扮演等，通过语言、行为、姿势动作、表情等表现该角色的特征，令幼儿从中体验在某些情境下该角色的心理感受，进而在现实生活中遇到类似情况时能做出恰当的反应。比如，让一个攻击性较强的幼儿扮演一个经常受欺负的幼儿的角色，他会更容易理解攻击性行为对他人的危害性和被攻击时的心理感受，进而在日常生活中更加自觉地控制自己的攻击性行为。

二、交际能力和行为训练

所谓交际能力，是指采用恰当的方式解决交往中所遇到问题的策略和技巧。许多幼儿之所以在交往中表现出不恰当的交往行为，往往是因为缺乏相应的技能。交往能力训练首先要使幼儿学会正确识别交往中的问题的原因和特点。比如，为什么妈妈不让我和小朋友玩？虽然对较小的幼儿而言，这种训练比较复杂，但对于较大的幼儿而言，教会他们根据交往的具体情景和问题的具体情况来选择合适的反应方式是必要的。技能训练应该使幼儿认识到，解决某个问题有很多种方式，但我们要选择最合适的。比如，当一个小朋友来抢另外一个小朋友手中的玩具时，被抢玩具的小朋友可以用力将他推开，也可以喊“讨厌”，或去找大人帮忙，当然，还可以友好而认真地对他说“你别抢，咱们一起玩”。显然，最好的解决方式是最后一种。

三、善于精神鼓励

奖励对于行为的巩固作用和惩罚对于行为的缓解作用是众所周知的。恰当运用奖惩能够有效地促进幼儿亲社会行为的发展，并且在一定程度上抑制幼儿的攻击性行为。所谓精神奖励是指在集体中对幼儿的口头表扬、语言鼓励或评选等。在幼儿集体中创造一种气氛，即集体中的每个人都应该想到其他人、关心爱护帮助别人、与别人分享合作，通过集体舆论强化幼儿的亲社会行为倾向。如果老师能够在鼓励幼儿亲社会行为的同时，对幼儿的攻击性行为表示厌恶或不理不睬，坚持明确的否定态度，就会有效减少攻击性行为的发生。

精神奖励作为一种外在的强化手段，要恰当运用，绝不要把幼儿的精力集中在“小红花”“五角星”上，而应辅之以讲道理、说原因等教导，使幼儿更欣赏亲社会行为，对之持有更加积极愉快的态度，这样的效果会更好。

辅导案例：幼儿交往行为训练。

案例背景：小芳是一个 4 岁的女孩，她在与其他幼儿交往中经常表现出一些不恰当的行为。例如，抢夺玩具、打人或者不愿意分享。老师和家长希望能够帮助她发展良好的交往行为和社交技巧。

辅导方法

根据幼儿交往行为训练的方法，小芳的老师和家长采取了以下措施。

（1）移情训练

通过讲故事、绘本或角色扮演等方式，引导小芳理解他人的情感和感受；鼓励小芳设身处地地为他人着想，培养她的共情能力。例如，老师讲述一个关于分享和合作的故事，并与小芳讨论故事中角色的感受和行为选择。

（2）交际能力训练

教导小芳如何正确识别交往中的问题，并选择合适的交往方式；通过角色扮演或模拟情境训练的方式，让小芳亲身体验不同交往方式的结果。例如，当小芳想要一个玩具时，老师引导她使用友好的语言请求，或者提醒她与其他幼儿一起合作玩。

（3）合作游戏和团队活动

组织一些合作游戏和团队活动，让小芳与其他幼儿一起合作完成任务。这样的活动有益于培养她与他人合作、分享资源和尊重他人的能力。在活动中，引导小芳积极参与和互动，并对她的积极行为给予肯定和鼓励。

（4）行为建模

成为小芳良好行为的榜样，示范出友善、合作和分享的行为，并通过积极的语言和肢体语言表达对小芳良好行为的认可和赞扬。

（5）善于精神鼓励

通过精神奖励，如表扬、鼓励和赞美，增强小芳亲社会行为的积极性；鼓励小芳关心他人、分享和帮助他人，并通过集体中的正面评价和表彰来强化她的良好行为。

通过这些训练，小芳逐渐发展出良好的交往行为和社交技巧。她学会了如何关心他人、分享资源和尊重他人的需要。老师和家长在训练过程中持续提供支持和指导，帮助小芳在与他人交往中更好地适应和表现。随着时间的推移，小芳将逐渐建立起积极的交往习惯和亲社会行为倾向。

任务三 幼儿自我保护教育

一、幼儿自我保护教育的方法及其理论依据

幼儿自我保护是与幼儿生活、学习密切相关的，幼儿自我保护的教育应从三个方面着手：从自我保护知识的传授着手，其中包括自我身体的认识、交通知识，对危险品的认识等；从自我保护技能的培养入手，其中包括紧急制动、躲闪能力、追逐、寻求帮助等；从心理自我保护良好态度的培养入手，其中包括陶冶性情、挫折的自我调节、社会的适应力等。

二、幼儿的自我保护教育知识拓展

（一）教育幼儿不要轻信陌生人

要经常对幼儿讲一些深入浅出的道理，让他们认识到社会上既有好人也有坏人，如果大人不在身边，不要相信陌生人的话，不要跟陌生人走，不要吃陌生人的东西。如果遇到陌生人硬拉幼儿走，幼儿要大声叫喊周围的叔叔阿姨。另外，让幼儿知道自己的家庭住址、家长的姓名和工作单位，牢牢记住，做到准确无误；还要告诉幼儿自己家附近有什么明显的标记，有什么交通方式可以到家，万一迷路，也能找到自己的父母，安全回家。告诉幼儿，如果遇到陌生人跟踪，要跑到就近的商店找大人求救，或找巡警帮助。

（二）注意进食安全

在幼儿园，有很多吸引幼儿的玩具，如小木珠、胶粒等插塑玩具。老师要教育幼儿不要把这些玩具放在嘴里，并告诉他们由此产生的后果：这些东西会误入气管而造成窒息。吃饭时，老师要教育幼儿不要边吃边说话，或边吃边笑，以防食物呛入气管。

（三）学会保护自己的眼睛

让幼儿学会防止眼外伤。幼儿小肌肉发育还不完善，手上的控制能力较差，如果用剪刀或玩木棍，很容易刺伤眼睛，老师应事先进行安全教育，锻炼幼儿的自我保护能力。教育幼儿不用脏手或脏手帕擦眼睛；要教育他们玩沙时，不要用沙去撒别人。如果沙子撒入其他小朋友的眼内，一时取不出来，沙子在眼内摩擦，会擦伤眼膜，从而损伤眼睛。

（四）注意正确的读写姿势

看书时，做到肩不耸、头不歪、背要直，书和身体有一定的距离；注意调节桌椅的高度，使双腿不悬空，大腿保持水平。注意采光，看书、写字半小时后，应远眺一会儿。

（五）学会保护牙齿

首先，要让幼儿懂得牙齿是不能接受刺激物的，吃过冷、过热、过硬的食物会引起牙齿酸痛，

并使牙釉发生损伤。其次，要教育幼儿学会控制自己，少吃零食。尤其要控制食糖量，并做到睡前不吃甜食。最后，要帮助幼儿纠正不良习惯，如手指咬手指甲、咬嘴唇咬笔、用舌头舔牙等；还要教会幼儿正确的刷牙和漱口方法。建议做鸡蛋浸在醋里的小实验。

任务四 幼儿情绪情感训练

一、情绪、情感的基本概念

情绪、情感是一种内在的主观体验，是人对客观事物是否符合其需要、愿望、观点而产生的体验。情绪有四种基本的形式——喜、怒、哀、惧，其他的情绪、情感都是在此基础上衍生发展起来的。当事物能满足人的需要时，人就会产生积极肯定的情绪、情感；当事物不能满足人的需要时，人就会产生消极否定的情绪、情感。情绪、情感的产生依赖于人的认识，认识越深刻，情绪、情感反应也越强烈。情绪、情感可以调节行动、动机功能、信号交际功能、适应功能等。人的情绪、情感是否正常、稳定，反应是否适度，是衡量一个人心理健康水平高低的重要标准之一。

幼儿的情绪、情感正处在发展之中，社会性情感如道德感、理智感、美感等，也开始逐步出现并发展起来。但总体而言，其发展水平仍然不高。

二、情绪和情感的区别与联系

情绪和情感是人脑对客观事物与主体需要之间关系的反映，是人内心的主观体验形式。因此，情绪和情感在本质上是相同的，二者往往被当作同义词。但二者又是有所区别的。

（一）情绪与情感的区别

（1）情感比情绪高级。情绪比情感更为广泛，是人和动物所共有的低级的体验；而情感是人类所特有的高级的、复杂的体验，这是人与动物在心理上的区别。

（2）情绪易变，情绪稳定。情绪经常具有情境性，往往是由一定的情境所引起的。当情境发生变化时，情绪也将迅速发生变化；而情感却较少受到具体情境的影响，是人对客观事物较为稳定的态度，具有稳定性和持久性。如父子之间的情感就是一种情感性的关系。

（3）表现形式不同。一般而言，情绪比情感具有更明显的外部表现，往往直接体现为兴奋、愤怒、痛苦等；而情感则比较含蓄和深沉，体现出一种依恋、服从、不设防等状态。

（4）发生的早晚不同。情绪发生得比较早，主要是和人的生理性需要相联系，具有情境性、易变性；而情感发生得较迟，与人的社会性需要相联系，一经形成，有较强的稳定性。

（二）情绪和情感的联系

（1）稳定、持久的情感是在情绪的基础上形成的，情感的发展是通过大量情绪变化的积累作用实现的。

（2）情绪是情感的表现形式，人们深沉、含蓄的情感往往通过具体的事件引发的外显情绪过程表露出来。

（3）已经形成的稳定的情感制约情绪的变化，如爆发形式、程度等。

四、幼儿情绪、情感的培养

情绪、情感不仅具有调节行动的功能，而且与人的心理健康密切相关。所以，培养幼儿积极的情绪、情感，就成了幼儿园教育的一项重要任务。

（一）扩大知识面，提高认识水平，促进幼儿情感的发展

认识是情感的基础。由于幼儿知识贫乏、社会经验不足、辨别是非的能力较差，容易“跟着感觉走”。所以，教育者在培养幼儿情感过程中，要善于抓住契机，随机性进行引导，不断提高他们对情绪情感的认识水平，促使他们的情感体验向更高水平发展。

（二）创造情境，参加实践活动，加强情感体验，陶冶幼儿的情感

情感总是由一定的情境引发的，通过创设情境培养幼儿的情感是一种较好的方式，如通过升旗仪式、观看祖国各方面发展的成就来培养爱国主义情感，通过参加集体活动来培养集体主义情感，通过参加义务劳动来培养热爱劳动的情感，通过科技活动来培养热爱科学的情感等。

（三）增强幼儿控制和调节情绪的能力

1. 保持愉快的情绪

例如，设置合理的需要目标；热情参与各种活动以享受生活的乐趣；正确认识评价自己，悦纳自我，保持自信；多与人交往。

2. 控制和调节消极的情绪

释放消极情绪，如击打沙包、放声高歌、失声痛哭、找人倾诉、写日记等；学会遗忘，不要耿耿于怀；善于转移，做一些别的事情；通过注意力转移，使消极情绪得到缓解，如看电影、打球、下棋、唱歌、画画等。

辅导案例：幼儿情绪调节。

案例背景：小伟是一个4岁的幼儿，他在幼儿园里遇到了一些情绪问题。他常常因为一点小事就变得生气或难过，有时甚至会大声哭闹。这给他自己和周围的人都带来了困扰。

辅导方法

为了帮助小伟控制和调节情绪，老师采取了以下措施。

（1）情绪认知教育

老师对小伟进行了简单的情绪认知教育，通过图片、故事等形式，帮助他认识和理解不同情绪的表现和产生的原因。老师还鼓励小伟表达自己的感受，并帮助他找到合适的词汇描述自己的情绪。

（2）情绪管理技巧培养

老师教给小伟一些情绪管理技巧，如深呼吸、数数、找个安静的地方冷静一下等。当小伟遇到令他情绪失控的情况时，老师会提醒他运用这些技巧来平复情绪。

（3）情绪宣泄途径

老师为小伟提供了一些情绪宣泄的途径，如让他在室外放声大哭、击打沙包、画画、跳舞等。这些活动帮助他释放负面情绪，并转移注意力。

（4）情绪导向的活动设计

老师在幼儿园课程中安排了一些情绪导向的活动，如音乐游戏、角色扮演、情感表达绘画等。通过这些活动，小伟在积极愉快的情境中体验和表达自己的情感。

随着时间的推移，小伟逐渐学会了控制和调节自己的情绪。他能够更好地表达自己的感受，也能通过运用学到的技巧来平复自己的情绪。他的情绪稳定性和自控能力得到了提升，与周围的同伴和老师建立了更好的情感关系。

【思考与练习】

1. 简述幼儿意志力训练的内容和方法。
2. 简述幼儿情绪情感的发展特点，以及幼儿情绪情感控制的技巧。
3. 结合实例，简述在幼儿园应如何开展幼儿自我保护教育。

课后拓展活动记录表

班级		姓名		学号	
指导老师		活动时间		活动地点	
活动主题					
课后应用	将本模块所学知识应用在学习和生活中并进行简要记录。				
学习感想	结合教与学两方面，写写自己的心得，并提出自己的建议。（200 ~ 300 字）				
备注					

模块五 评估篇

项目十二

幼儿心理辅导测量

◎因为道德是做人的根本。根本一坏，纵然使你有一些学问和本领，也无甚用处。

——陶行知

◎每一个决心献身教育的人，应当容忍幼儿的弱点。

——苏霍姆林斯基

【教学目标】

★ 知识目标

1. 了解幼儿心理辅导的特性及其分类。

2. 了解建立幼儿心理辅导档案的意义与原则及其他相关知识。

★ 能力目标

掌握幼儿心理辅导常用测验的分类及方法。

【引言】

幼儿心理辅导测量是学校在开展幼儿心理辅导活动中，对学生的能力、人格及心理健康等方面进行测量。从某种意义上而言，心理测量是幼儿心理辅导的前提和基础，是心理辅导取得成效的保证。只有掌握和熟悉心理的测量技术，才能在一定程度上保证幼儿心理辅导的客观性和科学性。

如何正确有效地诊断幼儿的心理健康状况，确定幼儿心理健康问题的特点及症状，为学校开展心理健康教育、推行心理咨询与辅导工作提供直接依据，这是每个幼儿心理辅导工作者都面临的现实问题。正确地选择和运用心理测验，是解决这一问题的有效途径。作为一项专业性、操作性很强的理论和技术，幼儿心理辅导测量的正确实施，取决于其最基本的理论、方法和技术。也只有全面掌握幼儿心理辅导测量的基本理论、方法及技术，才能从根本上提高幼儿心理辅导工作的针对性、规范性和实效性。

【案例导入】

俊俊刚进幼儿园时，经常会和其他小朋友发生冲突。根据老师观察，大都是俊俊的言行举止粗暴造成的。例如，在与同伴的游戏过程中，他会蛮横无理地争抢玩具。在排队拿水果时将同伴推拉，或故意让别人摔跤。更让老师和家长头痛的是俊俊有较强的攻击性行为。有一次，在玩自主游戏玩积木搭火车轨道时，由于洛溪搭得很快，其他的小朋友都喜欢听他的指挥。开始，俊俊站在旁边看着。过一会儿，他走过去，一脚把火车轨道踢断，然后若无其事地离开了。还有一次，集体做手指操时，俊俊把邻座的小朋友推倒在地下，并用一只手按着小朋友的头，另一只手使劲地拍打着，老师发现后立即制止。但过一会儿，他又故伎重演，被老师反复教育后，才停止该危险行为。后来，老师了解到，俊俊爸妈离异，由奶奶一个人带。由于奶奶不懂教育，俊俊在与别的幼儿交往时，比较自我，为了达到目的，经常做出攻击性行为。

任务一 幼儿心理辅导测量概述

一、心理测量的概念

心理测量，又称为心理测验，是根据客观的标准化了的程序来测量个体的某种行为，以判定个体差异的工具。为了使心理现象数量化，用分数和等级对人们的心理行为进行描述，其结果是给人的心理行为一个量化的数值。心理测验按照一定的方法和程序编制和使用，并要求对所有受试者均用同样的刺激方法来引起他们的行为反应。

二、心理测验应具备的条件

（一）标准化

这是指进行测验时的条件和程序要统一，以保证每个被测者在完全相同的条件下接受测验，因为测验程序的任何变动都可能会改变被测者的测验结果。适当的测验程序是由设计者设计的，但是是否能够维持，则依赖于实际实施测验的人，所以还必须对测验者进行适应性的训练。

（二）常模

为了解释一种心理测验的结果，必须有一个参照系或者说比较点。这样，某一个人的成绩才能与其他人的成绩进行比较，这个参照系就是“测验常模”。从施测全体对象中选择具有代表性的一群人（样本），对其施测，将所得分数加以统计处理，得出一个具有代表性的分数分配，这就是常模。

（三）可靠性（信度）

信度是指测验分数的相对稳定性和测验内部的一贯性。一个测验必须有较高的信度，用它作为判断个别差异的依据才能靠得住。如果一组被测者在某一星期中测得的平均分数为 100 分，而在一星期之后接受同一测验所得平均分数却为 72 分，那么这个测验就是不可靠的。确定信度的方法多采用重测法，即同一测验对一组被测者前后测验两次，根据两次所得分数计算出相关系数，以相关系数的大小表示信度的高低（这个相关系数就称为信度系数）。除了重测法外，有时也可用折半法（即把一个测验中每个人的分数都分为两半，求两者间的相关）与复本法（即同时编制性质相同的两套测验，由测得的两组数量求相关）求得信度系数。

（四）有效性（效度）

效度是指测验确实有效地反映期望预测的程度。一个测验的效度愈高，即表示它所测量的结果愈能代表所欲测量的心理或行为的真正特征。效度的测定是以该测验成绩和其他可用的行为标准间的相关来表示的。

三、心理测验的基本要求

有效的心理测验必须具备以下几个基本要素。

（一）常模

为了对个别测验结果进行正确的评定，必须与客观的标准比较后才能作出判断，这种标准称为常模。常模是正常样本的平均值水平，或是指某种心理测验在某一人群中测查结果的标准数，即提供了可比较的标准。某个人在某项测验的结果只有与这一标准比较，才能确定测验结果的实际意义，而这一线性是否正确，在很大程度上取决于常模样本的代表性。由于人的心理现象较生理活动更为复杂，所受影响因素更多，所以每一种心理测验工具都要建立自己的常模，甚至同一量表在不同国家、不同地区和随着时代的变迁，都要重新修订、建立新的常模。

1. 样本

这里是指标准化常模样本，心理测验的结论是与同龄人或其他因素相同的人相比较而来的，其结论的正确与否，与样本的代表性有关。标准化的测验要求比较的样本具有很好的代表性，它既要有足够的数量，又能充分反映所测量的人群的构成情况，并对明显影响所测量的心理特征的相关变量进行适当的调整和处理，使之符合心理测量的要求。如人格特征存在明显的年龄差异，人格测验的标准化过程应按年龄范畴设定常模。

2. 均数

这是一种常模的普通形式，是标准样本的平均值，某被测试者在测验中的直接得分（粗分或称原始分）与之相比较时，才能确定其成绩的高低。

3. 标准分

原始分的意义非常有限，不具可比性，如某被试者在算术测验中得 15 分（最高分为 20 分），而在词汇测验中得 40 分（最高分为 80 分），单凭原始分就难以判断该被试者哪项测验成绩更好，因为这两个测验分数的全距不同，测验分数在常模样本中的情况也可能不同，不具有可比性。另外，原始分在不同年龄或不同群体被试者之间也不具有可比性，而心理测验的基本目的就是这两个方面的差异，要实现这一目的，运用标准分是一种较好的手段。

4. 百分位

百分位是常用的常模形式，其优点是不需要统计学的概念便可理解。一般是将成绩差的排列在下，成绩好的排列在上，计算出常模样本分类的各百分位范围，将被试者的成绩与常模相比较。如被试者成绩相当于百分位为 25，说明其成绩相当标准化样本的第 25 位，也就是说样本中 25% 的成绩在其之下（或一样），75% 在其之上，以此类推。

5. 划界分

在筛选测验和临床评定时表中常用，如教育上用 100 分制时，以 60 分为划分及格的界限。一般入学考试的划界分常因考生人数和录取人数而异，而在神经心理学测验中，将正常人与患者的测验成绩相比较，设立划界分来判断有无脑损伤；如果某诊断脑损伤敏感，则阳性或阴性的比率提高。

6. **比率（或商数）**

这类常模形式比较常用，心理学家早就使用比率智商，商数常模形式在发展量表中目前使用也较多。

以上是常用的形式，另外，还有各种性质的常模，如年龄常模（按年龄分组建立的），性别、区域和各种疾病诊断的常模。从可比性看，常模越特异就越有效。从适应性讲，通用常模使用起来比较方便。

（二）效度

效度是指一个测验工具能够测量出其内容的真实程度，用于反映工具的有效性、正确性。效度是科学测验工具中最主要的必备条件。一个测验若无效度，则无论具有其他任何条件都是无意义的。效度检验有以下多种方法。

内容关联效度：用于系统评估测验项目反映所测量内容的程度，即测验的行为取样是否能代表所测量的心理功能及代表的程度，通常通过专家评审的方法进行，主要在设计项目时考虑这一指标。

效标关联效度：反映了编制的测验是否能预测被试者在特定情境中的行为表现，其关键之处是合理地选择效标。例如，智力测验常选用学业成绩作为效标，临床评定量表常选用临床诊断作为效标。

结构关联效度：反映了编制的测试所依据理论的程度。例如，编制了一个智力测验，必定有关智力理论，那么该测验反应所依据的智力理论程度，可用结构效度检验。因素分析是结构效度检验时最常用的方法。

（三）信度

信度指测验分数的可靠性，通过对测验分数测量误差的计算来估计。在测量学上，测验信度就是估计误差在测验分数总方差中所占的比例。测验误差在编制测验和实施测验中均可产生，包括内容抽样误差，即编制测验时筛选有代表性行为样本的抽样误差；时间抽样误差，即同一名被试者在不同时间接受同一种测验测查时所产生的误差；评分者误差，即同一份测验结果由不同人评分而产生的误差。

评估不同的误差采用不同的计算方法，主要有如下几种。

分半信度：将一套测验的各项目按难度排列，再按项目的奇、偶数序号分成两半，对其所测结果进行相关分析，用于评价内容抽样误差。

a 系数：用于评价测验内容抽样误差和项目内容的异质性。

正副本相关：有的测验同时编制了平行的正副本，将同一组被试者的两种结果进行相关分析，也是评价测验内容误差的一种量数。

重测信度：对同一组被试者在两次不同时间，做同一套测验所得结果进行相关分析，评价时间抽样误差。

评分者之间一致性检验：用于评价不同评分者之间所产生的评分误差。

信度检验结果用信度系数表示，其数值在 -1 ～ +1。绝对值越接近 1.0，表明误差越小，测验结果越可靠；绝对值越接近 0，表明误差越大，测验结果越不可靠。通常，能力测验的信度要求在 0.80 以上，人格测验的信度要求在 0.70 以上。

（四）标准化

心理测验是为了准确估计受试者的心理特征及需要控制的测量误差。控制测量误差的主要手段是使测验情景对所有人都是相同的，这种控制的方法称为标准化。标准化有很多方面，其中最重要的标准是要求每一个受试者有相同的题目和相同的时间和条件、相同的分数记法。如果测验是非标准化的，将无法得出客观准确的结论。

（五）正确对待心理测验

一是实事求是地对待测验技术。心理测验技术是一门正在发展中的技术。在使用心理测验技术时，既要严肃认真，又不能求全责备，实事求是地对待心理测验。

二是正确地使用心理测验提供的信息。心理测验可为临床工作者提供一些有用的信息，但不能机械地依赖这些信息，任何夸大或贬低测验结果的做法都是不可取的。此外，任何个别的测验提供的信息都是有限的，所以要强调全面评估。

四、心理测验的特性

心理测量与物理测量有同也有异，但总的看来，心理测量比物理测量要更困难、更复杂。

（一）心理测量的间接性

物体的物理特征是看得见、摸得着的，如人的高矮胖瘦等。因此，物理测量能直接测出人或物的物理特征的水平。然而，人的心理特征却是内在的，看不见，也摸不着，不可能直接进行测量。因而心理测量往往通过人们在面对问题情境时，所表现出来的外显行为来推论其心理特质。所谓特质是描述一组内部相关或内在联系的行为时所用的术语。例如，一名幼儿喜欢阅读文学著作和杂志、喜欢观看文学性较强的影视剧，热衷于读书、写作，由此我们便可推论此人具有文学兴趣的特质。可见，特质是个体特有（与他人不同的）的、稳定（表现于各种情境中）的、可辨别（可与其他特征分开）的特征。它又是一个抽象推论的产物，而不是一个能够被直接测量到的实态。由于心理特质只能从人的行为模式中推论出来，因此，心理测量是间接性的测量。

（二）心理测量的相对性

心理是可以测量的。美国心理学家桑代克说“存在之物，必有数量”，麦柯尔说“数量之物，必可测量”，这两句名言构成了心理测量的理论基础。但是在对人的行为作比较时，没有绝对的标准，我们有的只是一个连续的行为序列。所谓心理测量，就是看每个人处在这个序列的什么位置上。由此测得智力的高低、能力的大小等，都是这个人与所在团体的大多数人的行为（即常模）相比较而言的。由此可见，心理测量虽与物理测量的思想是一致的，但心理测量具有相对性。

（三）心理测量的客观性

客观性是一切测量工作必须遵循的基本原则，心理测量也不例外。由于在心理测量过程中要控制的变量很多，因此很不容易做到客观。心理测量的客观性实际上就是测验的标准化问题。经过心理测量工作者长期的努力探索，目前测验的客观性已达到相当高的程度。首先，测验的刺激是客观的。它包括测验题目、施测说明、施测者的言语态度及施测者的物理环境等，均经过了标准化。特别是对测验项目的选择不是随意的，而是在预测的基础上，经过严格的统计分析确定的。其次，评分原则和手续经过了标准化，提高了评分的客观性。最后，测验分数的组合转换和解释经过了标准化，因此，对结果的推论也是客观的。

五、心理测验的分类与编制

（一）心理测验的分类

随着心理学的蓬勃发展，心理测验的应用日益广泛，目前已经扩展到教育、医疗、司法、工商管理、行政部门等诸多领域。在过去的几十年里，已经问世的心理测验不下数千种，经常使用的也有数百种。下面我们依据不同的标准，对测验进行分类。这些分类有些反映了测验间的本质差异，有些只反映了测验形式的异同，但对于我们进一步理解心理测验，正确选择和恰当地使用测验，都是有所裨益的。

1. 依据测验目标分类，分为能力测验和人格测验

（1）能力测验

能力测验主要以应答的速度和正确性作为指标判定结果。一般分数越高或正确答案越多，表明能力越强，成就越大。由于对能力的认定与实施目的不同，实际使用时，能力测验又分为智力测验、性向测验和成就测验。

智力测验始于为筛选学习困难幼儿而编制，但至今没有一个公认的明确定义。就目前通用的智力测验而言，注重的是表现在各种活动中稳定的一般认知能力。如言语能力、数学能力、记忆能力、空间知觉能力、推理能力等。

性向测验（或能力倾向测验）泛指用以测量潜在能力的测验。其目的在发现个体的潜在能力，深入了解其长处和发展倾向。潜在能力是指个体未来发展的可能性，即在给予一定的学习机会时可能达到的水平，而不是个体现在已经具有的能力。性向测验又分为三类：一是一般性向测验，测量一个人在语文、数学、空间知觉等多方面的潜能，也可用以预测一个人在哪种能力上更有潜力；二是特殊性向测验，为特殊目的使用，偏重测量一个人在某一特定方面的潜在能力水平，如音乐性向测验、数学性向测验；三是多元性向测验，根据特定目的把几种性向测验合并使用，用以测量多方面的潜在能力，这样的测验就称为多元性向测验。

成就测验主要考查受试者在学习和训练后所掌握的知识和技能水平，由于它已被广泛地应用于教育工作中，因此，有时也被称为教育测验。考试是每个人从孩童时代起就不断经历着的成就测验。根据不同的标准，成就测验还有更为细致的分类。例如，根据使用测验的教学阶段不同，分为总结性测验与形成性测验两类。总结性测验根据教学目标确定内容，试题范围应该是教学目标所要求内容的一个代表性样本，具有全面性和综合性特点。形成性测验帮助学生和老师将注意力集中于知识和技能的掌握上，为改进教与学提供必要的资讯。

（2）人格测验

人格测验（或个性测验、人格调查表）用以测量和评估在性格和气质等方面的个别差异。这类测验大多以问卷调查的方式进行，然后通过对结果的统计处理，从大量的调查资料中分析出各种人格特质及其构成。除上述问卷式的评定量表外，也有一些无规定答案的投射性人格测验，如墨渍图，自由地加以联想，主试者能把受试者（或受测者）不自觉地投射于其中的、隐蔽的心理特征分析出来。

2. 依据受试人数分类，分为个别测验和团体测验

任何测验都可以由主试者向一个人单独施测，也可以同时施测于一组人。施测对象或接受测验者称为受试者。根据受试者的人数，测验可以划分为个别测验和团体测验。

（1）个别测验

个别测验是指在同一时间内主试者只对一个受试者进行施测的测验。主试者充分观察与控制受试者的情绪、行动等，从而更好地激发受试者的正确动机，争取与受试者合作愉快，以保证测验结果的可靠性。但是，它的测验程序比较复杂，并且主试者必须进行严格的训练后方能胜任。

（2）团体测验

团体测验与个别测验相反，能够在同一时间内由一名主试者对多名受试者施测，如一般的教育测验、各种人格量表以及团体智力测验等都是集体进行的。团体施测与个别施测相比，显然可以节省大量人力、物力与时间，并且能在短时间内收集大量资讯。近年来，许多测验都实现电脑化，在刺激呈现方面，除了上述优点外，主试者的作用降低，既可以减少一些对主试的严格的专业训练，还避免了由不同主试者所引起的影响因素。

3. 依据测验材料分类，分为文字测验和非文字测验

测验材料由各种不同的方式呈现。例如，数位、文字、图形或各种实物都可用以组成题目进行测验，测验呈现的方式不同，受试者的作答方式也不一样。根据这一点，心理测验分为文字测验和非文字测验。

（1）文字测验

文字测验的题目以文字材料组成并呈现，要求受试者用文字或语言的方式作答。文字测验的编制和实施比较简便，在时间和经济上都比较节省，而且较易于测量人类高层次的心理功能。但是，这类测验容易受社会文化背景的影响，在跨文化比较研究中应用比较困难；同时，不同的文化程度会影响测验结果，对于那些在语言文字方面有困难的人和幼儿则完全不适用。

（2）非文字测验

测验项目或题目不以文字形式出现，受试者也不以语言或文字方式作答的测验称为非文字测验。非文字测验的说明部分由主试口头叙述，测验题目多属对图画、工具、模型和实物等的辨认或操作。由于测验材料的特殊性，这类测验不易受文化因素的影响，可用于广大文化水平较低者，如幼儿，并且适合于进行跨文化研究。

4. 依据评分方式分类，分为客观性测验与主观性测验

测验的题目具有多种形式，从应答方式与评分标准的角度来看，大致分为两大类：一类是客观性题目，它要求受试者的应答与固定的答案相匹配；另一类是主观性题目，受试者自由应答，没有固定的答案和相应的计分标准。根据测验的题目类型，心理和教育测验分为客观性测验与主观性测验，这一差异在教育测验中表现得最为明显。

（1）客观性测验

由客观性题目构成、计分客观公正的测验称客观性测验。客观性题目的题型包括是非题、选择题（或选答题）与填充题等，这些题型的题目答案简要、明确，又有事先制定的评分标准；计分过程直接、简单，不受评分者主观因素的影响；甚至可以由机器操作，评分容易；结果客观可信，内容覆盖面宽，容易获得有代表性的行为样本。但良好的客观题对编题技巧要求较高，需要依据科学的测量学原理，符合严格的审核步骤。客观性测验通常适用于测查一般的知识掌握和认知能力，而对于评价创造力等高层次能力则较难做出精确的测量。

（2）主观性测验

主观性测验是由论述题或评价题等构成的测验，没有标准答案，主要靠主试者个人的知识经验来计分。主观性测验的优点在于可以考查受试者的发散思维、组织能力与表达能力等高级认知发展水平。发散思维（或扩散性思维）是解决问题时的一种思维方式，其特征是不局限于单一答案而多方向地思考，从而找出多种答案，是创造活动的基础；组织能力则是将分散的知识经验按照既定目标加以组合，为实现论述等高水准活动所必需；表达能力是人际沟通的重要条件。然而，应用主观性测验时受试者的答案各不相同，试题本身的正确答案也不是唯一的。因此，即使有严格的评分标准，但每个评分者对此标准的理解与掌握程度、评分的时间安排，以及评分者本人身体与精神状态的变化等因素，都会对评分结果有直接影响，从而使评分偏颇，不可避免地增加评分误差。此外，由于论述题的作答和评阅均要花费较多的时间和精力，所以一次测验的内容不可能大量取样。因此，使用主观性试题必然题量少，无法涉及或覆盖学科的全部内容，考查结果会带有偶然性，如用它来评价学生的学习成就显然不够恰当。这是主观性测验的主要缺点。

但是，这类测验适用于考查客观性测验难以涉及的高层次的能力，因此又是全面考查受试者能力不可或缺的工具之一。目前，教育测量实践中将客观性试题与主观性试题相结合，共同组成一份测验的做法是从经验中总结得出的最佳选择。

5. 依据测验结果的解释分类，分为常模参照测验和标准参照测验

受试者完成测验之后，根据他对全部题目的作答情况首先计算出一个总分，称原始分数。只看原始分数，是无法对受试者的能力水平或个性特点做出估计的。要想对测验结果做出合理的解释，可以采取两种办法：一是必须把受试者的得分与他所属团体中其他人的分数进行比较，明确他在团体中的相对位置；二是把受试者的得分与某一个既定的标准相比较，看其是否达到了标准。依据对测验结果的解释方法不同，心理测验分为常模参照测验和标准参照测验两种。

（1）常模参照测验

所谓常模是一个标准化样本的次数分布，其作用是给同类测验的评分做标准。在使用上通常把它加以简化，只用一个能够代表该团体的量数做常模，即使用该常模团体得分的平均数来表示。在常模参照测验中，测验目标所注重的不是受试者的原始分数，或某方面心理特质的绝对水平，而是该受试者在标准化团体中所处的相对位置。通过将原始分数与常模做比较，得到个体成绩与团体的平均成绩之间的差异，从而对个体水平做出客观的相对评价。常模参照测验强调个体成绩与常模的比较，注重个体在团体中的相对位置，在大规模的评选工作中，如高考、招聘等活动中有重要意义，但它不能反映出个体在所测特质上的绝对水平。因此，在实践中，还需要有另外一种形式的测验。

（2）标准参照测验

标准参照测验关心的是受试者成绩的绝对水平。测验的解释为受试者是否已经达到某一特定的标准，并以“达标或未达标”“合格或不合格”等方式来报告，而很少关注个体在相应受试者团体中的相对位置和个别差异等问题。

标准参照测验主要用于教育和培训等应用领域，其合格标准依照教学和训练的内容而定。编制这类测验时，关键是首先要明确测验的内容范围，然后再确定受试者在此范围内必须掌握的程度和标准。只要达到这一标准，便认为受试者成绩合格。有些标准参照测验关心的是受试者的某种能力或能力倾向的水平，以规定的目标行为作为评价标准，一般的资格证书考试或评审工作都属于这一类。例如，在汽车驾驶执照的考试中，测验者关心的是受试者是否已经能够胜任驾驶员工作；而在飞行员选拔测验中，测验者关心的则是受试者经过培训是否能够承担飞行员的工作负荷等。“是否达到了标准，能够胜任预期的工作”是应用标准参照测验进行考核的目标，至于在合格者群体内部，彼此之间的关系如何并不重要。对于标准参照测验而言，在编制时确定的评定标准必须客观、公正，才能有效地实现测验的规定目标。

6. 依据回答测验题目的时限分类，分为速度测验与难度测验

在能力测验中，除了前述的各种分类以外，依据测验者在答题的速度和正确性两个判定标准中强调哪一个，有速度测验与难度测验两种。

（1）速度测验

速度测验关注的是回答题目的速度，要求受试者在一定的时间内尽快作答，完成题目越多越好。其目的在于考查受试者在测验任务上的反应速度。速度测验一般由比较容易的题目组成，不需要深入思考，只是题量大而时间限制非常严格，一般情况下基本能完成总题量的75%，几乎没有受试者能够在允许的时间内完成全部题目。这类测验以受试者在规定时间里答对的题目数量来区分优劣，常用于测查需要纯熟掌握的基础知识。

（2）难度测验

难度测验关注的是答题的正确性，测验的目的是了解受试者的最高能力水平。测验要求受试者认真思考，准确地回答问题。测验的构成比较复杂，题目从易到难排列，一般能正确回答75%，最难的题目几乎没有一个受试者能够解决。这类测验没有时间限制或限制得非常宽松，所以全体受试者不会因时间限制而感到遗憾。它旨在测量受试者的知识能力和解题技巧，即解决问题的最高能力水平，以完成的数量和准确性为计分标准。各类学科竞赛所用的测验大多属难度测验。

（二）心理测验的编制

心理测量的编制既是一门科学，也是一门艺术。在编制的过程中，统计分析是基本的方法，逻辑推理也不可缺少。

1. **测量目标分析**

测量的目的是指测量有什么用。测量的编制程序由于其目的不同而有许多变化，编题时题目的范围和难度也有差异。

按照测量的目的分类，测量分为显示性测量和预测性测量。当测量的题目与我们想要测量的行为相似时，这个测量就是一种显示；当我们所关心的是预测一些没有受到测量的行为时，这个测量就是一种预测。在一般情况下，我们对测量感兴趣，主要还是由于测量分数使我们能够预测一个人在不同情境下的行为。准确地说，显示性测量和预测性测量的区分不是绝对的。例如，高考测验，它的取样来自高中课本，对于高中的学习成就而言是一种显示，但对于该生在大学的学习成就而言则是一个预测。

在编制过程中，应该考虑使用测量的团体的组成和特点。例如，被试的年龄、智力因素、受教育程度、文化背景以及阅读水平等因素。在一种特定情境下，哪一种变因更重要，当然依赖于测量的目的和类型。

测量目的的确定最重要的是目标分析，即所编测量是用来测量什么心理变量或行为特征的。在实际工作中，编制者必须把测量目标转换成操作定义，包括理论上和实施上的假设。

对于测量目标的分析，我们从以下三个方面着手。

任务分析：具有选拔和预测功能的预测性测验，主要任务是要对所预测的行为活动作具体分析。

理论分析：首先给所要测量的心理和行为特质下定义，然后发现将通过什么行为表现出来和怎样测量得到。

取样分析：在确定了显示的内容和技能的基础上，研究取样问题。

2. **测量编制的技术**

在测量编制过程中，最重要的步骤是测量题目的编写和收集。基于为了有所筛选和修改，因此编写出多于所需题目一倍到几倍的数量。

题目的来源很多，最简单、最直接的方法是从已经出版的各种标准测验中选择合适的题目；作为成就测量，取自所测量的学科材料，如课本、参考文献、讲义等素材；理论和专家的经验有时也可作为题目的来源之一；临床的观察也可作为题目的来源；对于人格测量，描述人格的术语也可作为题目的来源。

如果没有现成的题目，就自己编制，但必须考虑以下几个方面的问题。

内容问题：要紧扣测量的目的出题，避免贪多而乱出题。

表述问题：使用准确的当代语言，文句简明扼要，最好一句话说明一个概念。

情绪问题：尽量避免主观化和情绪化的字句，不要伤害被试情感；不要涉及社会禁忌和隐私；不要诱导和暗示答案；不要让被试感到难以回答。

理解问题：题目应有确切答案，不应引起争议（创造力、人格测量例外）；题目内容不要超出受测团体的知识和能力范围；题目的格式不要引起误解。

测量题目的种类很多，可以根据测量的形式分类，也可以根据要求被试所做的反应方式分类。一种常见的分类方法是，根据对被试的要求不同而分为提供型和选择型的题目。前者如论文题、简答题；后者如选择题、是非题、匹配题。另一种常见的分类是论文题和客观题。所有的论文题目都是提供型的，在这类题目中被试者必须以自己的语言或行为来做出反应；客观题目既可以是提供型，也可以是选择型的。

论文题是能够测量被试的组织材料的能力、综合能力和文字表达能力，有时甚至可以测量被试的评价能力和创造能力，而这些能力是其他客观测验题难以测量的。

简答题是属于比较容易编制的题目，在评估学科知识方面特别有用，因其不受猜测的影响。该类题目的局限性是不能测量更为复杂的知识和能力。

选择题适用于文字、数字和图形等不同性质的材料，既能测量被试简单的或者复杂的学习成果，又能考查被试的记忆、分析、鉴别推理、理解和应用知识的能力，适用范围广，题意比较明确，评分比较客观，还具有诊断作用，可从对不正确的反应（诱答）的分析中获得有用的信息。

是非题是被试能很快书写和阅读，有比较广泛的取样，计分也比较客观。

匹配题是让被试指出哪个反应项与哪个刺激项是适合的，匹配题容易编制而且能在短时间内测量大量相关联的材料，覆盖面较广，但是它只能测量简单记忆的事实材料，而编制的选项必须是同质的。

3. 测量的编排和组织

题目首先要选择，选择的主要依据是题目本身的性质以及能够测量到计划测量的目标的程度。关于测量的长度，要根据测量的时间限制和被试的年龄、年级和阅读水平而定。常见的测题编排形式有以下两种。

并列直进式：将整个测量按测题材料的性质归为若干分测量，在同一分测量中的测题，则依其难度由易到难排列。

混合螺旋式：将各种类型的测题依难度分成若干不同的层次，将同等难度水平中不同性质和类型的题目组合在一起，再依不同层次、难度渐次排列。

心理测量的编制是一件非常复杂的工作，因此我们可以使用现有的测量，特别是在很多领域中都有一些公认的已经出版的可用测量，而没有必要总是去编制新的测量。

任务二 幼儿心理辅导常用测验

一、能力测验

能力具有可测量的特性，人的能力高低及差异能用数量加以权衡。能力测验对于鉴别学生能力差异、评定能力高低、预测未来发展、指导职业选择、因材施教等都具有极大的价值。

（一）能力测验应具备的条件

能力测验是心理学家设计来鉴别人的能力高低、测量人的能力方面心理特性的科学工具。能力测验作为一种科学的测量工具，必须准确、可靠，易于使用。一个有效的能力测验应具备以下四个条件。

1. 常模

常模是对标准化样本施测结果进行统计分析得出的平均数，即施测者用于解释测验结果（分数）的参照标准分数。个人接受测验所得的分数叫原始分数，原始分数本身没有任何实际意义，它必须与常模比较，才能显示出它所代表的意义。例如，某幼儿在一个由 50 题组成的测验中，答对了 35 题，仅凭这个数目则无法判断其优劣高低，只有当知道绝大多数幼儿只能答对 21 题时，才能对其做出判断。

2. 信度

信度是指一个测验所测得的结果（分数）的可靠性、一致性或稳定性。信度决定测验结果是否可信。若在一定时间内，连续几次用同一量表测量一个人的智力，得到的结果不一样，那么这个测验没有一致性，缺乏可信度。信度是以测验分数的一致性为标准来确定，但当一个测验具有信度时，用它去测量同一群人在不同的时间里所测得的分数几乎是相同的。测验信度的高低以两次测验得分的相关系数来表示，相关系数大于 0.8 时，测验才是可信的。

3. 效度

效度是指一个测验所测得的结果（分数）的有效性或准确性程度。测验的效度高，即表示它能测量到欲测量的某种心理特征。在特定的目的、范围内，测验是有效的，否则是低效或无效的。测验效度通常是以一群人在该测验上的得分与效度标准求相关系数，用所得的相关系数的大小来表示。效度分为内容效度、预测效度和结构效度三种。

4. 标准化

标准化是指测验的编制、施测、记分、结果解释都要按标准程序去执行。若测验缺乏标准化，就难以保证信度和效度。标准化包括如何选定测验题、如何选定施测对象、如何收发问卷、如何指导答题和控制时间、如何统计原始分数、如何用常模解释测验分数等。一个良好的能力测验对于这一切都应有明确的规定和统一的程序。

（二）能力测验简介

由于测量的对象不同，能力测验存在着多种不同的类型。按照能力的种类，将其划分为智力测验、特殊能力测验和创造力测验。

1. 智力测验

（1）智力测验的由来

智力测验是用标准化测量工具评定个人智力高低。世界上最早的智力测验是从我国开始的，以西汉的杨雄以语言反应速度为标准判断人的智力高低；在民间广为流传、迄今已为世界一些国家采用的“九连环”“七巧板”，也是测定智力的方法。但如何用科学方法测量人的智力水平的高低？法国的心理学家比纳和医生西蒙解决了这个难题。1905 年，受法国政府聘请，根据鉴定低能幼儿的需要，比纳和西蒙编制了世界上第一个智力量表——比纳－西蒙智力量表。该量表问世后，许多国家将其译成本国文字并加以修订。目前，西方国家使用最为广泛的有斯坦福－比纳量表和韦克斯勒智力量表。

斯坦福－比纳智力量表是美国斯坦福大学心理学家推孟，在1916年主持修订比纳－西蒙量表编制而成的、用于测验幼儿智力水平的智力量表。此量表经多次修订，成为国际上最有影响的智力量表之一，以年龄为测验标尺，分年龄组编定条目。每个年龄组都有六个条目，每个条目代表两个月的智力。起初，斯坦福－比纳智力量表沿用比纳创造的智力年龄（心理年龄）表示幼儿智力发展水平。由于智力年龄只能说明幼儿智力发展的绝对水平，但不能表示智力发展的相对水平。为了清楚地表示幼儿智力年龄与实际年龄之间的关系，便于不同年龄幼儿智力发展水平的比较，推孟首次采用了斯特恩提出的智力商数（简称智商，IQ）概念，用智力商数表示智力高低。其计算公式如下。

智商（IQ）= 智力年龄（MA）/ 实际年龄（CA）×100

智商是智力年龄与实足年龄的比值，因而称为比率智商（Ratio IQ）。由于人的实际年龄是不断增长的，而人的智力发展到一定水平后保持相对稳定。

韦克斯勒智力量表是美国心理学家韦克斯勒从1939年起编制的、较为完整的、具有各年龄代表性的智力量表，是西方国家最常用的智力量表。该量表包括三种：韦氏成人智力量表（简称WAIS）、韦氏幼儿智力量表（简称WISC）、韦氏幼儿智力量表（简称WPPSI）。韦氏每种量表都有言语和操作两个分量表。该量表废弃了智力年龄概念，首创并采用了离差智商。离差智商是根据标准分数计算出来的智商，指一个人的成绩和同年龄组被试的平均成绩比较而得出的相对分数。韦氏假定，人们的智商是以平均数为100和标准差为15的正态分布。离差智商的计算公式如下。

IQ =15×（X−Y）/S+100

其中，X代表个体测验得分，Y代表团体平均分数，S代表团体分数的标准差。（X−Y）/S代表标准分数，是一种以标准差为单位的相对量数。假定某年龄组的平均分为75，甲测验得分85，标准差为10，那么甲的IQ是115。用离差智商表示智力高低，可以确定一个人的智力在同龄人中的相对位置。

2. 特殊能力测验和创造能力测验

特殊能力测验主要用于测量个体某方面特有的职业活动能力和潜在能力。为测量个体从事某种专业活动的能力，心理学家在分析研究的基础上，根据特殊活动所要求的心理特征，列出测验项目，进行测验设计，编制出了许多特殊能力测验，如音乐能力测验、数学能力测验、美术能力测验、飞行能力测验、文书能力测验，机械能力测验等。特殊能力测验可为职业选择、就职人员选拔和安置、特殊能力早期诊断提供有益指导。

创造能力测验主要用于测量被试的求异思维水平，了解被试思维的流畅性、变通性和独创性。自20世纪50年代末期开始，美国心理学家吉尔福特研究发现，智力是创造力高度发展的前提，但创造力发展不是智力高低的线性函数，高智商的人的创造力并不一定高，低智商的人不可能有高创造力。而智力测验只能测出人的一般智力，不能测出高级的创造能力。于是，许多心理学家着手编制了侧重测量人的发散思维的创造能力测验，主要有芝加哥大学创造力测验、托兰斯创造思维测验和南加利福尼亚大学发散思维测验等。创造能力测验的题目多属于开放型，以1962年盖茨尔斯和杰克逊设计的一套创造力测验为例，包括词汇联想、物体用途、隐蔽图形、寓言解释和组成问题五个项目。其答案也不固定，一般要求回答得越多越好，且要有新颖性和创造性。

尽管创造力测验在评分和测验效度、信度的确定方面有难度，全面测定一个人的创造能力是相当困难的，但创造力测验在一定程度上能够预测人的创造成就大小。创新时代，创新社会，要求现代人必须具备创新能力，创造力测验是适应时代发展需要的新动向。

二、人格测验

（一）人格测验定义

人格测验是指在特定的条件下，对个人的人格资料进行系统科学的收集和整理分析，以了解其行为产生的原因，并对人格发展做出解释和预测。材料收集过程中要注意四个方面的内容：测验情景信息、测验材料性质指导语的性质和要求被试反应的性质。材料收集之后，还要对材料进行分类、分析和解释。然后，才可能对一个人的某个或多个人格特质进行评定。人格测评是一项比较复杂和细致的工作，为了使人格测验准确性更高，一般采用将需要评定的人格特征概念与某种人格理论相结合，然后进行系统的观察，才有可能对人格特征做出科学的判断。由此可见，人格理论和人格测验是密切联系的。

（二）人格测量方法

人格测验是人格心理学研究的重要工具。应用操作方便快捷的人格测验工具对个体进行人格测量，不仅是人格心理学理论基础研究的重要手段，而且在神经内科的临床诊断、新生入学心理档案建立、心理咨询、员工遴选、企事业单位管理等各个方面都有很强的应用价值。很长一段时间以来，心理学家开发的各种人格测验的目的是区分个体之间存在的明显人格差异。因而，通过大量的研究开发出了多种多样的人格测量方法。简单归纳一下，大概有访谈法、行为评定法、自陈量表、投射测验等。

1. 访谈法

访谈法是人格研究中最常用的方法之一。访谈就是研究员与幼儿之间面对面地通过直接提问的方式进行交流，获得个人相关信息的过程。虽然在整个访谈过程中，说话者和听话者的角色在不断转换，但研究者总体上是听话者，而幼儿是说话者。访谈法最大的特点就是灵活，可以对具体的问题进行层层深入地推进，也可以根据具体情境的不同提出适宜的问题。

从结构上讲，访谈一般分为结构式访谈、半结构式访谈和非结构式访谈三种。结构式访谈又被称为列表式访谈，是按照一定的程序，根据事先设定好的问题、假设和问卷等对幼儿进行资料收集的方法。半结构式访谈是指事先有设定好的假说和问题，但在实际访谈中并未对这些具体化，而采用比较灵活的提问方式。非结构性访谈又称为非导向式访谈，访谈之前并没有明确的主题和目标，随着访谈的进行，随意设计一些问题，但这些试探性的问题可能也是中立的。

访谈法在人格测量和人格研究中有极其重要的作用。由于其灵活性很强，可以为研究者提供大量的第一手资料，但这种研究方法对研究者本身也提出了很高的要求，它要求研究者必须经过严格的训练，掌握各种访谈的方法和技巧，这样才能预防个人思维定式对幼儿思想形成的理解偏差。

2. 行为评定法

行为评定法是指在一定的环境下对被研究个体的具体行为进行收集，并且忽略个体对自己的描述。该方法与观察法的相似之处在于，都是观察被试在特定情境中的行为。行为评定法经常采取行为取样的方式进行观察，即对个体在一段时间内或一定情境下的行为进行收集。研究者主张，行为评定法只考查外显行为和维持该行为的特点刺激因素，不主张将行为看作是某种动机或人格特质的征兆。在行为评定研究中，研究者也比较重视自陈法的运用，即要求被试者报告其行为发生过程中的思想状况，甚至记录特殊行为出现的频率和环境频率。但是，行为评定法更加强调外显行为和环境因素，排除内部动机、自我概念等主观因素。当然，人作为一个复杂的社会性动物，其主观性很强，面对同样的刺激，其行为表现可能不一样，同样的行为，其引发的原因可能也不一致。因此，在进行人格研究时，既要考查个体在一定的环境下所做出的行为反应，也要考查个体内部的心理状态和动机组成。这样，将两部分组合在一起研究个体人格时，才会更加客观有效。

3. 自陈量表

自陈量表是根据要测量的人格特质编制出的相应问题，要求个体根据自身实际情况或感受对这些问题逐一回答，研究者根据这些回答来判断个体在所测特质维度上的表现程度。自陈量表往往是以问卷的方式呈现的，问卷所涉及的题目和计分方法都是经过标准化处理的，这些题目往往都是关于动机、感情、认知和行为等方面的。在作答形式上，问卷一般采用是非式、选择式、评分尺度。

4. 投射测验

投射测验主要是利用一些模棱两可的刺激材料，让被试者在没有任何限制的情况下做出反应，研究者根据被试的回答进行分析和解释，以了解个体的认知风格、内在动机、愿望和情绪表达等方面。投射测验是以弗洛伊德的精神分析理论为基础，认为个体在进行自由想象时并不是凭空捏造，而是将隐藏在自己潜意识中的观念和特质投射到叙述或表达的行为中，心理学家根据这种表达进而推测个体的内心世界。该方法在运用时，对被试者没有特别的要求，被试者甚至不了解测验的意图，也不清楚反映的内容与评价之间的联系，因而这种测验具有很强的隐蔽性。投射测验的结果解释完全依赖于心理学家的经验，这样就会使得测验的信度和效度降低。尽管如此，多年应用的结果证实，投射测验是整体研究人格特质的重要方法之一。下面介绍两种应用比较广泛的投射测验。

（1）罗夏墨迹测验

罗夏墨迹测验是瑞士精神病学家罗夏开发的。罗夏用结构模糊的墨迹图对各类精神病患者进行诊断，经过多年临床实践，他发现不同类型的精神病患者对这张图的解释是不一致的。最后，罗夏从几千张墨迹图中选择了10张作为人格测验的材料，以知觉和人格之间的对应反映关系为基本理论假设，提出了相应的积分方法和解释原则。罗夏墨迹测验经过多年的临床实践于1942年正式发表，问世之后就作为行之有效的人格测量工具一直沿用到今天，在医学、教学和科研等各领域都发挥了重大的作用。

罗夏墨迹测验共有10张，其中5张为深浅不同的黑白图，2张配红色，3张彩色图。测验采用个别施测方式，主试者依一定顺序呈现图片，每次一张。被试者每看一张图片时，主试者问其图片“像什么”或“你看到了什么”等类似的问题，请被试者凭主观知觉加以描述，直到说不出新内容时再呈现下一张。10张图片看完后，问被试者是对每张图片的哪一部位或特征做出反应的。最后，根据被试者反应的部位、特征、内容等进行分析，把握所有的心理含义。罗夏墨迹测验在进行解释时，从四个方面考虑：反应部位——是整体还是局部；决定反应因素——是形状、颜色、动态还是静态；内容——联想到动物、人、植物还是事件；创新性——独抒己见还是墨守成规。在对测验结果的诠释中，对颜色的反应投射出被试对环境的情绪理解，对形状与位置的反应可视为总体生活取向的风向标。该测验在医学诊断中应用较多，优点在于为医患双方提供了开放交流的机会，但对测验者的要求较高，测验有效性依赖于测验者的敏感、共情与洞察力。该测验的记分与解释系统非常复杂，因此使用者必须经过较长时间的专业训练。此外，该测验本身主观性较强，其效度测评尚无可靠证据。

（2）主题统觉测验

主题统觉测验是与罗夏墨迹测验相类似的投射性人格测验工具，是美国心理学家莫瑞等人开发的。整套测验由30张意义含糊不清的黑白图片和1张空白卡片组成。图片内容主要以人物为主，也有一些景物图片，但这些图片是比较模糊的。测验时，每次给被试者呈现一张图片，要求被试者根据图片的内容编故事。整个故事中必须包含四个环节：图片中发生了什么事情，是什么引发了此时的情景，图片中的人正在思考什么，故事的结局是什么。

主题统觉测验的主要理论基础是，被试者在根据图片内容编故事时，会和自己的亲身经历相联系，因而会在不经意间把自己内心中最真实的感受“投射”进故事的情节。因此，只要对被试者所编故事进行深入分析，就会了解被试者的内在动机和愿望。

投射测验最大的优势就是弹性大，被试者在无拘无束的情况下任意做出反应。而且，测验材料一般选取的都是图片或者墨迹，这样对于各个文化层次的人而言都可以进行测验。当然，缺点也十分明显。第一，对测量结果难以进行准确的评价；即使是同样的描述，不同的主试者可能会有不同的解释；第二，对某些特定行为不具非常好的预测效度，如根据测验结果发现该被试有很好的责任心和亲社会行为倾向，但在现实生活中可能表现得不明显；第三，投射测验在实施时耗费大量时间、人力和财力，而且只适合于个别实测，无法进行团体测验。

三、心理健康测验

（一）心理健康测验的含义

心理健康测验是采用某种被认为能反映人的心理健康状况的标准化尺度，对人的心理行为表现进行划分，以推断其心理特征结构在健康维度上所处位置的方法。心理健康状况之所以能够测量，是因为它符合测量对被测对象的三点要求。一是心理健康状况是客观存在的；二是心理健康状况集合充满着丰富的元素，并构成一种从心理正常到心理偏差，再到心理障碍或心理疾病的有序类集，这在形态上属于连续体。也就是说，心理健康状况在数量上具有连续体的性质；三是能够找到与心理健康状况发生相关关系的可测事物，进而实施间接测量。

（二）心理健康测验的模式

心理健康测验始于20世纪初，测量的对象涉及病人和健康人，有两种测验模式：疾病模式和健康模式。

1. 疾病模式

疾病模式持医学临床的观点，旨在对幼儿心理疾病的有无以及心理疾病的类别进行诊断。在众多的心理疾病分类方案中，以世界卫生组织的《国际疾病分类（ICD）》、美国精神病学会的《精神障碍诊断和统计手册（DSM）》和我国中华神经精神学会的《中国精神疾病分类方案与诊断标准（CCMD）》等影响较大。

根据疾病模式，在医学领域中通常把幼儿和幼儿的心理问题看成一种精神疾病或障碍，程度一般比较严重。在《国际疾病分类第十版（ICD—10）》（1992）的“精神与行为障碍分类与诊断标准”中，把通常发生于幼儿及少年期的行为及情绪障碍分为七大类：多动性障碍、品行障碍、品行与情绪混合性障碍、特发于童年的情绪障碍、特发于童年与少年期的社会功能障碍、抽动障碍、通常起病于青年和少年期的其他行为与情绪障碍。

在《中国精神疾病分类方案与诊断标准第二版（CCMD—2）》（1989）中，把幼儿少年期精神障碍分为七大类：幼儿精神病（幼儿分裂症样精神病、婴儿痴呆和其他幼儿精神病等）、幼儿情绪障碍（幼儿焦虑症和其他幼儿情绪障碍等）、多动综合征、品行障碍、特殊功能发育障碍（言语功能发育障碍、学习技能发育障碍、运动技能发育障碍、混合性特殊功能发育障碍和其他特殊功能发育障碍等）、幼儿少年期其他行为障碍（排泄障碍、进食障碍、睡眠障碍、口吃、抽动障碍和其他行为障碍等）和幼儿少年期其他精神障碍。

由于疾病模式的心理健康测量有时意味着对幼儿症状进行归类，确定病名，而所确定的病名可能会成为幼儿行为自我证实的预言。例如，一个被定为精神迟钝的人，可能受不到完全的教育，从而放弃学习。可实际上，诊断心理疾病是一件十分棘手的事。例如，同一心理学家对同一学生使用不同的测量方法，可能会得出不同的评定；或不同心理学家对同一学生使用同一测量工具，也有可能会得出不同的结论；有时某一学生此时被评定为符合诊断标准，过一段时间测评则不符合这一标准。幼儿是处于不断发展变化中的个体，具有巨大的发展潜力和可塑性，我们不能轻易地给幼儿贴上心理疾病的标签。

2. 健康模式

学校心理健康教育的对象是以正常学生为主，因而心理健康测量的功能就不应只是进行心理症状学诊断或心理病理分类学诊断，而应把重点放在对学生发展潜能、自我实现程度的正向评定上，健康模式应成为学校心理健康测量的主要模式。健康模式的心理健康测量关注的是人的潜能、价值实现的程度、人的心理素质的改善程度，在学校心理健康教育中理应受到高度重视。

（三）心理健康测验的种类

根据测验目的和对象的不同，把心理健康测验划分为发展性心理健康测验、教育性心理健康测验和治疗性心理健康测验。

1. 发展性心理健康测验

发展性心理健康测验是为使受测者更好地发展和完善自己而设计的心理健康测量，其对象一般是尚未发现有什么心理异常的人。这类测验对量表、实施程序以及测量结果的解释的技术要求不太高，可以设计或借用一些简易的测量工具，让受测者自测自评，达到了解自我、发展自我和监测自我的目的。

2. 教育性心理健康测验

教育性心理健康测验是为帮助老师和家长等深入了解学生或幼儿的心理健康状况，以便有效实施心理健康教育而进行的心理健康测验，其施测对象可以是学生或幼儿本人，也可以是其他一些了解特定学生或幼儿的成人。这类测验通常要借用专门的量表来进行，对实施程序和测量结果的解释都有较高的技术要求。因此，施测者应由受过心理测量专业训练的人来承担。

3. 治疗性心理健康测验

治疗性心理健康测验，是为了对被怀疑有心理异常行为者，进行心理障碍或心理疾病诊断而实施的心理健康测验。这类测验通常应由心理测量或心理咨询专业工作者来进行，它对测量工具的技术指标，如信度和效度等的要求非常高。在施测过程中应严格遵守操作程序，对测量的结果必须依据常模谨慎地加以解释，且不宜公开。

（四）心理健康测验量表的选择

心理健康测量的方法很多。其中，心理健康测验是心理健康测量主要的标准化手段之一。而目前用于诊断学生心理健康状况的测验很多，因此在学校心理健康教育工作中就要选择合适的心理健康测验量表。由于心理健康标准问题是复杂的，它具有社会性、历史性和时代性，心理健康这个概念的内涵随个体年龄的增长而不断发生变化，这就要求我们应根据人生发展各个时期的不同心理发展任务和特点来确定具体的心理健康检测标准，进而选择适合于各个时期心理发展特点的心理健康测验量表。除此之外，还要参考一些其他指标来选择测验量表。瑞兹和西格尔于1988年提出了一整套评价量表的技术指标。

1. 测验量表的功效性

测验量表能否全面清晰地反映所要评定的内容、特征、真实性又如何等，与测验量表本身的内容结构有关。质量好的量表描述清晰，等级划分合理，定义明确。出现的频率或严重程度分级最好采用3～7级划分。测验量表应尽可能简短，但又不缺少必要的细节。

2. 测验量表的敏感性

测验量表应该对所评定的内容敏感，即能测出受测者某特质、行为或程度上的有意义的变化。测验量表的敏感性既与测验量表的项目数量和结果表达形式有关，又受测验量表的标准化程度和信度高低影响。此外，评定者的经验和使用测验量表的动机也会影响测验量表的敏感性。敏感性评分为测验量表项目数、项目水平数、项目组合、标准化定义、信度和所需经验情况的评分之综合。

3. 测验量表的简便性

测验量表应简明、省时且方便实施。简便性评分为评定所需时间、所需训练、评定指导语、分级标准、量表复杂性和可接受性情况的评分之综合。

4. 测验量表的可分析性

使用测验量表的目的就是要对评定对象的性质、行为或现象作质与量的估计，这就需要分析比较。一般而言，测验量表应有其比较标准，或是常模，或是描述性标准。

我们在选择心理健康测验量表时，应综合考虑上述四项技术指标，可把这四项评分相加得到评价总分，再按总分大小顺序排列，便可得到评价等级。

（五）心理健康测验量表简介

1. 3～6 岁幼儿心理健康测试问卷

3～6 岁幼儿心理健康问卷，是由广州协能幼儿发展中心的研究人员在参考美国心理学家勒文特等编制的幼儿发展调查问卷的基础上，经过多次试测以后改编而成的，用于我国幼儿心理健康状况的诊断。整套问卷由 3 个年龄组问卷组成：3～4 岁幼儿心理健康问卷（共 40 个项目）、4～5 岁幼儿心理健康问卷（共 39 个项目）、5～6 岁幼儿心理健康问卷（共 38 个项目）。这些项目涉及幼儿的动作发展、认知发展、语言发展、社会性发展、情感与意志发展和生活习惯等，基本上反映了幼儿心理发展的全貌，分别适用于 4 岁、5 岁和 6 岁以内的幼儿。每个项目后均附有“是”与“否”两个备选答案，评定者根据对幼儿的实际观察结果作出一种选择，选“是”得 1 分，选“否”得 0 分。该问卷还建立了城市幼儿的合格标准值，根据实际测查结果，描绘出一个幼儿心理发展的整体情况和所存在的心理健康问题。

2.《幼儿心理健康评定表》

《幼儿心理健康评定量表（MHRSP）》，是由郑日昌牵头的“幼儿心理卫生与心理咨询研究”小学协作组于 1992 年 8 月编制的，用于筛选、诊断我国幼儿在心理健康方面的问题。MHRSP 共 80 个项目，每 10 个项目组成一个分量表，分量表以英文字母排序。各分量表的定义及其所属项目序号如下。

A—— 学习障碍，由 1～10 题组成，其中，前 6 题主要反映幼儿学习困难综合征的症状，后 4 题反映幼儿厌学症的症状；

B—— 情绪障碍，由 11～20 题组成，其中，11～14 题反映幼儿的焦虑状态，15～17 题反映幼儿的恐怖症状，18～20 题反映幼儿的抑郁情绪；

C—— 性格缺陷，由 21～30 题组成，基本上涵盖了教育实践中常见的幼儿的性格缺陷或障碍；

D—— 社会适应障碍，由 31～40 题组成，其中 31～37 题主要反映幼儿的人际适应障碍，38～40 题涉及挫折、应激等内容；

E—— 品德缺陷，由 41～50 题组成，排序由轻至重，所选项目系老师或家长公认的品德缺陷或障碍；

F—— 不良习惯，由 51～60 题组成，其中，51～57 题反映幼儿的不良抽动习惯，58～60 题反映幼儿的吮吸、嚼咬习惯；

G—— 行为障碍，由 61 ～ 70 题组成，其中，61 ～ 64 题反映幼儿的强迫行为，65 ～ 70 题反映幼儿的多动行为；

H—— 特种障碍，由 71 ～ 80 题组成，其中，第 71 题反应幼儿的排泄障碍，72 ～ 73 题反映幼儿的言语障碍，74 ～ 78 题反映幼儿的睡眠障碍，79 ～ 80 题反映幼儿的进食障碍。

此量表采用家长评定和班主任评定两种形式，采用三级累加计分模式。三级计分的含义是："没有"计 0 分，表示没有此种症状、缺陷或障碍；"偶尔"计 1 分，表示存在此种症状、缺陷或障碍，但表现不频繁、不严重；"经常"计 2 分，表示此种症状、缺陷或障碍在被试身上已经成为习惯，反复出现，频度、程度均较严重。每一分量表的原始分数累加后，由计分人填入答卷纸最下方的对应空白栏内；各分量表的累加值相加后即为量表总分，量表总分由计分人填在答卷纸左上角的空白栏内。若一个分量表的累加分数达到 10 分以上，一般认为被试者存在该方面的心理健康问题。

3.《中国幼儿心理健康量表》

《中国幼儿心理健康量表》是我国心理学者王极盛编制的，该量表反映幼儿心理健康问题的内容多，能比较准确地测查出学生的心理健康问题和症状。经检测，该量表有较高的信度和效度。该量表包括 60 个项目，每个项目均采用 5 级评分制（1—— 无，2—— 轻度，3—— 中度，4—— 偏重，5—— 严重），分为 10 个因子，各因子包括的项目及含义如下。

强迫症状：受试者做作业必须反复检查，反复数数，总在想一些不必要的事情、总害怕考试成绩不好等。

偏执：受试者觉得别人占自己便宜、别人在背后议论自己、对多数人不信任、别人对自己评价不适当、别人跟自己作对等。

敌对：受试者控制不住自己脾气、经常与别人争论、容易激动、有摔东西的冲动等。

人际关系紧张与敏感：受试者认为别人不理解自己、别人对自己不友好、感情容易受到别人伤害、对别人求全责备、同异性在一起感到不自在等。

抑郁：该受试者感到生活单调、感到自己没有前途、容易哭泣、责备自己、无精打采等。

焦虑：受试者感到紧张、心神不宁、无缘无故地害怕、心里烦躁、不踏实等。

学习压力：受试者感到学习负担重、怕老师提问、讨厌做作业、讨厌上学、害怕和讨厌考试等。

适应不良：受试者对学校生活不适应、不愿参加课外活动、不适应老师教学方法、不适应家里学习环境、情绪不平衡等。

情绪不平衡：受试者情绪不稳定，对老师、同学、父母以及学习的反应忽高忽低等。

心理不平衡：受试者感到老师和父母对自己不公平，因同学比自己成绩好而难过和不服气等。

4. 阿肯巴克幼儿行为量表（CBCL）

阿肯巴克幼儿行为量表使用较多，内容较全面，主要用于筛查幼儿的社交能力和行为问题，主要适用于 4 ～ 16 岁的幼儿，一般使用父母问卷。该量表分为三部分：一般项目、社交能力和行为问题。其中，社交能力部分包括三个因子，即活动能力（体育运动、课余爱好、课余劳动情况等）、社交情况（集体活动、交友、与家人及同伴相处情况等）、学校情况等，旨在用以评定幼儿的社会适应能力。而行为问题部分是量表的重点，由113个条目构成，包括体诉、分裂样、多动、不成熟、违纪、攻击、残忍、交往不良和性问题等因子，旨在检测幼儿各方面的行为问题。

5. 拉特幼儿行为问卷

拉特幼儿行为问卷是国内外幼儿行为问题诊断运用较广泛的量表之一，主要用来检测幼儿的反社会行为和神经症行为，有父母问卷和老师问卷两种形式，对幼儿在家和在校行为分别进行评定。该问卷内容包括一般健康问题和行为问题两方面。问卷将行为问题分为两大类：第一类叫A行为（也叫违纪行为或反社会行为），第二类叫N行为（也叫神经症行为）。问卷包括31个症状项目，以“0，1，2”三级评分，将各项分数累加之后得到总分。父母问卷以13分为临界值，老师问卷以9分为临界值，凡大于或等于此值的被评为有行为问题。有行为问题者，如“A行为”总分大于“N行为”总分，则归为反社会行为亚型，反之，则归为神经症亚型，评分相等者则归为混合性行为（M行为）。

6. 问题行为早期发现测验（PPCT）

问题行为早期发现测验有较高的信度和效度，用于检测中幼儿的问题行为，以便早期发现，并进行预防性指导。问题行为是一个非常广泛的概念，测验编制者认为，问题行为按等级分为犯法行为、虞犯行为（有可能犯法的行为）、问题行为征兆群（缺课、不愿学习、作弊、反抗等）、不适应行为征兆群（孤立、首领欲、粗暴、不爱说话等）和不适应性格特征（攻击性、非社会性、冲动性、不安感、自卑感等）。该测验以测量不适应性格特征群为基础，因为这些问题行为的早期发现，可预测与预防问题行为征兆群和犯法行为。该测验由6个内容量表和1个效度量表（L量表）构成。6个内容量表分别为R量表（反抗倾向）、0量表（被压迫感）、1量表（欲求不满强烈）、A量表（有孤独感倾向）、S量表（没有学习热情）和N量表（缺乏成就欲求）。这6个内容量表根据性质组合成3个分量表，分别是对人际关系不适应、情绪不稳定、对学习不适应。

7. 幼儿多动症的诊断

多动症全称为注意缺乏多动障碍（ADHD），是幼儿注意力缺乏、唤起过度、活动过多、冲动性和延迟满足困难等一系列心理、行为问题的总称。多动症起病一般在7岁前，7～14岁是发病的高峰年龄。多动的幼儿不一定就有多动症。多动症不是由精神发育迟滞、幼儿期精神病、焦虑状态、品行障碍或神经系统疾病所引起的。

在我国的《精神疾病分类方案与诊断标准第二版（CCM）—2）》（1989）中，对幼儿多动症确定了以下诊断标准。

起病于学龄前期，病程至少持续6个月，具备这几个行为中的4项，被诊断为幼儿多动症：需要其静坐的场合下难以静坐，常常动个不停；容易兴奋和冲动；常干扰其他幼儿的活动；做事常有始无终；注意力难以保持集中，常易转移；要求必须立即得到满足，否则就产生情绪反应；经常多话，好插话或喧闹；难以遵守集体活动的秩序和纪律；学习成绩差，但不是由智力障碍引起；动作笨拙，精巧动作较差。

任务三 幼儿心理辅导档案

一、建立幼儿心理辅导档案的意义与原则

学生的心理发展受到学生自身心身特点和学校、家庭、社会等多种因素的影响，搜集学生资料、建立心理档案有助于学校、老师、家长，全面、及时、深入地了解学生心理的现状及其发展趋势，并及时采取有效的教育措施。

（一）建立幼儿心理辅导档案的意义

一是有利于提高学校教育的针对性、实效性和前瞻性。通过搜集学生资料、建立心理档案，使学校和老师了解学生群体的心理特点、心理发展水平、较普遍的心理问题及其心理发展变化的规律和趋势，了解学生的个别差异，并根据这些共性或个性特征，确定群体或个体的教育目标、计划、内容、方法，使教育更有针对性和预见性，提高教育教学效果。

二是有利于帮助学生更好地进行自我认识、自我调节和自我发展。通过搜集学生资料、建立心理档案，使学生了解自己的优势与不足，主动进行自我调节，扬长避短，更全面健康地发展；帮助学生确定自己未来的发展方向，为职业选择提供一定的参考依据。

三是有利于改善家庭关系，提高家庭教育的效果。通过搜集学生资料、建立心理档案，可使家长更客观全面地了解自己的幼儿，减少家庭教育中的盲点和误区，使家庭和学校在学生的个体心理特点及其如何因材施教等方面取得共识，形成学校和家庭的教育合力，使学生有更好的成长环境，身心更加健康地发展。

四是使学生的心理问题、心理障碍得到及时防治，潜能得到充分挖掘。通过搜集学生资料、建立心理档案，发现学生存在的心理问题、心理障碍，做到及早预防，及时治疗。还可发现学生在某方面的特长，为他们创造条件，使他们在这方面有更多的学习机会，并利用自己的特长为班集体和学校服务，使他们的特长得到更充分的发挥和发展。

五是为客观评价学校教育工作成效，加大心理教育工作的宣传力度，改进工作提供帮助。通过对学生心理档案的动态分析，帮助学校评估教育目标的达成情况，评估心理教育工作的效果。学校可利用这些客观资料向老师和家长宣传心理教育工作的重要意义和作用，并通过评估及时发现教育工作中的问题，及时改进。

六是为学校和有关部门开展教育科学研究，制定有关决策提供客观资料和依据。学校及有关部门通过分析学生的心理档案资料，开展教育科学研究，如研究当代学生的心理发展特点，对不同心理教育方法的成效进行比较研究，从而为制定决策提供依据，同时，也可以为老师研究学生、探索教育教学新方法提供帮助。

七是促进学生管理的科学化。建立幼儿心理辅导档案，有利于全方位了解幼儿的情况，在幼儿产生心理问题时，能及时解决，也能进一步促进学生管理的科学化。

（二）建立幼儿心理辅导档案的原则

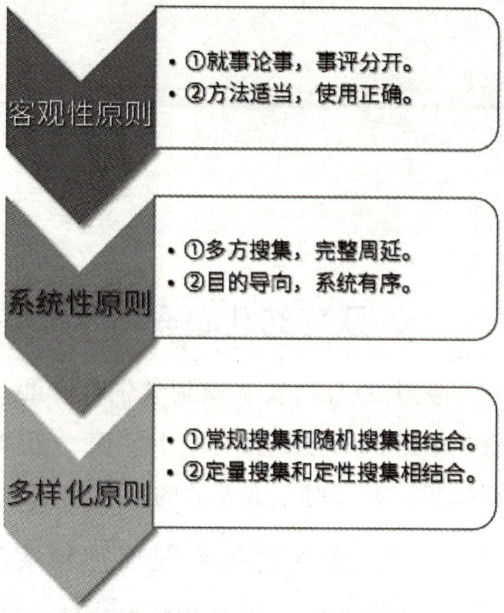

1. 客观性原则

客观性原则指搜集的资料必须符合事实，准确可靠，不加搜集者的主观臆测、成见和缺乏根据的评论，更不能演绎生造。贯彻这条原则应注意以下两点。

一是就事论事，事评分开。在记录观察、会谈、逸事等资料时，对事件应采用客观的描述性语言记录，不要加入记录者的推测与评论。如迟到，就记“迟到××分”，若记“故意迟到”，就加入了记录者对行为人动机的推测，这是要在进一步搜集信息的基础上才能作出判断的。当然，作为“此情此景”中的观察、记录者，会由当时丰富的情境因素产生一些直觉的判断与评价，这对事后分析很有价值，记录下来是完全必要的；但要和事件记录分开，并明确标明是记录者的看法。

二是方法适当，使用正确。要保证资料的客观性，除了搜集者实事求是的科学态度外，还要靠正确的搜集方法来保证。搜集学生心理辅导资料的方法很多。搜集者必须熟悉各种方法的适应性、技术要求和操作规则，根据搜集资料的目的、资料内容的特点选择一种或几种适当的方法，严格按照相应的规则进行，不能随意改变。不适当的方法或不正确的使用，可能使我们得到虚假的信息，产生错误的结论。在实际工作中，学生心理辅导资料的搜集常常要委托其他老师或家长来进行，详细向他们说明搜集的方法和要求，是非常重要的。

2. 系统性原则

系统性原则是指在搜集资料的过程中，要以系统的观点保证所搜集资料的完整性、有序性。贯彻这条原则应注意以下两点。

一是多方搜集，完整周延。资料的搜集需兼顾学生心理发展的各个层面，大致从纵、横两个角度考虑。从纵向考虑，应包括学生以往的历程、现状和发展趋势等；从横向考虑，要包括学生个人在学校、家庭和社会环境中各种身心特质的表现，还要涉及和学生个人有关的其他背景资料。

二是目的导向，系统有序。资料的搜集不能是有关学生各种资料的杂乱无章地堆砌，而应以目的为导向，保证资料的系统有序。搜集资料建立心理档案的目的，是为学校心理教育工作目标服务，因而根据心理教育目标、实施途径和方法的不同，将资料分为三类。

第一类用于发展性目标。将一些简单工具穿插于心理辅导活动课教材中，在心理辅导活动课上让学生自测自评，自我保存。这些资料对学生的自我认识、自我发展起一定的作用。

第二类用于教育性目标。利用心理测验、调查、观察等方式在学生、老师、家长中搜集资料，以了解学生的心理环境、心理发展水平等，为心理教育工作的开展确定方向、提供依据。

第三类用于诊治性目标。对于心理问题较严重的学生，要用诊断性量表进行测量，确定其问题的实质，以便有效地进行心理咨询，或及时转介到有关机构。这类测验的操作难度较大，对量表信度、效度的要求也较高，应由有较高心理学专业水平的人员施测，或对施测人员进行测前培训。后两类资料应妥善保存于心理测量室内。

具体而言，就是要求资料的搜集要围绕学校心理辅导的总目标和各种辅导活动的具体目标来进行，以对实现这些目标有实际意义的资料为重点。在通常情况下，应选择对学生成长与发展有较密切关系的资料优先搜集。事无巨细的杂乱资料反而会降低资料的价值，重点突出的资料才能充分显现出搜集资料的意义。另外，资料搜集过程应有较好的计划性，记录要规范，要根据资料的时间、性质和应用的缓急程度等予以分类和保管。资料搜集是一种开放性的模式，可随时补充、调整和更新。总之，学生心理辅导资料应密切结合心理辅导工作实施的需要，从搜集过程到处理方式都应是系统有序的。

3. 多样化原则

多样化原则，是指资料的搜集无论在程序、方法、时间、呈现形式以及采集人员等方面都不要强求一律，而应根据实际需要和客观条件多样化采用。贯彻这条原则时要注意两点：一是常规搜集和随机搜集相结合，二是定量搜集和定性搜集相结合。

二、幼儿心理辅导档案资料收集的方法

（一）观察法

观察法是有目的、有计划、系统地获取处于自然条件下幼儿资料的方法。按心理辅导老师是否参与幼儿活动，将观察法划分为参与性观察法和非参与性观察法；按心理辅导老师在观察时是否借助于仪器，将观察法划分为直接观察法和间接观察法。对于观察的结果，用下列三种方式做记录。

评等法：心理辅导老师对所观察的特质或行为评定等级。比如，幼儿对某种事物是不喜欢、不太喜欢、一般、有点喜欢、很喜欢，老师在预先印好的表格上按级画圈。

记录出现频率法：心理辅导老师将规定好要观察的幼儿的项目预先打印在纸上，凡出现了某种现象，就在这个现象的框上画一个“V”号。

逸事记录：逸事记录是指老师把观察到的幼儿情况，以叙述性文字所作的一种简明的记录，包含幼儿的姓名、性别、年级、观察时间、观察事实及其发生情境的描述、老师的解释与建议等。

（二）问卷法

问卷法是心理辅导老师运用统一设计好的问卷向幼儿了解情况和征询意见的方法；问卷是按一定的理论假设设计出来的，由一系列指标、变量所组成的搜集资料的工具。采用自编的问卷调查，如用书面问题、表格让幼儿回答、填写，有助于了解幼儿的一些基本情况及其心理活动。

（三）作品分析法

作品分析法是指借助学校的各种评定和记录以及幼儿的作品来获取信息的方法，如通过对幼儿的学习心得笔记、作文、自传、各种作业、试卷、模型和其他创作作品等的分析，可了解幼儿的心理活动。

（四）谈话法

谈话法是指心理辅导老师与幼儿或其较亲近的人，通过直接谈话的方式来了解和研究幼儿心理的一种方法。通过谈话法，可了解幼儿真实的心理背景、过去的心灵创伤等。

（五）心理测验法

心理测验法是建立心理档案中最主要和最为常用的方法，其关键是选择合适的测评工具进行施测。选择合适的测评工具时首先要考虑选择标准化测验，其次要明确测验的目的、功用及适用范围。

三、幼儿心理辅导档案资料的种类与内容

（一）幼儿心理辅导档案资料的内容

1. 幼儿综合资料

幼儿综合资料是指影响幼儿心理发展的基本资料，以帮助老师深入分析幼儿心理，正确诊断幼儿心理问题产生的原因。主要包括如下几个方面。

幼儿基本情况：主要包括姓名、性别、出生年月、籍贯、民族、爱好特长、家庭住址和个人简历等。

身体状况：主要是指身体发育状况和身体健康状况。身体发育状况主要包括身高、体重、肺活量、胸围、心率、脉搏、血压、血型、视力、听力、龋齿、营养状况、有无生理缺陷等。身体健康状况主要包括当前健康状况和个人病史（如出生情况、有无慢性病、有无大脑损伤史、有无身心疾病及其他主要患病史等）两个方面。

家庭生活环境：主要包括家庭结构、家庭类型、家庭成员的组成（年龄、工作性质、职务、文化程度、兴趣爱好、生活习惯和健康状况等）、家庭的经济状况、家庭的居住环境、家长的教养方式与态度、家庭气氛、家庭成员之间的关系、亲子关系、教养人对子女的期望、教养人对子女的“接纳”“允许”“沟通”程度、是否独生子女、家中排行以及幼儿在家庭中的行为表现等。

社区生活环境：主要包括家庭与近邻的关系，近邻中有无同辈交往伙伴及交往情况，社区主要职业构成，社区政治、经济构成，社区文化服务设施与教育资源情况、社区治安情况以及幼儿在社区中的行为表现等。

学习生活情况：主要包括幼儿的学业成绩，学习兴趣及爱好，学习动机、态度、习惯等，思想品德、行为习惯、体育运动、交际水平（师生关系和同伴关系等）和获奖情况等。

重大社会生活事件：主要是指对幼儿个人生活有影响的重大事件。如家庭成员的死亡、父母离异、与老师同学关系紧张、生活条件改变、影响生活的重大挫折等。

心理测验记录：心理测验的有关记录、报告等均是重要资料，应注意搜集与管理。各种测验记录应标明测验日期、时间、场所、施测者与报告者，团体测验和对群体使用的个人测验应作出团体分析。

突出的个人心理特征：主要包括幼儿的智力、特殊能力、情绪适应特点、兴趣爱好、职业倾向和自我观念等方面，可以来源于心理测验、自我报告、他人评价和相关活动表现记录等。

心理与行为障碍记录：对幼儿的各种心理与行为障碍，应专项记录、整理。内容应包括症状表现、诊断、原因分析、咨询矫治的方法与过程、效果与追踪记录等，还应包括班级、年级和学校幼儿心理与行为障碍发生情况的整体分析资料。

2. 心理测评资料

心理测评资料是指反映幼儿心理状况和心理特点的资料，应记录心理测评的类型、日期、时间、场所、施测者与报告者、结果、分析及教育建议等。主要包括以下几个方面。

智力方面：根据测验的结果和本人的学业表现进行分析，了解幼儿的智力特点和发展状况。从而为教育者提供必要的信息，能够有针对性地因材施教和根据幼儿的能力水平制定教育规划和措施。

个性心理特征方面：在良好环境和教育的影响下，社会化的积极结果在幼儿的个性发展上能够得到明显的反映。通过对幼儿个性心理的诊断和测量，能够使教育者及时了解和发现那些具有不良个性品质的幼儿，帮助他们改造不良个性品质，塑造和培养积极的个性品质。

心理健康方面：幼儿面临着各方面的压力，不少压力已超过了他们所能负荷的程度，这样就会引起一些不良的身体症状。因此，要了解和掌握幼儿心理健康方面的状况，根据心理测量和幼儿日常表现，进行分析和诊断。如确实是存在明显的心理障碍，应通过心理治疗来酌情处理；如果是一般的心理问题，则通过学校心理辅导老师来处理。对于大部分幼儿，则是从发展的角度，提出心理作品和有困难的学科等。

（二）幼儿心理辅导档案资料的种类

1. 个人资料与团体资料

个人资料是指反映幼儿个体心理和行为特点的资料，它包括幼儿个人综合资料、心理测评资料以及个案报告等。团体资料是指反映团体（如年级、班级）幼儿心理和行为特点的资料，是在幼儿个体资料的基础上做出的各种类别和层次的团体分析。这类资料来源于普通式的抽样调查、团体测验，以及对大量个人资料所做的整体分析、统计处理后得出的各种图表、数据和结论。

2. 量化资料与非量化资料

量化资料由于便于统计分析和定量研究，较受到人们重视。这类资料主要包括幼儿身体素质的资料、学业成绩、标准化心理测验记录以及较为规范的问卷调查和量化结果等。量化资料有其局限性。因此，在搜集量化资料时，应尽可能采用标准化的或公认的可行的工具。非量化资料在定性研究中有极重要的价值。为更全面、正确地了解幼儿提供有价值的信息，必须重视这类资料的搜集。如幼儿行为观察、记录幼儿逸事、幼儿自述或心理作业、日记等资料。

3. 专项资料与综合资料

专项资料是指反映幼儿或心理健康教育工作的某一方面属性或特征的资料，如幼儿基本情况、能力状况、心理健康状况、职业倾向和兴趣、某项专题心理健康教育活动的资料、某种心理问题咨询与辅导的资料等。综合资料是指反映幼儿或心理辅导工作的较全面的属性或特征的资料。

【思考与练习】

1. 简述能力测验的内容及要求。
2. 简述建立幼儿心理辅导档案的意义与原则。
3. 结合实例，简述幼儿心理辅导档案资料收集的方法。

课后拓展活动记录表

<table>
<tr><td>班级</td><td></td><td>姓名</td><td></td><td>学号</td><td></td></tr>
<tr><td>指导老师</td><td></td><td>活动时间</td><td></td><td>活动地点</td><td></td></tr>
<tr><td>活动主题</td><td colspan="5"></td></tr>
<tr><td>课后应用</td><td colspan="5">将本模块所学知识应用在学习和生活中并进行简要记录。</td></tr>
<tr><td>学习感想</td><td colspan="5">结合教与学两方面，写写自己的心得，并提出自己的建议。（200 ~ 300字）</td></tr>
<tr><td>备注</td><td colspan="5"></td></tr>
</table>

模块五　评估篇

项目十三

幼儿心理辅导工作评估

◎你的教鞭下有瓦特，你的冷眼里有牛顿，你的讥笑中有爱迪生。你别忙着把他们赶跑。你可不要等到坐火轮、点电灯、学微积分，才认识他们是你当年的小学生。

——陶行知

◎父亲和母亲是如同老师一样的教育者，他们不亚于老师，是富有智慧的人类创造者，因为儿子的智慧在他还未降生到人间的时候，就从父母的根上伸展出来。

——苏霍姆林斯基

【教学目标】

＊ 知识目标

了解幼儿心理辅导工作评估的功能和原则。

＊ 能力目标

掌握幼儿心理辅导工作评估的内容。

【引言】

幼儿心理辅导管理工作是提高学校管理质量的重要举措之一，更是提高幼儿心理辅导自身科学性、规范性及有效性的必不可少的保证。要想确保幼儿心理辅导高效、健康和顺利开展，就必须整体规划，统一协调，多方兼顾，全面管理，并不断加大科学管理的力度。良好的管理制度和评估工作对心理辅导起到促进和引导作用。

【案例导入】

美术课上，小朋友们很快掌握了涂色要领："上下上下，左右左右，不能出线！"璇璇喜欢东张西望，画得比较慢。坐在其前面的心雨早早地涂好了，她想把画拿给老师看，离开座位的时候，一不小心碰了璇璇的手臂。璇璇马上质问心雨："你为什么撞我？"心雨连忙道歉："对不起，我不是故意的。"璇璇噘着嘴跟老师说："老师，心雨推我的手，让我画错了。"一副很难过的样子。很快到了评价小朋友作品的时候了，老师给画得快、涂得好的小朋友印上了一个小印章。"老师，隆萧菲还没画好！"璇璇抬起头，歪着小脑袋左看右看："老师，心雨把线条画在外面了，不应该给她小印章""老师，李云帆画得不如我呢"。事实上，璇璇到最后也没画好，她只是看到别人得了小印章，自己却没有，心理不平衡。

小朋友们正在区角玩娃娃家的游戏，璇璇是理发店老板，毅鹏是火烧店的老板，他们客户很多，生意很好。由于他们俩的带动，游戏气氛非常浓厚，小朋友们玩得非常起劲。可当老师到结构区观察时，看到他们那边吵了起来。金源哭着拉着老师的手，说："老师，璇璇打我的头，她还抢了我的转笔刀""老师，给，这是她自己从家里带来的，还偷偷地藏在书包里"（我们要求幼儿不能随便带小玩具、小零食到幼儿园），璇璇边说边把转笔刀递给我，一脸胜利地望向金源。请结合相关知识分析，璇璇为什么会产生此心理问题？应采取何种措施？

任务一 幼儿心理辅导工作评估的概述

一、心理评估的含义

心理评估是指在生物、心理、社会、医学模式的共同指导下，综合运用谈话、观察、测验等方法，对个体或团体的心理现象进行全面、系统和深入分析的总称。

心理评估有广义和狭义之分。

广义的心理评估是指对各种心理和行为问题的评估，在医学、心理学、社会学及教育学等领域广泛运用。主要用于评估行为、认知能力、人格特质及个体和团体的特性，帮助心理评估人员做出对人的判断、预测和决策。例如，求职参加的面试、国家公务员行政能力考试等，都属于广义心理评估的范畴。

狭义的心理评估也被称为临床评估，是指限定在心理咨询与治疗领域，运用专业的心理学方法和技术对幼儿的心理状况、人格特征和心理健康做出相应判断。必要时，做出心理正常与否的判断，评估其症状并了解其致病原因，以及做出生理、心理和社会功能受损情况的说明。在此基础上进行全面的分析和鉴定，为心理咨询与治疗提供必要的前提和依据。通常在心理咨询中应用的心理测验、临床访谈及评定量表等都属于这个范畴。

二、幼儿心理评估的界定

心理评估把心理测验作为收集相关资料的方法之一。在进行心理评估时还需要使用深思熟虑的问题解决策略，以便能理解受心理困扰的幼儿和他们的家庭、学校以及同龄人的关系。问题解决策略既包括对幼儿情绪、行为和认知功能的评估，也包括对任何可能在其中起作用的环境因素的评估，如家庭、学校或同龄伙伴的影响。因此，心理评估虽然与心理测验有关系，但它不只是心理测验，心理测验只是心理评估的一个手段。

心理评估的最终目的是为幼儿及其家庭所面临的难题找到有效的解决办法，促进和提高他们的健康水平。治疗者的决策过程是从评估开始的，评估的方式有多种，包括与幼儿及其父母的临床晤谈、结构化的行为评估和心理测验等。但必须注意的是，评估并不只是治疗者对幼儿或其家庭做什么事情，而是一个包括了幼儿、家庭和老师共同参与的合作过程。由于父母和老师在定义幼儿的问题和提供有关信息方面起着关键性作用，因此，在评估中还要注意与家庭成员和老师建立友好的关系，并鼓励他们积极参与。

三、幼儿心理评估必须考虑的主要因素

一个完整的发展性评估通常涉及以下这些因素。

（一）来自幼儿、幼儿的父母及其他与之关系密切者的想法

通常，一名幼儿前来咨询是由于一些想法，这些想法可能来自幼儿本人，也可能来自该幼儿的父母、老师或其他重要相关人员。治疗者必须了解这些想法，而且必须根据幼儿的整个发展背景及当前的心理状态来理解。这种理解是治疗的基础，治疗者也许可以据此建立一个初步的治疗目标以及治疗方案。

在幼儿治疗中，了解幼儿对当前问题的想法和他们父母的想法同样很重要。因为只有这样，才能对幼儿行为的适宜性、发生频率、持久性、强度以及损害程度有一个完整的了解，得到一个关于幼儿行为的完整画面。

在此过程中，治疗者首先必须了解该幼儿的行为是否适宜于他/她的年龄和发展水平。为此，治疗者需要具备有关幼儿成长和发展的必要基本知识，因为幼儿的发展并不是一个线性的过程，在发展过程中可能有停滞或倒退的现象。其次，治疗者还应具有洞察幼儿某些缺陷的能力。此外，治疗者还应该了解：该幼儿行为发生的频率有多高？该行为每次持续时间多长（因为有一些发展性冲突会在一个相对较短的时间内出现和消失）？这一行为是已经存在很长时间了，还是最近才发现？在幼儿的行为中，有没有出现一些突发性的变化？有时，突发的行为变化可能暗示着幼儿受到虐待或家庭危机（如父母离异、死亡、酗酒、家庭暴力等）。此外，幼儿的行为还可能受到其他因素的影响，如身体疾病和同伴冲突等。最后，治疗者还应了解这一行为是否已经影响了幼儿的正常功能，影响幼儿健康发展的程度有多大，这一行为是否妨碍了幼儿正常的学习、交往、情绪表达，是否令幼儿感受不到快乐。随着评估过程的展开，这些问题都应一一得到解决。

（二）幼儿的成长与发展

了解一名幼儿的生理和认知、情绪、社会性发展，对一个完整的评估过程是非常重要的。从幼儿的家庭、学校和社会环境因素中，能了解到幼儿成长和发展的一些情况。

1. 健康状况和早期发展

幼儿的身体健康问题会影响他们其他方面的发展。因此，了解幼儿的疾病、受伤情况以及视觉、听觉、语言和其他方面的障碍，对评估过程而言是很重要的。例如，在美国曾经发生过一例被认为有“注意缺陷障碍”的幼儿，后来被发现确实患有听觉缺失。另外，了解幼儿家庭中其他成员的健康状况对于认识整个家庭功能也有很重要影响。在有些情况下，当家庭正全力照顾一个患病的成员时，幼儿可能会受到忽视；除此之外，母亲在孕期发生的疾病、生活事件、情绪压力等都会对胎儿产生不良影响，进而影响幼儿出生后的发展。了解幼儿最早学会说话和走路的年龄，可以为了解幼儿的早期发展状况提供重要线索。

2. 认知发展

与学习有关的问题常常是治疗者应该注意的重要问题。因此，对认知功能做一些测验有助于找出相应的知觉缺陷。譬如，通过个人智力测验，了解幼儿的智力发展状况；通过阅读测验辅以视听觉测验，了解幼儿的阅读水平。倾听父母的叙述也很重要，因为父母可能会告诉你该幼儿的学习强项和弱项。一般而言，父母知道他们的孩子在包括学校、学习中的感受，以及孩子喜欢和不喜欢的学习内容是什么，从而有助于更好地评判孩子的认知发展特点。

3. **情绪发展**

在幼儿的整个心理行为表达过程中，情绪表达至关重要。因此，在评估中，要求幼儿的父母或老师描述该幼儿的情绪和感情。比如，要求家长和老师使用尽可能多的形容词来描述幼儿的情绪反应（例如，快乐、抑郁、易怒等）。幼儿对压力的特殊情绪反应以及害怕或担心的事物的性质、数量和强度，也是治疗者要考虑的重要内容。另外，幼儿表达情绪的方式和他们对自身情绪的控制程度，也是要考虑的重要内容。对于那些爆发强烈愤怒情绪、对他人产生身体上的攻击或者经常哭泣的幼儿，治疗者都必须予以注意。

4. **社会性发展**

在幼儿社会性发展中，很重要的一项内容是学习如何做好一个特殊社会群体（如家庭、同伴群体等）中的成员。教育、收入、职业、住所是与家庭社会经济地位有关的因素。诸如，幼儿父母的社会经济地位受教育程度、家庭成员之间交流的程度等，这些对于治疗都会造成影响。从全世界范围来看，通常那些社会经济地位较低的幼儿，其父母的受教育程度、家庭成员之间的交流程度都较低。以目前中国的社会经济条件来看，一般父母对心理治疗的态度还是存疑的，大都不愿相信子女有心理问题或有必要参加心理治疗。对于处在这样家庭的幼儿，治疗者应该付出更多的耐心、真诚。必要的时候，通过家访，主动争取家长的理解和支持。另外，在与幼儿交谈的过程中，应注意语气与措辞，保护幼儿的自尊心。

（三）幼儿与他人的关系

在幼儿的成长过程中，父母、兄弟姐妹、伙伴以及其他“重要他人”的影响是非常重要的。现在家庭结构变化特别大，幼儿往往可能会处在比较特殊的亲子关系中。

在独生子女家庭中，在成长中缺乏兄弟姐妹的影响，通常都是一些间接或非血缘性的兄弟姐妹关系。而在多子女家庭中，兄弟姐妹之间的关系与其他性质的同伴关系一样，对幼儿成长有着非常重要的影响。这种兄弟姐妹关系通常被描述为是一种既有冲突又有合作的关系。如果一个家庭对竞争的重视程度超过合作，则兄弟姐妹之间的竞争就会增加。因此，治疗者需要了解家庭里所有的兄弟姐妹彼此间关系如何，也需要评估冲突的程度。同伴关系对幼儿而言，意义重大。每一个幼儿必须至少拥有一个好朋友，需要与之同欢笑、同悲伤或分享秘密。如果连一个朋友都没有，那么幼儿很可能就会感到孤独和被拒绝。没有同龄伙伴的幼儿，通常被迫只能与低龄幼儿在一起玩或与成年人（如性质上类似于父母的人）相处。评估同伴类型，可以帮助治疗者了解该幼儿的同伴关系是否满足幼儿成长的需要。

治疗者还必须了解是否还有其他的“重要他人”影响幼儿。在幼儿的成长过程中，他们的影响是怎样的。有些幼儿与家庭以外的一些成员保持着较为密切的关系，如祖父母、阿姨、叔叔等。如果存在这样的情况，在治疗中，最好让这些对幼儿有重要影响的外围成员也能加入进来，帮助幼儿克服障碍、健康成长。

（四）幼儿的学校生活

绝大多数幼儿都会在学校中度过大部分的时间，所以，在学校中的学习和社交是否成功对他们的成长至关重要。那些在学校中多次经历学习失败的幼儿，其自尊水平很可能会降低，因此，作为一种补偿，他们往往会做出不良行为来吸引别人注意。在通常情况下，学习失败可能预示着该幼儿不适宜在该年级学习，或者有生理、学习或情绪障碍。长期的失败体验使得幼儿的学习兴趣降到最低点，可能会引发逃学、与老师关系紧张、不被同伴接受等问题。对学龄幼儿而言，被同伴接受是他们产生积极的自我概念的重要原因。不被同伴接受的幼儿非常容易产生消极的自我概念，需要特别地重视。

（五）幼儿的能力、天赋与兴趣

除此之外，治疗者还必须了解幼儿的特殊能力和天赋，这有助于评估和治疗幼儿。比如，一个有着音乐天赋的幼儿，可能会建立起对艺术的成就感。而且，在一个领域的成功或许能平衡另一领域的失败。同时，发现幼儿的特殊兴趣（比如，团队游戏、下棋集邮等），可以帮助成人与该幼儿一起就感兴趣的话题或活动更好地交流，加强亲子关系。

任务二 幼儿心理辅导工作评估的功能

幼儿心理辅导工作评估是指通过系统化的方法和工具，对幼儿的心理状况、心理需求以及心理辅导效果进行评估和分析的过程。幼儿心理辅导工作评估的功能在于识别问题和需求，了解个体差异，制订辅导计划，监测辅导效果，提供评估结果的反馈和交流。评估是幼儿心理辅导工作中的重要环节，对于提供个性化的支持和干预，促进幼儿心理健康和发展具有重要意义。

一、导向功能

评估是根据一定价值标准进行的价值判断，评估是衡量、评价工作成效的“尺子”，它通过一系列的评价指标和要素，引导和控制学校心理辅导的方向，保证目标的实现。被评者为追求好的评价结果和达到其他目的，就会致力于评价标准的要求。因而评估就像指挥棒一样，为被评者指明了方向。这种导向功能在权威性较高、评价结果与被评者的利益密切相关的评估中更容易得到发挥。

二、诊断功能

通过对搜集到的信息资料进行整理分析，学校心理辅导工作的优缺点及存在的问题就会显露出来。诊断的主要内容包括鉴别其工作是否达到目标，区分其教育效果的优良程度，确定其工作价值的大小，并预示未来工作的可能性。诊断鉴定的对象可以是心理辅导的辅导员、学生，也可以是心理辅导室、工作计划和方案，还可以是心理辅导课程。通过诊断和鉴定区分优劣高下，明确问题，最终目的还是改进和提高教育质量。

三、激励功能

评估常会区分出水平高低、能力大小、成效优劣，这样会直接影响到学校工作的形象、荣誉和利益等，从而激发被评者的成就动机，使他们追求更好的评估结果，激励他们全力做好工作。如果评估和其他一些管理措施结合起来，如根据评估来进行表扬奖励、批评惩罚，评估的激励功能会更显著。

四、改进功能

评估是推动学校心理辅导工作的杠杆和动力，通过评估，将被评对象的真实状况准确地呈现出来，及时找出问题的关键所在，从而改进学校心理辅导工作。在评估的过程中，学校心理辅导正确的做法、经验得到及时强化，不合适的计划、方案和做法得到及时调整，错误的方案和做法得到及时纠正，因而能使心理辅导不断完善。

五、研究功能

幼儿心理辅导评估是一个复杂的过程，包含丰富的研究因素。评估作为严肃的科学探究活动，具有教育研究上的价值，其方法、信息的收集与整理、结果的处理与反馈等都与教育研究相近。通过评价，学校及教育者能清楚了解现状，明确解决问题的方法和手段。

六、管理功能

科学管理要求领导者全面掌握情况，通过教育评估，各级教育行政管理部门和学校领导能准确了解学校心理辅导工作的现状，对问题进行针对性的分析，从而获得科学有效的指导工作的依据。科学的评估为学校心理辅导工作提供了一个客观的衡量尺度，将促进学校心理辅导管理工作的规范化和科学化。

任务三 幼儿心理辅导工作评估的原则

幼儿的心理评估必须以辩证唯物主义的方法论为指导，广泛吸收相关学科评估思想与方法中的合理成分，紧密结合幼儿身心发展的特点和教育实际，以此构成自己的方法学体系与实施原则。

一、系统性原则

系统性原则是指在幼儿心理评估的过程中，评估人员要树立系统观、整体观，对评估对象的问题、疑难、心理偏常现象或特定要求进行全面检查和系统分析，以便根据评估对象的实际情况作出正确判断。

对幼儿的心理特点特别是偏常行为进行评估时，必须结合其身心特征和外界影响因素全面分析。比如，评估幼儿的学习困难，应了解其身体发育和智能发展的水平怎样、有无躯体疾病或神经系统失调现象、学习动机有无缺陷、学习方法与习惯是否恰当、非智力因素的协调发展情况如何、学习中遇到过哪些挫折或严重心理冲突，家庭教育、学校教育、社会环境的影响怎样。

二、动态性原则

动态性原则是指运用发展的眼光看待幼儿的心理评估问题，力求通过动态考查把握幼儿求诊问题的来龙去脉和问题症结，防止僵化的评估模式或倾向对评估工作的干扰。动态性原则在幼儿的心理评估中占有重要地位。幼儿的身体发育和心理发展尚未成熟，正处在迅速成长的时期，这一时期表现出来的某些心理问题或征兆有时并不构成心理障碍，而属于成长过程中的正常波动或暂时性的轻微失调。假如评估人员对幼儿身心发展的这一特点有所忽略，机械地套用某种评估标准对幼儿的上述问题进行标签式归类，那将严重影响幼儿的身心发展和评估工作的声誉。从幼儿心理问题的原因评估来看，也需要遵循动态性原则。比如，幼儿的品行障碍，其形成原因十分复杂，并且有一个发生、发展和逐步恶化的过程。家庭教育、同伴交往和社区环境对幼儿的品行问题有深刻影响，幼儿本人的个性弱点和品德心理结构发展失调对其品行障碍的形成影响更大。因此，在对幼儿的品行障碍进行评估时，不能静止地看待某些表面现象或行为表现，而应由果溯因，以动态的视野寻求其心理或行为的运行轨迹和外部影响的发展脉络，这样才能得出可靠的评估结论。在对幼儿进行预测性评估或评价时，同样应高度重视这一原则。

三、异同性原则

异同性原则是指在幼儿的心理评估中，既要注意掌握评估对象的一般心理反应和行为发展规律，又要充分考虑年龄差异、性别差异、文化背景差异和个体差异的影响，努力做到共性、个性的有机结合和统一。在幼儿的心理评估中，异同性表现得比较突出，如幼儿的焦虑反应。一般而言，焦虑水平高的学生往往有自主神经系统的明显变化，如心慌、气促、头晕、恶心等，但有些高焦虑的学生其生理反应不甚明显，这与个体的生理差异有一定关系。评估人员如果看不到个体生理上的差异性，仅仅以自主神经系统的体征变化作为评估依据，那就容易造成误诊或漏诊现象。再如，对幼儿的社会适应力进行评估，不能简单地硬套几项共性的操作指标，还要看年龄差异、性别差异和个性差异对学生社会适应力的影响。有些个性弱点较多的幼儿，在社会适应力评估中并无明显偏移，但在实际生活中遇到一些很小的挫折，便萌生想死的念头甚至出现自伤行为。因此，遵循异同性原则正确处理评估中的个别差异，对于实施有效的心理辅导具有重要作用。

四、综合性原则

综合性原则是指在幼儿的心理评估中，既要重视心理学方法和技术的使用，又要综合运用多种学科的方法和技术，以利于取得最佳的评估结果，有效地提高评估质量。幼儿的心理评估固然要以心理学的评估方法为主，但它同时又是一种多层次、多水平的评估，这就要求博采众长，积极采用多学科的方法为评估工作服务。例如，利用一定的生化物理检测手段，可以从神经生理学角度获取有价值的评估信息；利用座谈、调查、现场考查等方式，可以从教育学、社会学水平上丰富评估的内容。

五、指导性原则

指导性原则是指评估人员做出鉴别意见后，要对评估对象进行必要的指导，以帮助他们正确认识评估信息，更好地促进心理发展或问题的解决。幼儿心理评估在某种意义上含有能力鉴别和校园指导的性质，要借助测量工具给评估对象提供量化描述和解释，还要根据教学和幼儿发展的需要对评估对象进行必要的指导。例如，一个学生在韦氏幼儿智力量表上取得中等水平的测试成绩（总分），其中言语分测验成绩较好，操作分测验成绩较差。针对这种情况，评估人员应与老师和幼儿家长取得联系，向他们说明这名幼儿智力结构的优点和不足，并根据幼儿智力发展的一般规律，对这个幼儿今后的智力训练提出要求或指导建议。

六、保密性原则

保密性原则是指对幼儿的评估结果要予以保密，除了因心理辅导工作的需要可向有关方面披露评估结果外，不得随便将评估结果告知他人。对幼儿的评估结果予以保密，主要出自两方面的原因：一是体现评估工作者的职业道德；二是保护评估对象的利益，防止评估结果的讹传、误用或意外伤害。强调这项工作的严肃性和对评估对象人格与利益的关注，对于维护心理评估的声誉，保证幼儿的心理评估工作沿着健康的方向发展具有积极意义。

任务四 幼儿心理辅导工作评估的步骤

心理评估是一个复杂的过程，它没有固定的程序或统一的模式，一般包括下列几个主要步骤。

第一步，设定评估目标。例如，幼儿的心理健康状况、幼儿的心理辅导需求、幼儿的进展和改变、幼儿心理辅导活动的质量和效果。

第二步，选择评估工具。基于评估目标，选择合适的评估工具。常用的评估工具包括观察记录表、心理测量工具、问卷调查、定性访谈等。此外，还要确保选用的工具能够提供有效、可靠的数据。

第三步，收集数据。根据选定的评估工具，收集相关数据。这可能涉及幼儿观察、与幼儿的交谈、家长和老师反馈、文件分析等。

第四步，数据分析和解释。分析和解释收集到的数据，以获得对幼儿心理辅导工作的评估结果；使用统计方法、定性分析或内容分析等手段，根据评估目标进行数据的综合处理和解读。

第五步，制定改进措施。根据评估结果，制定改进措施和建议，可以是针对幼儿个体的个别辅导计划、针对心理辅导活动的组织和管理方面的调整，或者针对心理辅导工作者的培训和支持等。

第六步，实施改进措施。根据制定的改进措施，积极地实施改进措施，并关注效果。监测和评估改进措施的实施过程，并根据需要进行调整和优化。

第七步，反馈和沟通。向相关的幼儿家长、老师和其他利益相关者提供评估结果和改进措施的反馈，确保及时沟通，促进合作和共享。

第八步，持续评估和改进。心理辅导工作的评估应该是一个持续的过程，要定期评估和追踪幼儿心理辅导的效果和改变，并根据需要进行调整和改进。

请注意，在进行幼儿心理辅导工作评估时，尊重幼儿和家长的隐私和权益，确保评估过程合法、合规和伦理。

任务五 幼儿心理辅导工作评估的内容

幼儿心理辅导工作评估是一种系统性的评估过程，用于评估幼儿的心理发展、情绪状态和行为问题，以便提供相应的心理支持和干预。幼儿心理辅导工作评估的内容主要包含以下内容。

幼儿背景信息：包括幼儿的个人信息、家庭情况、教育经历、发展历程等。这些信息可以为评估提供基本背景和全面了解幼儿的依据。

发展评估：评估幼儿的各个方面的发展情况，包括认知、语言、社交、情绪和运动等。通过标准化测评工具、观察、记录等方法，了解幼儿的发展水平和潜在的发展问题。

情绪评估：评估幼儿的情绪状态和情感问题，包括焦虑、抑郁、情绪调节困难、情绪爆发等情绪问题，可以通过访谈、观察、情绪量表等方式进行评估。

行为评估：评估幼儿的行为问题，包括行为异常、注意力困难、自控力不足、冲动行为等。观察、记录和行为评估工具，可以用于了解幼儿的行为问题及其频率、严重性等。

家庭评估：了解幼儿的家庭环境、家庭支持和亲子关系情况。通过与家长沟通、家庭访问等方式，获取家庭的信息和观察幼儿在家庭中的情况，以便综合评估和制定干预方案。

幼儿自述或绘画：通过与幼儿的对话、让他们进行绘画等方式，了解他们对自己情感、问题和期待的表达，从中获取更多的信息。

评估结果将有助于确定幼儿的发展需要和心理困扰，进而制定个性化的心理辅导方案，为幼儿提供适当的支持、帮助和干预，促进其心理健康和全面发展。

【思考与练习】

1. 简述幼儿心理辅导工作评估的功能。
2. 简述在设计评估指标体系过程中应注意的事项。
3. 怎样选择合适的心理辅导工作者？

课后拓展活动记录表

班级		姓名		学号	
指导老师		活动时间		活动地点	
活动主题					
课后应用	将本模块所学知识应用在学习和生活中并进行简要记录。				
学习感想	结合教与学两方面，写写自己的心得，并提出自己的建议。（200 ~ 300字）				
备注					

参考文献

[1] 饶淑园 . 幼儿心理健康教育与辅导 [M]. 广州：广东高等教育出版社，2013.

[2] 成丹丹 . 学前心理学 [M]. 北京：清华大学出版社，2016.

[3] 刘文 . 幼儿心理健康教育：2 版 [M]. 北京：中国轻工业出版社，2021.

[4] 张文新 . 青少年发展心理学 [M]. 济南：山东人民出版社，2002.

[5] 刘云艳 . 幼儿心理健康教育 [M]. 南京：南京师范大学出版社，2014.

[6] 傅宏 . 学前儿童心理健康 [M]. 南京：南京师范大学出版社，2002.

[7] 杨凤林，秦莉，罗丽丹 . 学前儿童心理健康指导 [M]. 长春：东北师范大学出版社，2014.

[8] 郑春玲 . 学前儿童心理健康教育 [M]. 北京：中央广播电视大学出版社，2012.

[9] 许思安 . 幼儿心理健康教育实务 [M]. 北京：清华大学出版社，2013.

[10] 龚书静，马媛，韦耀阳 . 国内外家园合作研究综述 [J]. 幼儿教育，2015（Z6）：82-88.

[11] 龚书静，韦耀阳 . 决定幼儿园有效教学的核心要素 [J]. 基础教育参考，2015（9）：61-64.

[12] 韦耀阳 . 社会技能训练在儿童孤独感干预中的应用 [J]. 陕西学前师范学院学报，2015，31（1）：21-23.

[13] 马媛，韦耀阳 . 学习共同体在家园合作中的意蕴与创建 [J]. 早期教育（教科研版），2015（1）：53-56.

[14] 龚书静，韦耀阳，张纯 . 绘画在幼儿语言教育中的应用分析 [J]. 教育与教学研究，2014，28（10）：118-120，128.

[15] 韦耀阳，谢志斌，江建华 . 沙盘游戏在幼儿亲子关系指导中的应用 [J]. 福建教育，2018（16）：54-56.

[16] 韦耀阳，马小琴 . 亲子游戏治疗儿童心理障碍 [J]. 中国儿童保健杂志，2008，16（6）：685-687.

[17] 韦耀阳，谢芳 . 游戏治疗在儿童团体心理辅导中的应用 [J]. 现代教育科学（小学校长），2008（6）：40-41+84.

[18] 韦耀阳，王欢 . 儿童图画心理分析在亲子关系处理中的应用 [J]. 教育导刊（幼儿教育），2008（8）：29-31.

[19] 韦耀阳，谈春华 . 阅读疗法在学生心理辅导中的实践 [J]. 中小学管理，2008（7）：49-50.

[20] 韦耀阳，蔡太生，王昭昭 . 团体依恋及其在团体咨询中的作用 [J]. 扬州大学学报（高教研究版），2008（3）：42-44.

[21] 韦耀阳，朱晓平 . 心理测验在班级管理中的应用 [J]. 现代教育科学，2008（8）：68–69，56.

[22] 韦耀阳，罗四清 . 论教师的人格素养 [J]. 成都大学学报（教育科学版），2008（9）：52–54.

[23] 韦耀阳 . 班级管理中的“投射”现象、原因及对策 [J]. 基础教育研究，2012（15）：51–52.

[24] 韦耀阳 . 自我觉察在心理咨询师成长中的作用 [J]. 中小学心理健康教育，2012（18）：10–12.

[25] 韦耀阳 . 自我觉察在心理咨询师成长中的作用 [J]. 大众心理学，2012（11）：42–44.

[26] 韦耀阳 . 心理咨询员的情绪及对咨询的影响 [J]. 中小学心理健康教育，2012（22）：19–20.

[27] 郑雪，刘学兰，王玲 . 幼儿心理健康教育 [M]. 广州：暨南大学出版社，2006.

[28] 张劲松 . 学前儿童心理健康指导 [M]. 上海：复旦大学出版社，2013.

[29] 华炜 . 学前儿童心理健康教育 [M]. 北京：中国人民大学出版社，2014.

[30] 杜燕红 . 学前儿童心理健康教育 [M]. 郑州：大象出版社，2009.

[31] 周念丽 . 学前儿童心理健康与教育 [M]. 北京：中国人民大学出版社，2019.

[32] 徐德荣，徐晓虹，邵静芬 . 幼儿心理健康教育互动 40 课 [M]. 上海：上海科学技术文献出版社，2008.

[33] 杨旭，康素洁，颜香华 . 幼儿园健康教育活动设计与指导 [M]. 长沙：湖南大学出版社，2013.

[34] 王振宇 . 幼儿心理学 [M]. 北京：人民教育出版社，2009.

[35] 刘云艳 . 幼儿心理素质教育的理论与实践研究 [M]. 北京：教育科学出版社，2009.